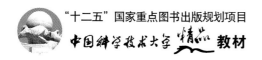

"十二五"国家重点图书出版规划项目

中国科学技术大学精品教材

黄卫东 / 编著

Theory and Methods of Lake Eutrophication Treatment

湖泊水华治理原理与方法

中国科学技术大学出版社

内 容 简 介

本书全面阐述了水华治理的原理、技术和管理等方面。第 1 部分主要论述水华发生的原理、影响水华发生的各种因素、控制水华的原理。第 2 部分阐述以控磷为基础的水华治理与控制技术、水华治理规划和管理。第 3 部分介绍西方发达国家，特别是美国在水华治理方面的经验，论证了国外水华治理采用的控磷法；还介绍了我国在水华治理方面存在的问题、治理建议，包括长远治理建议和临时治理措施。

图书在版编目(CIP)数据

湖泊水华治理原理与方法/黄卫东编著. —合肥:中国科学技术大学出版社,
2014.10

(中国科学技术大学精品教材)

"十二五"国家重点图书出版规划项目

ISBN 978-7-312-03435-0

Ⅰ. 湖…　Ⅱ. 黄…　Ⅲ. 湖泊—藻类水华—水污染防治—研究—中国
Ⅳ. X524

中国版本图书馆 CIP 数据核字(2014)第 178761 号

中国科学技术大学出版社出版发行

安徽省合肥市金寨路 96 号,230026

http://press.ustc.edu.cn

合肥市宏基印刷有限公司印刷

全国新华书店经销

开本:710mm×960mm　1/16　印张:18.75　插页:2　字数:357 千

2014 年 10 月第 1 版　2014 年 10 月第 1 次印刷

定价:35.00 元

总　　序

2008年，为庆祝中国科学技术大学建校五十周年，反映建校以来的办学理念和特色，集中展示教材建设的成果，学校决定组织编写出版代表中国科学技术大学教学水平的精品教材系列。在各方的共同努力下，共组织选题281种，经过多轮、严格的评审，最后确定50种入选精品教材系列。

五十周年校庆精品教材系列于2008年9月纪念建校五十周年之际陆续出版，共出书50种，在学生、教师、校友以及高校同行中引起了很好的反响，并整体进入国家新闻出版总署的"十一五"国家重点图书出版规划。为继续鼓励教师积极开展教学研究与教学建设，结合自己的教学与科研积累编写高水平的教材，学校决定，将精品教材出版作为常规工作，以《中国科学技术大学精品教材》系列的形式长期出版，并设立专项基金给予支持。国家新闻出版总署也将该精品教材系列继续列入"十二五"国家重点图书出版规划。

1958年学校成立之时，教员大部分来自中国科学院的各个研究所。作为各个研究所的科研人员，他们到学校后保持了教学的同时又作研究的传统。同时，根据"全院办校，所系结合"的原则，科学院各个研究所在科研第一线工作的杰出科学家也参与学校的教学，为本科生授课，将最新的科研成果融入到教学中。虽然现在外界环境和内在条件都发生了很大变化，但学校以教学为主、教学与科研相结合的方针没有变。正因为坚持了科学与技术相结合、理论与实践相结合、教学与科研相结合的方针，并形成了优良的传统，才培养出了一批又一批高质量的人才。

学校非常重视基础课和专业基础课教学的传统，也是她特别成功的原因之一。当今社会，科技发展突飞猛进，科技成果日新月异，没有扎实的基础知识，很难在科学技术研究中作出重大贡献。建校之初，华罗庚、吴有训、严济慈等老一辈科学家、教育家就身体力行，亲自为本科生讲授基础课。他们以渊博的学识、精湛的讲课艺术、高尚的师德，带出一批又一批杰出的年轻教员，培养了一届又一届优秀学生。入选精品教材系列的绝大部分是基础课或专业基础课的教材,其作者大多直接或间接受到过这些老一辈科学家、教育家的教诲和影响,因此在教材中也贯穿着这些先辈的教育教学理念与科学探索精神。

改革开放之初,学校最先选派青年骨干教师赴西方国家交流、学习,他们在带回先进科学技术的同时,也把西方先进的教育理念、教学方法、教学内容等带回到中国科学技术大学,并以极大的热情进行教学实践,使"科学与技术相结合、理论与实践相结合、教学与科研相结合"的方针得到进一步深化,取得了非常好的效果,培养的学生得到全社会的认可。这些教学改革影响深远,直到今天仍然受到学生的欢迎,并辐射到其他高校。在入选的精品教材中,这种理念与尝试也都有充分的体现。

中国科学技术大学自建校以来就形成的又一传统是根据学生的特点,用创新的精神编写教材。进入我校学习的都是基础扎实、学业优秀、求知欲强、勇于探索和追求的学生,针对他们的具体情况编写教材,才能更加有利于培养他们的创新精神。教师们坚持教学与科研的结合,根据自己的科研体会,借鉴目前国外相关专业有关课程的经验,注意理论与实际应用的结合,基础知识与最新发展的结合,课堂教学与课外实践的结合,精心组织材料、认真编写教材,使学生在掌握扎实的理论基础的同时,了解最新的研究方法,掌握实际应用的技术。

入选的这些精品教材,既是教学一线教师长期教学积累的成果,也是学校教学传统的体现,反映了中国科学技术大学的教学理念、教学特色和教学改革成果。希望该精品教材系列的出版,能对我们继续探索科教紧密结合培养拔尖创新人才,进一步提高教育教学质量有所帮助,为高等教育事业作出我们的贡献。

中国科学技术大学校长
中国科学院院士
第三世界科学院院士

序

  我国的湖泊有多种功能和资源,为我们提供了灌溉、航运、发电、调节径流、发展旅游之便。水中的鱼、虾、蟹、贝、菱、藕等动植物资源,是人类副食的主要来源之一。湖泊像一个个天然的水库,对河流的水量起着调剂作用。雨季时,水量增加,湖泊起蓄水作用,将河水拦阻起来,减轻下游洪涝灾害。到了春、冬季节,河流水量减少,湖泊将储存的水放出,既能灌溉农田,又能解决饮水和工业用水的困难。由于湖泊的作用,我国很多湖泊的周围地区大都是旱、涝保收的鱼米之乡或重要工业基地。湖泊除了能够调节河流的水量之外,还能调节气候,最为典型的就是我国云南省的滇池和洱海。八百里滇池夏季吸热,冬季放热,同时又有大量水蒸气的扩散,形成了地区性的小气候,使得昆明气候温和湿润,夏无暴热,冬无严寒,成为一年四季鲜花怒放、芳草长青的"春城"。另外,有湖泊的地方多是风景优美、山光水色的游览胜地。

  然而,在我国除了人烟稀少的高山湖泊,大多数淡水湖泊富营养化严重,水华频繁爆发,使湖泊不仅不能提供水资源,而且成为环境的污染源,严重影响周围民众的生活和身体健康,也给我国经济发展带来了巨大损失。

  我国又是一个雨水分布十分不均匀的国家,很多地方缺水。为了解决水资源短缺问题,很多城市建设引水工程,从离城市很远的地方获得水资源,输水工程艰巨,还要不断支付水资源费和设施运行维护费。为节省投资,要利用现有河道和新建明渠输水,全长上千多公里,在污染控制和安全防护方面难度很大,估计让水质达到饮用水水源要求的保证率会有困难。

  石油燃烧后不能再生,而水利用后大都可再生。发展城市污水资源化,污水和雨水的再生利用,修建人工湖泊储存再生水,同时减少天然湖泊污染,防止湖泊富营养化,不仅可以用于雨季防洪,改善周边小气候,还可为社会提供源源不断的水资源,是解决水资源短缺,促进社会可持续发展的良好途径。

  自20世纪70年代以来,以色列、新加坡、南非和美国加州等地建设城市污水深度处理和雨水处理设施,解决湖泊富营养化引起的污染问题;同时还大力建设人工湖泊,储存再生水,为解决水资源短缺问题提供了可持续发展方案。以色列地处沙漠,人均水资源量比我国华北还低近一半,通过污水深度处理后,其水资源得到多次循环利用,不仅保护和改善了环境,而且为以色列社会可持续发展提供了丰富的水资源。

到目前为止,我国在污水深度处理和雨水收集处理方面投入较少,湖泊富营养化严重,使我国很多可资利用的水源被污染浪费,例如,滇池和巢湖均出现水华现象,污染严重,无法利用。水华是我国很多城市水资源短缺的主要原因之一。治理湖泊水华,是治理湖泊污染,保护湖泊水资源的关键措施之一。如何减小治理支出,同时提高治理湖泊收益,需要我们了解水华产生机理及治理方法。

本书全面阐述了水华治理的原理、技术和管理等各个方面。第1部分主要论述水华产生机理、影响水华发生的各种因素、控制水华的原理。第2部分阐述以控磷为基础的水华治理与控制技术、水华治理规划和管理。第3部分介绍西方发达国家,特别是美国在水华治理方面的经验,论证了国外水华治理采用的控磷法;还介绍了我国水华治理方面所存在的问题、治理建议,包括长远治理建议和临时治理措施。

作者黄卫东博士是我国环保产业协会水处理领域的专家。他长期从事水处理教学、科研、技术开发和工程建设;主持和参与水处理工程建设项目10多项,其团队开发了城市污水处理厂成套工艺设备共计12种,在多个污水处理厂得到实际应用;发明了多项污水处理技术,获得国家专利10多项;曾到美国和加拿大考察,在美国弗吉尼亚州立大学从事相关研究工作;在国际SCI杂志发表论文数十篇;负责研究完成了多项国家"863计划"和省部级重要课题。

本人有幸曾与黄卫东博士共事多年,合作完成了多项工程项目和设备研发项目。黄卫东博士具有深厚的水处理技术理论功底,结合数十年工作实践,撰写了《湖泊水华治理原理与方法》,全面阐述了控磷法治理水华的原理和方法,结合在美国的实践经验,总结国内的经验教训,必能为我国湖泊水华治理与水环境保护事业提供有力支持。

天津市政工程设计研究院前总工程师

冯生华

目　　次

第1部分　水华产生机理与控制原理

第2部分　湖泊水华治理与控制方法

第 3 部分 水华治理国际实践与我国的水华治理建议

第 1 部分

水华产生机理与控制原理

第1章　湖泊水华的产生机理
与控制原理概述

1.1　水华产生机理

水华是在水体中发生的一种自然生态现象。通常认为水华是水体中浮游生物大量生长,使浮游生物现存量达到较高水平,以至人们能够观察到的一种现象。[1] 在淡水水体中,绝大多数的水华是由浮游植物中的藻类引起的,如蓝藻、绿藻、硅藻等;在近海海域,也有部分水华现象是由浮游动物引起的,如腰鞭毛虫。"水华"发生时,水体有明显的颜色,一般呈蓝色、绿色或红色。这种在自然界就存在的水华现象,在我国古代历史上就有记载。

通常,浮游生物是指在海水或淡水中能够适应悬浮生活的动植物群落,易于在风和水流作用下被动运行。[2] 这是根据生物的生活方式划定的一种生态群,不是根据生物物种划分的。浮游生物实质上并不总是悬浮在水中,只有极少数是持续上浮的,大多数种类的密度比水大,在其生命周期的一部分或大部分时间生活在底部。一般将浮游生物划分为浮游植物和浮游动物,它们都是生态学名词。

浮游生物多种多样,特别是浮游动物,几乎可以见到全部动物类群。浮游植物以单细胞硅藻、鞭毛藻居多,还包括属于古细菌的蓝藻。一般浮游生物是小型的,但也有直径达 2 m 的水母等。按个体大小划分,浮游生物可分为六类:巨型浮游生物,大于 1 cm,如海蜇;大型浮游生物,2～10 mm,如大型桡足类、磷虾类;中型浮游生物,0.2～2 mm,如小型水母、桡足类;小型浮游生物,20 μm～0.2 mm,如硅藻、蓝藻;微型浮游生物,2~20 μm,如甲藻、金藻;超微型浮游生物,小于 2 μm,如细菌。

在淡水水体中,引起水华的多是小型和微型浮游藻类。藻类是一种能进行光合作用自养生长,但没有分化根、茎、叶的水生生物。它也是一种生态学名词,包括多种生物学分类相差很远的物种。大多数藻类属于真核生物,但是,我国和世界各地淡水湖泊经常发生的蓝藻水华[1]属于无真正细胞核的原核生物——细菌中的一员,它们也和植物一样能进行光合作用。

浮游藻类的生命周期通常很短,大多只有几周,但生长速度快,有的仅需几个小时就增殖一代,在适宜条件下,会在短时间内大量繁殖起来,从而形成水华。它们又很快大量死亡,使天然水体有机物浓度大幅度增加,不仅促使好氧细菌大量繁殖,大量消耗水中溶解氧,形成厌氧环境,导致厌氧细菌大量繁殖,产生硫化氢等恶臭气体,而且形成很多有害物质,使局部水域污染,破坏了生态系统和水资源。这对水体环境和生态系统产生了严重危害;对人们的生活和经济活动产生了严重影响。因此,水华受到人们的高度关注。

1.2　水华与湖泊富营养化评价

淡水湖泊水华主要由浮游藻类大量生长产生,因此,湖泊水华水平可用湖水中藻类浓度来表示[3],通常用单位体积水中浮游生物的总有机碳量表示(mg C/L)。由于不同藻类所含叶绿素浓度大致相近,人们也用湖水中叶绿素含量表示。藻类生长速率与叶绿素浓度相关,叶绿素指标更能反映天然水体藻类水华的发展趋势,测定方法可参考相关标准。[4-5]

水华通常是因向天然水体中排入过量营养盐引起富营养化而产生的,通常磷是主要影响因素。统计资料表明,藻类浓度与总磷浓度相关,世界经济合作与发展组织发布的报告中采纳了 Vollenweider 根据实测数据拟合的藻类生物量与磷浓度之间的关系。[6]因此,根据湖水的总磷浓度,也可以大至确定水体营养状态,如水华水平。

但是,很多其他物理化学性质也能影响天然水体的水华水平,常见的包括总氮浓度、水体透明度、耗氧量等。营养状态指数是根据一些水质指标建立的经验计算式,也是一种表达天然水体水华水平的常用方法。由于经验计算式是根据特定水体建立的,不同研究者提出的表达式差别很大,在实际应用这些计算式时,需要十分小心地评估计算结果的实际意义。

由于藻类常在表水层生长,受风力影响,容易聚集,局部藻类浓度变化较大,使得任何定量表示湖泊水华水平的方法都存在内在的缺陷,因此,人们通常将天然水体状态简化为贫营养、中营养和富营养。产生藻类水华灾害的可能性常随总磷浓度增加而增加,图1.1是不同总磷浓度下水体营养状态的概率分布曲线[7],它给出了不同总磷浓度湖水的富营养化状态的可能性。表1.1列出了主要水质指标与富营养化程度划分的边界值[8]。

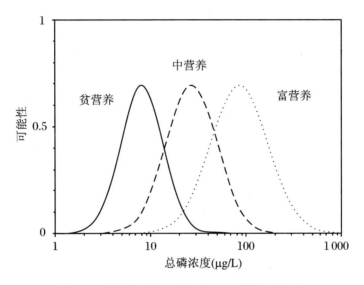

图1.1　湖泊营养状态概率分布与总磷浓度关系

表1.1　主要水质指标与富营养化程度的划分(营养状态边界)

营养状态指数	贫-中营养界限	中-富营养界限	富-超富营养界限
总磷(μg/L)	10	25	100
叶绿素 a(μg/L)	3.5	9	25
塞克盘深度(m)	4	2	1
AHOD[mg/($m^2 \cdot$ d)]*	250	400	550
缺氧时间(天)	20	40	60
净溶解氧(mg/L)	4.5	5	
最小溶解氧(mg/L)	7.2	6.2	
总氮(μg/L)	350	650	1 200

* AHOD:单位面积水中氧的消耗速率。

世界经济合作与发展组织采用 Vollenweider 和 Carekes 的观点，所使用的典型值见表 1.2[7]。

表 1.2　世界经济合作与发展组织采用的研究结论

变量	贫营养	中营养	富营养
总磷	3～18(8)	11～96(27)	16～390(84)
总氮	310～1 600(660)	360～1 400(750)	390～6 100(1 900)
叶绿素 a	0.3～4.5(1.7)	3～11(4.7)	2.7～78(14)
叶绿素 a 峰值	1.3～11(4.2)	5～50(16)	10～280(43)
塞克盘深度(m)	5.4～28(9.9)	1.5～8.1(4.2)	0.8～7.0(2.4)

注：表中各量除塞克盘深度外，单位均为 ppt 或 μg/L；括号中的数据是典型值。

1.3　水华危害

水华是所有天然淡水湖泊自然演化过程中必然发生的现象。通常天然水体中营养盐和有机质会逐渐积累，形成富营养化，产生水华。同时，生物量上升，沉积物淤积，引起天然水体平均深度降低，使湖泊逐渐变成沼泽而消失。这种自然发生的过程非常缓慢，需要数万年甚至数百万年。有时人们也会人为地增加天然水体营养盐，增加藻类生物量，例如在水产养殖过程中，人们会向养鱼塘投加营养盐，增加藻类生长量，从而提高鱼塘养鱼产量。

评判天然水体富营养化产生的水华问题，涉及人们对利益的权衡，通常，在水体各种用途之间会相互冲突。例如，养鱼塘常人为地富营养化，提高藻类浓度，用作鱼类饵料，不适合游泳或作饮用水水源。对于作为饮用水源的水体，人们就必须控制藻类生长量。如何评价水华问题，取决于人们制定的水体用途。只有当水华的形成妨碍了人们所期望的天然水体功能时，水体水华才成为人们需要解决的问题。天然水体富营养化，产生水华，带来的影响和危害主要包括以下几点：

① 与贫营养水体相比，富营养水体中的物种通常不是人们所希望的，降低了水体的价值。例如，蓝藻水华不能被其他生物食用，漂浮在水面上，大量积累、腐烂，严重影响水体环境，同时还会破坏水体生态系统。有些富营养化较轻的水体，

藻类水华产生,会使某些经济价值很低的鱼类大量生长,而经济价值较高的鱼类却生长缓慢。

② 富营养水体的溶解氧波动大,容易造成缺氧环境,导致大量鱼死亡,降低渔业价值。富营养水体水华严重时,藻类浓度高,在夜晚的呼吸作用会耗尽水中的溶解氧。

③ 水华严重会影响水体美观,降低水体在休闲旅游方面的价值。通常清澈透明的贫营养水体才是人们所喜欢的。水华严重,水面被厚厚的蓝绿色湖靛所覆盖,甚至在岸边堆积,藻体死亡时还会散发恶臭,严重破坏水体景观。

④ 水华严重的水体,常常只有少数物种生存,破坏了天然水体的生物多样性和生态系统。

⑤ 水华严重,会污染水体、破坏水资源,如用作自来水生产的水源水华严重,会导致生产成本增加,生产出来的自来水水质也会下降;特别严重时,无法用作自来水生产的水源。2007 年 6 月江苏无锡发生的太湖水华,就导致自来水厂停产。水华严重的水体,也不能用于灌溉,因为水华严重的水会影响庄稼生长。

⑥ 水华对生物和人类的危害表现如下[1]:

(a) 对人类健康具有很大危害性。人们在洗澡、游泳及做其他水上运动时,接触含藻毒素水体可引起眼睛和皮肤过敏;喝少量这种水就可引起急性肠胃炎;长期饮用则可能引发肝癌。

(b) 家畜及野生动物饮用了含藻毒素的水后,会出现腹泻、乏力、呕吐、嗜睡等症状,甚至死亡。

(c) 蓝藻对水生生物有影响。蓝藻能释放生物毒素类次级代谢物,含有一定浓度藻毒素的水体可使鱼卵变异,蚤类死亡,鱼类行为及生长异常,水华暴发也常使大量水生生物死亡。另外,在水生脊椎动物及无脊椎动物体内积累的藻毒素,包括鱼、贝和浮游动物等,有可能通过食物链的累积效应而危害人体健康。

(d) 含毒素的藻类细胞通过在水体中迁移,如与黏土共沉淀,或被水生生物捕食后随其颗粒排泄物沉淀等途径,使毒素积累并滞留在底泥中,可能对水环境产生影响。

1.4　水华产生的影响因素

为了控制天然水体水华,我们必须了解天然水体生态系统和主要环境因素对藻类生长的影响,从而发现限制其生长的方法。本书在第2～7章分别讨论了各种影响因素,并总结了藻类控制的原理。这里对此作简要描述。

藻类种类繁多,目前已知有13万种[9]。很多藻类能够适应恶劣的环境,因此,在自然界不同环境下,均有藻类生存,在南极大陆冰雪中,也发现了以绿藻为主的水华,密度达到$2×10^7$个细胞/L。在环境条件变化时,例如营养盐缺乏、水温和光照随季节变化不适宜藻类生长时,很多藻类会变成休眠孢子,待环境好转后,休眠孢子则以萌芽方式恢复原来的形态和大小,成为新的细胞。孢子可在空气和水中传播,到达世界各地。因此,地球上几乎到处都有藻类的存在。

由于季节变化,天然水体环境变化较大,在一年里,适宜某种藻类生长的环境只存在一段时间,能在该条件下生长良好的藻类,也需要时间去积累才能达到水华发生的数量。因此,适宜条件形成后,并不一定马上出现水华,但随着时间的推移,经过很多年积累以后,水华必然会发生。只有针对限制藻类生长的共性因素采取措施,才能从根本上控制水华的发生。

影响水体浮游藻类浓度的主要因素可分为两类:其一是影响其生长的各种环境因素,主要包括水温、光照和水中营养盐浓度;其二是生态系统,主要是以浮游藻类为主要食物的其他生物控制,包括浮游动物和滤食动物等,而它们又受水体生态系统中其他物种的影响和控制。

藻类生长需要各种有机物质和无机物合成藻细胞。其中有机物大多由藻细胞通过光合作用产生,所以光合作用速率是藻类生长的控制因素。光合作用需要合适的光强和温度。藻类主要生活在水中,光强不仅受光照强度影响,还受水及水中其他物质的吸收散射作用。温度也是决定各种生命活动的关键因素之一,对光合作用速率有很大影响。但是,不同藻类形成了适应不同光强和温度等环境因素的生存机制。在不同季节的很多时间,天然水体会存在能够良好生长的藻类。

在开放的藻类生长环境中,无机物大多供应充足,容易缺乏的是氮磷营养盐。由于我国淡水湖泊经常发生水华的很多蓝藻都能利用空气中氮气固氮,所以生长不受水中氮的影响。虽然水中氮的含量变化会在一段时间内影响藻类生长和水华发生,但是,即使控制了湖水氮的浓度,也只能在一段时间内控制水华。经过一段时间积累,能够固氮的蓝藻通过合成固氮酶大量生长,从而形成水华。因此,控制天然水体磷的来源和浓度才是水华控制的关键。

氮磷营养盐受天然水体中各种化学过程和生物过程的影响。通常藻类只能吸收、利用溶解性磷酸盐。水中溶解性磷酸盐主要来自底部沉积磷酸盐的溶解,各类生物死亡细胞中含磷有机物会很快被微生物转化为磷酸根离子。水中铝、铁、钙离子等会与磷酸根离子形成沉淀。磷酸盐的沉淀和溶解过程是快速过程,其周围局部区域处于平衡状态,而且浓度较大,但最初形成的是胶体颗粒,沉降慢。由于沉淀作用等因素影响,通常表层水中溶解性磷酸盐很低,藻类虽然可以吸收利用,但生长速率受到限制。在天然水体中,固体磷酸盐含量大,通常沉降到水底。在深水湖泊,天然水体表层水温易受季节和水体流动状态影响,每年春季和秋季,受气温变化影响,很多湖泊表层水密度增大而下沉,产生自然对流,底部高含磷水上升补充,因此春季和秋季是藻类水华的高发期。在非对流季节内,深水湖泊的表层水受扩散控制,总磷浓度低,不易发生水华。浅水湖泊易受风浪影响,使底泥掀起,从而补充表层水中磷,使其受季节影响较小。

天然水体中各种生物组成的生态系统,对藻类数量有强烈的影响。水生植物会与藻类争抢营养盐和光线,同时还会分泌克藻物质,抑制藻类生长。[10]很多浮游动物会以某些藻类为食物,在藻类大量繁殖以后,通常浮游动物会大量生长,短期内,使藻类浓度下降。滤食动物,包括软体滤食动物和鱼类,通常以浮游藻类和浮游动物为主要食物,对藻类数量也会产生影响。很多其他肉食动物会以浮游动物和其他动物为食物,从而对藻类浓度产生间接影响。

在快速流动的河流,由于水中物质含量更新速度快,藻类难以积累到较高浓度。在缓流河流中,藻类也能在适宜条件下生长,产生明显水华,其规律与淡水湖泊类似。海水环境与淡水水体相差较大,其水华发生规律与防治方法与淡水水体有很大区别,本书将在第 7 章对比略作介绍。

1.5　水华治理原理——控制湖泊总磷浓度

从原理上分析,在天然水体如湖泊内控制任意一种藻类生长所必需的元素或物质,使其低于藻类生长所需要的浓度,或直接通过某种措施控制藻类生长速率或浓度,都能达到水华治理的目的。实际应用时,由于产生水华的藻类多达数千种,它们的生长条件各不相同,天然水体与自然环境存在良好的物质和能量交换,寻找一种能够控制所有藻类生长速率的经济方法是相当困难的。到目前为止,国外经过长期研究和实践验证,能够普遍有效而又经济的水华治理方法是控制水体总磷浓度。由于磷是生物细胞不可缺少的元素,将天然水体水中总磷浓度控制到 $0.01\sim$ $0.02~\text{mg/L}$,藻类生长速率就会受到抑制,藻类浓度会被控制到较低水平,不会对天然水体产生明显危害。另外一种方法是控制水中的氮,但是,由于很多蓝藻能利用空气中氮气合成所必需的氨态氮,我们难以控制水体中蓝藻利用空气中的氮生长,因此,单纯控制湖水中的氮,难以达到永久控制蓝藻水华的目的。

控制水中氮需要较高的投资和运行成本,大大增加我国湖泊水华治理费用,而且还不能防止能够固氮的蓝藻水华发生。如果采用控磷法,我们控制湖泊水中磷达到抑制水华生长的要求(浓度低于 $10\sim20~\mu g/L$),就能达到治理湖泊水华的目的。因此,湖泊水华治理应严格控磷。本书将在第 7 章从原理上对此进行详细讨论。

美国和其他西方国家普遍采用严格控磷法治理水华,本书将在第 3 部分介绍美国和西方国家水华治理方法,包括政府制定的政策、标准,发布的技术报告和指南,主要湖泊治理情况、水污染治理工程实践等。我国在控磷方面的工作离水华治理的要求还很远。由于大量使用化肥,农田雨水径流含磷量高,城市污水处理厂出水含磷也很高,很多流域均不满足下游湖泊水华治理要求,这使我国水华治理成效甚微。

本书将详细分析影响藻类生长的各种影响因素,论证控制天然水体磷是成本较低的水华治理控制方法;介绍各种控磷、除磷方法,湖泊水华治理规划和管理,国外成功经验和我国在治理实践方面所存在的问题与建议。

参 考 文 献

[1] 谢平.论蓝藻水华的发生机制[M].北京:科学出版社,2007.

[2] 刘建康.高级水生生物学[M].北京:科学出版社,2000.

[3] 彭近新,陈慧君.水质富营养化与防治[M].北京:中国环境科学出版社,1988.

[4] 国际标准化组织.ISO 10260-1992.水质,生物化学参数测量,a-叶绿素浓缩光谱测定[S].

[5] 《水质分析大全》编写组.水质分析大全[M].北京:科学技术文献出版社,1989.

[6] USEPA. Eutrophication of Waters[R]. Monitoring, Assessment and Control,1989.

[7] USEPA. Nutrient Criteria Technical Guidance Manual Lakes and Reservoirs [R]. 2000:232.

[8] Cooke G D, Welch E B, Peterson S A, et al. Restoration and Management of Lakes and Reservoirs[M]. New York :Taylor & Francis,2005.

[9] Guiry M D, Guiry G M. National University of Ireland, Galway [EB/OL].[2014-03-10]http://www.algaebase.org.

[10] 俞子文,孙文浩,郭克勤,等.几种高等水生植物的克藻效应[J].水生生物学报,1992(1):1-7.

第2章 藻类生长特点与控制因素

　　湖泊水华主要是由某些淡水藻类过量生长引起的,本章主要介绍引起湖泊水华的淡水藻类的生长特点与控制因素。

　　藻的英文名称是 Algae,源于拉丁文"海藻",现在是指在形态学和生理学上比较类似的一大类生物。从形态学上来看,它们结构简单,没有根、茎、叶,生殖器官没有保护膜。从生理学上来看,它们基本上都能通过光合作用合成有机物,从而生长的自养生物。某些藻类还可以利用复杂有机物进行异养生长,但是,仍然保留了光合作用功能。

　　淡水藻类是一大类结构比较简单的微生物,其中蓝藻是原核生物[1];其他藻类是真核生物,细胞内部多含有叶绿素类物质,能够利用阳光进行光合作用,把无机物转变成有机物生长繁殖,是一类能独立生活的自养性生物,因而又称其为低等植物。因为引起水华的淡水藻类多浮游在水体中,所以在生态学上,多属于浮游植物。[2]

　　藻类的起源很复杂。蓝藻是地球上最早出现的能通过光合作用生产有机物的生物,是绿色植物产生的关键生物。人类发现的最早的蓝藻化石表明,蓝藻有35亿年以上的历史。

　　藻类的光合作用对地球上的生命非常重要。直到现在,海洋中藻类产生的植物光合作用产量还占地球上总光合作用产量的一半左右,对地球大气中碳氧循环和维持大气中氧气含量起着关键作用。某些蓝藻可以固氮,其所固氮是植物合成蛋白质所需氮的主要来源之一,同时,蓝藻固氮也是大气氮循环的关键过程之一。藻类光合作用产生的有机物,是淡水和海洋生态系统中动物的主要营养来源,并能决定水域生产能力,与渔业生产有着十分密切的关系。

　　藻类种类非常多,目前藻类数据库中收载的藻类超过13万种[3],包括淡水藻类、海洋藻类和陆生藻类。从生态学上看,藻类分为浮游藻类和底栖藻类;从分类学上看,常见的淡水藻类包括蓝藻门、隐藻门、甲藻门、金藻门、黄藻门、硅藻门、裸藻门、绿藻门、轮藻门等。[4]

淡水藻类分布十分广泛,各种水体中均有,但其种类组成和数量因环境不同,变化很大。有些种类可在一定条件下高度繁殖,在水体中形成很高密度,致使水体"染"上颜色,形成水华。

2.1 藻类的结构

2.1.1 藻类的大小

不同淡水中浮游藻类的大小差别非常大,从不到 $1\,\mu m$ 的单细胞藻类到直径大于 $1\,mm$ 的团藻和微囊藻。生态学上,常按藻类大小划分为超微浮游藻类、微型浮游藻类、小型浮游藻类和大型浮游藻类,如表 2.1 所示[5]。

表 2.1 根据藻体大小分类

类型	英文名称	线形大小(μm)	举 例
超微	Picoplankton	0.2～2	蓝藻门中的聚球藻属
微型	Nanoplankton	2～20	隐藻属
小型	Microplankton	20～200	角藻属
大型	Macroplankton	＞200	铜绿微囊藻

影响藻类个体大小的主要因素有很多,通常个体大小不仅随其种类和年龄变化,还随外界环境如温度、盐分等变化。个体大小还与温度有关,温度是影响生物大小的一个重要因素。一般来说,温度越高,个体越小。通常藻类个体在寒带地区较大,而在热带地区较小。但是,某些藻类在热带会比同类藻类在寒带大,例如世界上最大的硅藻就产于热带海洋。个体大小还随盐度变化而变化,研究表明,在高盐度的外海,某些藻类较小,而在近岸区则较大。

2.1.2 藻类的形状

不同藻类形状差异很大,如图 2.1 所示。有单个细胞单独生活的,有多个个体细胞聚集在一起形成球形藻体或丝状藻体的,也有带分支的丝状藻体;有不带纤毛的非运动型,也有生长了纤毛的运动型。运动型一般表面都生长了纤毛,但也有一些藻体依靠表面分泌的黏液运动。单细胞体常为球形、椭球形、圆柱形、纺锤形、新月形等形状;群体型常为球状、片状、丝状、树枝状或不规则团块状。如图 2.1 所示[5]。

2.1.3　藻类的细胞结构

藻类分类主要是根据细胞结构,通常藻类细胞包括细胞壁和原生质体两部分。大多数淡水藻类都含有细胞壁,但不同藻类细胞壁的组成和构造有很大区别。例如,绿藻门细胞壁外层为果胶质,内层为纤维素;硅藻门细胞壁外层是二氧化硅,内层为果胶质。细胞壁一般光滑,也可以有刺、棘或突起,以此增加藻类在水中下沉的阻力,有利于其浮游生活。

无细胞壁的藻类表面结构也有很多种。有的藻体全裸露,表层不特化为周质,细胞可以变形;有的藻体外表被一层坚韧而有弹性的周质包围,表面光滑或具有条纹或螺旋状的隆起,或附有硅酸盐或碳酸钙类的无机物构成的板,有的板上还有刺;有的藻体周质很薄,还可以变形,如眼虫藻。

有的藻类有与藻体细胞分离的囊壳。囊壳类似细胞壁结构,但无纤维

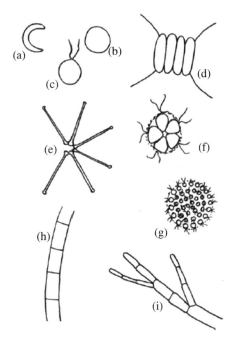

图 2.1　藻类的外形

单体非运行型:(a)月牙藻;(b)小球藻

单体运动型:(c)衣藻

多体非运动型:(d)栅藻;(e)星杆藻

多体运动型:(f)实球藻;(g)团藻

线性丝状藻:(h)水绵分支丝状藻;(i)刚毛藻

素,沉积有碳酸钙等无机盐,囊壳与藻体细胞间有很大空隙,充满了水,藻类细胞可在囊壳内做各种形状变化。囊壳外形、表面突起形状对藻类分类有重要作用。

原生质体分化为细胞质和细胞核,细胞质内有色素、色素体以及合成的淀粉颗粒和蛋白质颗粒等。

（1）色素

根据各种藻类色素成分的化学分析,各大门类几乎都有特殊的色素。色素的组成成分是藻类分类的主要依据之一。通常藻类共有的色素是叶绿素和胡萝卜素,依其他色素种类不同而变化。由于所含色素不同,藻类颜色也不同,例如,绿藻门常为鲜绿色,金藻门为金黄色,蓝藻门多为蓝绿色等。又因所含色素不同,光合作用产物也不尽相同。

（2）色素体

色素体类似植物细胞内部的叶绿体,由色素分子和蛋白质分子组成。绝大多数藻类细胞都含有色素体。色素体的形状、数目和在细胞内部位置的变化很大,但对同一藻属,常比较稳定,可作为分类依据。淡水藻类中,只有蓝藻是没有色素体的,色素分布在原生质体边缘。

（3）细胞核

大多藻类细胞都有一个细胞核,其构造与植物细胞核类似,有核膜、核仁和核质,少数种类的藻类有多个细胞核。蓝藻则是唯一一个没有真正细胞核的藻类。

（4）鞭毛

除蓝藻外,各门藻类细胞在生殖时期都具有鞭毛。金藻门、裸藻门、甲藻门的绝大多数及黄藻和绿藻门中的部分藻类细胞,在营养时期也有鞭毛,其在细胞表面生长的数量、位置、长度随种类变化很大。

还有的藻类会生成气囊等特殊结构,可方便藻体进行浮游生活。

2.2 藻类的生长特点

藻类的生活习性是多种多样的,对环境的适应性也很强,地球上几乎到处都有藻类的存在。在环境条件突然变化时,例如营养盐缺乏、水温突然变化或光照不足等,很多藻类会变成休眠孢子,待环境好转后,休眠孢子则以萌芽方式恢复原来的形态和大小,成为新的细胞。大多数藻类是水生的,有产于海洋的海藻,也有生于淡水中的淡水藻。在水生的藻类中,有躯体表面积扩大(如单细胞、群体、扁平、具角或刺等)、体内储藏密度较小的物质,或生有鞭毛以适应浮游生活的浮游藻类;有生长在冰川雪地上的冰雪藻类;还有在水温高达80℃以上温泉里生活的温泉藻类。藻体不完全浸没在水中的藻类也很多,其中有些是藻体的一部分或全部直接暴露在大气中的气生藻类。

在天然海水和淡水中都含有大量浮游藻类。海洋中浮游藻类主要是硅藻和甲藻,淡水中常见的藻类包括硅藻、甲藻、绿藻、蓝藻、金藻和黄藻等多种。在贫营养水体,以金藻和鼓藻为主,数量较少;在富营养水体,以蓝藻和硅藻占优势,数量很大,常引起很多环境和生态问题。

2.2.1　藻类的生殖

浮游藻类通过生殖,不仅使生物数量增加,而且使生物性状能够遗传下去,使物种绵延,不会灭绝。浮游藻类生殖方式主要是无性生殖,有性生殖为配子的结合,不普遍,但也经常发生。[6]

1. 无性生殖

无性生殖包括细胞分裂生殖、出芽生殖、孢子生殖三种方式。

细胞分裂生殖:浮游藻类大多是单细胞生物,可通过细胞分裂进行生殖,即一个细胞分裂为两个子细胞,分别成长为新的个体。

出芽生殖:从母体细胞长出芽体,长大后,脱离母体成为新的个体。

孢子生殖:与细胞分裂生殖不同,孢子生殖先是细胞核分裂,随后为细胞质分裂,在细胞内部形成多个小细胞,就是孢子。孢子离开母体细胞,产生或转化形成一种有繁殖或休眠作用的细胞,该细胞能发育成新的个体,在恶劣环境条件下可通过休眠而生存。孢子又可以分成动孢子、静孢子、原壁孢子三种类型。

动孢子:或称游泳孢子,在淡水藻类中,除蓝藻门外,都能产生动孢子进行繁殖。动孢子细胞裸露,表面长有鞭毛,能运动。

静孢子:静孢子有细胞壁,无鞭毛,不能运动,结构上与母体细胞类似,又称作似亲孢子。

厚壁孢子:在生活环境不适应情况下产生的孢子细胞壁会增厚,成为厚壁孢子,有些则是增生被膜,成为休眠孢子。等到环境适合生长时,才发育变成正常藻体细胞。

2. 有性生殖

有性生殖形成专门的生殖细胞配子,配子相结合成为合子,然后长成新的个体;或由合子再形成孢子然后长成个体。也有两个个体结合在一起,相互交换部分核质,各自分开后再分裂繁殖的。

通常,藻类生殖快。硅藻一般每隔 18~36 h 分裂一次。分裂速度与细胞大小、温度、光照强度有关:细胞越小,分裂越快;温度越高,分裂越快;光照越强,分裂越快。因此,通常夏季生长快。

2.2.2 浮游藻类的生活方式——悬浮生活

与水华现象密切相关的是藻类的悬浮生活方式。藻类悬浮生活在水表面,可以获得更多阳光,从而生长更快。影响藻类细胞悬浮的主要作用是重力和浮力。在静止水体中,其沉降速度与其直径平方成正比,与其和水的密度差成正比。藻类通过以下方式保持悬浮状态:

(1) 扩大表面积

如表面生长很多毛刺,增加与水的摩擦力。

(2) 降低比重

主要包括分泌气体储存在细胞内,合成脂肪储存在体内等;分泌胶质,增加水分,降低盐分含量,从而在盐分含量较高的海水中容易漂浮;还有产生气囊,提高浮力。

(3) 藻类沉淀

如果一个藻细胞沉降到水底,不再上浮,就会吸收不到阳光,停止生长,从而死亡、消失。许多浮游植物通过控制它们在水中的位置,减少沉降损失。

(4) 游动和漂浮

带鞭毛的浮游植物能在水中游动,维持它们漂浮在表层水中的状态。游动速度约为 0.5 m/d,相当于沉降速度的十倍。它们可能白天在水表层,夜晚游到深水处。一些藻类能在垂直方向上移动 5～20 m。在以色列 Kinneret 湖生长的腰带多甲藻(*Peridinium cinctum*)每天移动 8～10 m,在奥地利 Tinsertaler 湖生长的卵形隐藻(*Cryptomonas ovata*)每天移动 5～7.5 m。海中沟鞭藻类(*Dinoflagellate*)每天移动 10～20 m。在莫桑比克 Cahora bassa 湖中,团藻(*Volvox* sp.)每天可以 1.8～3.6 m/h 的速度向深处往返移动 20 m。这是因为它需要较高浓度的磷才能生长,需要到湖底吸取磷。其生长速率限制因子中磷的半饱和常数是 19～59 mg P/m^3,在表层,几乎不存在磷,而在水下 20～30 m 以下深度,磷的浓度达到 1 mg/L,因此,团藻在夜晚移动到水下 20～30 m 深处吸取磷,白天回到表层进行光合作用生长。这说明,要控制藻类水华,还必须除去水底淤泥,因为淤泥常含有较高浓度的磷。许多蓝藻能够调节体内气囊,控制它们在深度方向上的位置。产生水华的很多蓝藻属,如微囊藻属(*Microcystis*)、项圈藻属(*Anabaena*)、丝囊藻属(*Aphanizomenon*)等,能以此种方式调节它们在垂直方向上的位置。无风期间,还能观察到它们每天在垂直方向上运动的规律,移动速度很大。在乌干达乔治亚湖

（George lake），铜绿微囊藻（*Microcystis aeruginosa*）移动速度大于 3 m/h，在美国北卡罗来纳州 Chowan 河，水华束丝藻（*Aphanizomenon flos-aquae*）移动速度为 0.4～2.75 m/h。颤藻属（Oscillatoria）使用同样的浮力调节机制，使它们在湖中变温层停留数个星期。在静止水体中，浮力调节机制能够很好地控制其深度位置。湍流混合会引起蓝藻围绕其他藻类转动，或移动到远处。

（5）沉降

不能使用鞭毛游动或气囊浮动的藻细胞，会向水底下沉。大多数藻细胞比水密度大，一般为 1.02～1.05 g/mL，但硅藻密度为 1.3 g/mL。组成硅藻甲壳的硅酸盐密度达到 2.6 g/mL。构成藻细胞的物质，仅有少数密度小于水，如脂肪密度为 0.86 g/mL，蓝藻气囊密度为 0.12 g/mL。

小球沉降速率可通过 Stokes 定律计算。通常浮游藻类细胞是活动的，不是球形，此时，可使用 Ostwald 修正计算非球形藻细胞的沉降速度[7]：

$$v_s = \frac{2}{9} g r_s^2 (q' - p') \mu^{-1} \phi^{-1}$$

式中：v_s 是沉降速率（m/s）；g（$= 9.8$ m/s^2）是重力加速度；r_s 是藻细胞等体积球的半径（m）；q' 和 p' 分别是藻细胞和水的密度（kg/m^3）；μ 是水的黏度，20 ℃ 为 0.001 kg/(m·s)，0 ℃ 为 0.001 8 kg/(m·s)；ϕ 是无量纲形状校正系数。该式说明，藻细胞沉降速率与细胞半径的平方成正比，与其和水的密度差成正比（说明硅藻下沉速率较快），与水的黏度成反比，与不同结构构成的阻力相关。

在活的藻细胞上观察到的沉降速度往往偏离了 Ostwald 对 Stokes 定律的修正，其实际沉降速率往往低于死亡或衰老的藻细胞。Reynodls 发现被杀死的星形冠盘藻（*Stephanodiscus astraea*）的沉降速率与细胞半径高度相关，符合 Stokes 定律，但活细胞沉降速率与半径无关。因此，活细胞不满足 Stokes 定律，死细胞符合阻力修正 Stokes 定律。这是因为藻类活细胞可储存气体或脂肪，提高上浮能力，代谢过程也会不断吸收和产生气体。

沉降速率快的浮游藻类比沉降速率慢的需要更多水的流动和混合，这样才能保持在表层水中。因此，我们在垂直混合强烈的季节才能观察到大型硅藻和鼓藻细胞。

浮游藻类有多种方式降低沉降速率。减小细胞大小是最常见的方式之一。大型细胞常常减小比表面积，含有较少的硅，密度常常比小的藻细胞小。有些大型海水硅藻，如根管藻（*Rhizosolenia*）、筛盘藻（*Ethmodiscus*），有正的浮力。根管藻的浮力机制还不清楚，其沉降时速率也很大，达到 7～8 m/h。

许多大型藻细胞，如鼓藻角星鼓藻属（*Staurastrum*）和蓝藻腔球藻属

（*Coelosphaerium*）及微囊藻属（*Microcystis*）在细胞外包裹了一层胶质，使其密度与水相近，从而减少沉降速率，尽管这会增大细胞。

根据 Ostawld 对 Stokes 定律的修正，形状阻力系数影响沉降速率。如果藻细胞形状偏离球形，它们就获得了很大阻力。许多大型藻细胞，如角星鼓藻属（*Staurastrum*）有很长的臂，沟鞭藻类（*Dinoflagellate*）如角藻属（*Ceratium*）长有长长的直的和弯曲的毛刺。Conway 和 Trainor 发现，表面带有针状刺的栅列藻（*Scenedesmus* spp.）比没有刺的沉降速率慢。Walsby 和 Xypolyta 使用镁盐除去海洋硅藻海链藻（*Thalassiosira weissflogii*）表面密度较大的由几丁质组成的刺，其沉降速率反而加倍。根据 Stokes 定律，多个细胞聚集在一起，会增加沉降速率。Reynolds 研究表明，多个硅藻聚集在一起，会增加阻力，使下沉速率保持不变，接近 $6\sim8\ \mu m/s$；继续增加，超过 9 个细胞，沉降速率才会显示增加。

也有研究表明，藻细胞构成各种增加阻力的形状，是相应捕食压力的结果。表面带刺的栅列藻（*Scenedesmus* spp.）比没有刺的较少被捕杀。

2.3　藻类生长的限制因子

藻类生长速率与多种因素相关。当藻类生长速率受某种含量低于需求量的物质所限制时，这种物质就成为环境中决定其生长速率的生长限制因子。天然水体中，不同环境条件下的限制因子不同，常见藻类生长限制因子主要包括光照强度、水温和营养盐含量。

1. 光照强度

由于藻类依赖光合作用生长，光合作用需要光，因此，光照强度是影响藻类生长速率的主要影响因子之一。通常光照强度随季节和时间不断变化，水对光有很强的吸收作用，因此，我们需要讨论不同情况下，光对藻类生长的影响。

由于所含色素不同，不同藻类吸收利用的光的波长不同。有的善于吸收波长短的蓝光，有的善于吸收波长长的红光。而水对不同波长的光的吸收和散射是不同的。有实验表明，在 20 m 深的海水层中，红光只有 2%，橙光 8%，黄光 32%，蓝光剩下 75%。这是影响不同藻类在水中分布的主要因素之一。

不同藻类对日光照射强度的要求是不同的。有的要求较高，如绿藻类的石莼等，要求光强为 10 000~15 000 lx，小球藻最适宜的光照强度为 3 000~4 000 lx。

藻类在适宜光照强度范围内生长较快,超出该强度范围,反而受到抑制。因此,不同藻类根据环境条件的不同,生长在不同的水深处。

受水的吸收和散射作用,浮游藻类在水中生长的深度范围是很有限的。水中含有高浓度悬浮物质时,水的透明度因颗粒物的散射或吸收而降低。水中的单宁酸或腐殖酸等有机物能吸收光,产生同样的效应。在最清的海水中,通常只有1%的光能投射到100 m深处;在清的海岸,则降低到20 m。通常藻类利用光合作用产生具有能量的有机物,再通过呼吸作用消耗有机物维持生命活动。在低于1%的表面光照下,多数浮游生物的净光合作用速率接近于零。通常我们把净光合作用速率等于零的深度称为补偿深度。净光合作用速率大于零的透光层深度等于补偿深度。当水中含有污染物时,颗粒性污染物会散射,很多有机污染物吸收光,使透光层深度下降。由于全球海洋中93%的表面深度都大于180 m,所以在多数海洋中,海底光合作用对藻类净生长速率没有贡献。在湖泊或近海海岸,颗粒物等使透光层下降,降低水体藻类总的生长速率。

2. 水温

在温带地区,天然水体水温随季节变化很大,变化幅度可达到0~40 ℃,不同水深温度变化也很大,变化幅度可达到4~30 ℃。对浅水湖泊,湖水温度日变化幅度也很大,可达到5~10 ℃。

水温是决定藻类生长速率的关键因素之一。不同藻类生长的最适温度范围不同,低温下不能生长,超过最高温度,生长受到抑制,甚至死亡。水温的季节变化是天然水体藻类种属变化的主要因素。

3. 营养盐含量

藻类生长需要多种元素,这些元素是细胞不可缺少的组分。根据植物组成和淡水中的元素组成(见表2.2),我们可以大致了解藻类生长的各种营养盐要求。缺少任意一种元素都会导致藻类停止生长。通常根据藻类生长元素需求量,分为常量营养元素和微量营养元素。常量营养元素中,碳、氢、氧是藻类细胞主要组分糖、蛋白质和脂肪的主要组成元素,需求量最大。氮是蛋白质、核酸等的主要组成元素,磷是生命活动中能量储存物质三磷酸腺苷的基本成分,需求量相对较小,其他常量营养元素,包括硫、钾、钙、镁,需求量更小。藻类对微量营养元素的需求量很小,多数情况下,它们在细胞内作为某些具有催化作用的物质的组成元素,消耗量很小。

表 2.2 淡水植物中各元素的平均含量

元素名称	在植物中的含量（%）	元素名称	在植物中的含量（%）
氧	80.5	氯	0.06
氢	9.7	钠	0.04
碳	6.5	铁	0.02
硅	1.3	溴	0.001
氮	0.7	锰	0.000 7
钙	0.4	锌	0.000 3
钾	0.3	铜	0.000 1
磷	0.08	钼	0.000 05
镁	0.07	钴	0.000 002
硫	0.06		

注:本表按湿重计算,来自彭近新等著的《水质富营养化与防治》表 2.1。

　　不同藻类虽然在结构和生理特征方面变化很大,但是主要元素含量相近,通常可用分子式 $C_{106}H_{263}O_{110}N_{16}P$(C 占 35.83%)表示,不同藻类细胞组成中,元素碳、氮和磷的比例相近,细胞组成中 3 种原子数量比大致为 106∶16∶1,变化幅度不超过 2 倍。少数藻类对某些元素的需求量大,例如,硅藻需要从环境中吸收较多的硅。

　　影响藻类生长的其他因素包括 pH 值、水体流动状态及海水盐分含量。在河口和海湾,由于潮汐影响,海水性质变化很大,如海水的 pH 值通常为 7.8～8.5,潮汐期间,会升高到 10 以上,河口盐分会降低到接近淡水。很多藻类能适应 pH 值在 7～10 的变化和盐分变化。一般外海风浪大,水流速度快,小型淡水水体风浪小,常处于静止状态。有的藻类喜欢生活在风浪较大的水域,有的喜欢生长在静止的水域。

2.4 主要藻类简介

　　易导致淡水水华的藻类构造十分简单,多是单细胞生物,具有叶绿素或其他色素,能通过光合作用自养生长,可通过无性生殖形成单细胞孢子,或通过有性生殖形成单细胞合子。浮游藻类具有这些共同特征,说明它们起源于同一类祖先,但在细胞形态、构造和进行光合作用的色素组成等方面有显著不同。藻类的生长方式可分为浮游生长、附着生长和底栖生长。通常引起水华问题的是浮游藻类。大型藻类,如海带、紫菜等,是附着生长的,具有很高的经济价值,且不会引起水华问题。通常根据藻类所含色素和细胞形态构造,分为不同的门。每一门中又分多种属,如蓝藻门中常见的浮游藻类有微囊藻、束丝藻、螺旋藻、鱼腥藻和颤藻等属。藻类学界对门的划分意见不是很一致,这里主要介绍 10 门,见表 2.3。

表 2.3　淡水藻类主要种类与显微结构

藻类	英文名/学名	典型颜色	典型形态	鞭毛	典型例子
蓝藻	Blue-green algae Cyanophyta	蓝绿色	多体聚集	0	微囊藻
绿藻	Green algae Chlorophyta	草绿色	单细胞或丝状聚集	0 或很多	衣藻 刚毛藻
裸藻	Euglenoids Euglenophyta	各种颜色	单细胞	1 或 2	眼虫藻 柄裸藻
黄藻	Yellow-green algae Xanthophyta	黄绿色	单细胞或丝状	2(不同的)	黄管藻
甲藻	Dinoflagellates Dinophyta	红褐色	单细胞	2(不同的)	角甲藻
隐藻	Cryptomonads Cryptophyta	各种色	单细胞	2(相同的)	红胞藻
金藻	Chrysophytes Chrysophyta	金棕色	单细胞或聚集	2(不同的)	鱼鳞藻
硅藻	Diatoms Bacillariophyta	金棕色	单细胞或丝状聚集	1(生殖细胞)	冠盘藻
红藻	Red algae Rhodophyta	红色	单细胞或多体聚集	0	
褐藻	Brown algae Phaeophyta	褐色		2(不同的)	

2.4.1 蓝藻门(Cyanophyta)

蓝藻门又称蓝细菌,是藻类中最简单、最原始的类群。由于蓝藻细胞属于原核细胞,近代分类学者多主张将其从植物界中分出,与细菌等共同组成原核生物界。藻体为单细胞、群体或丝状体,如图 2.2 所示。细胞壁缺乏纤维素,由胞壁质和黏肽组成,在壁外常形成黏性胶质鞘。原生质体可区分为中央质和周质两部分。细胞中央核物质相对集中的部分为中央质,中央质周围的部分为周质,又称色素质。电镜下观察,核物质呈颗粒状或纤细网状,周围无核膜包被,也不含核仁,周质中没有线粒体、高尔基体、色素体、内质网和液泡等细胞器,所以蓝藻细胞属于原核细胞。所含光合色素除叶绿素和类胡萝卜素外,尚有藻蓝素,部分种类有藻红素。藻体多呈蓝绿色,故又称蓝绿藻。光合色素以小颗粒状附在周质中称为类囊体的扁平囊状结构的表面。类囊体是蓝藻进行光合作用的场所。光合作用的产物为蓝藻淀粉。

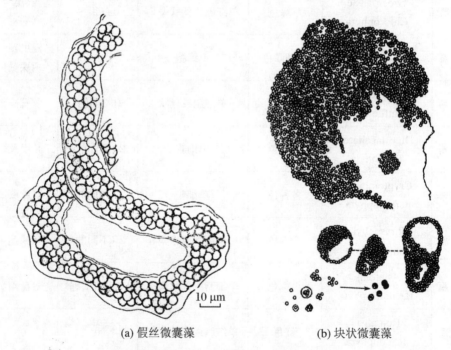

(a) 假丝微囊藻   (b) 块状微囊藻

图 2.2 假丝微囊藻和块状微囊藻示意图

大多数蓝藻只有营养繁殖,少数种类可产生孢子进行无性生殖,无真正的有性生殖。在进行营养繁殖时,单细胞种类以细胞直接分裂的方式进行繁殖;群体类型则先是细胞反复分裂,但彼此不分离,形成含更多细胞的大群体,之后大群体破裂,形成若干新的群体;丝状体类型往往由藻丝断裂成若干段藻殖段,每个藻殖段可发育成 1 个新的丝状体。

蓝藻门约有 2 000 种,仅蓝藻纲一纲,我国就约有 900 种,常见种类有念珠藻、螺旋藻、微囊藻、颤藻、项圈藻等。分布范围很广,地球上各种水体中以及潮湿土壤、岩石、树木、墙壁等处,都有蓝藻生活,即使在冰雪覆盖的极地和水温高达 85 ℃ 的温泉中,也有蓝藻生存,但以淡水和陆地生活的种类为多。有的蓝藻,如念珠藻,可与真菌共生,形成地衣。由于蓝藻可在极端不良的环境下生活,因此常成为裸岩、火山造成的岛屿或盐碱地的开拓者。上百种蓝藻可将大气中的氮固定成可利用的含氮化合物,在自然界氮循环中起了重要作用,同时又增加了土壤肥力。我国曾经很重视人工养殖固氮蓝藻的研究,以便发展一种基于固氮蓝藻的氮肥补充方案。[9]有的蓝藻种类(如发菜)为名贵食品。在非洲乍得和拉丁美洲墨西哥的一些地区,螺旋藻为当地的传统食品。蓝藻蛋白质含量高达干重的 30%～60%,具有完备的氨基酸和多种维生素,也是很有开发前途的鱼类饵料和家禽饲料。我国目前已具备大规模生产螺旋藻等蓝藻的能力,并培育出适应海水生活的螺旋藻新品种——海文螺旋藻。

温暖季节,蓝藻在富含有机质的水体中过量繁殖,可形成水华。在我国南方,几乎一年四季都可形成蓝藻水华。大量蓝藻会在湖面形成厚厚的一层藻被,压制其他藻类生长,对浮游动物和鱼类数量产生重要影响。水华的出现使水中含氧量降低,有毒物质积累,造成鱼类等水生生物死亡。有些海产蓝藻,如红海束毛藻,在秋冬季节大量繁殖,可形成“赤潮”,直接危害蛏、蛤、紫菜等海产动、植物的生长。常见的引起水华的蓝藻中能固氮的有鱼腥藻、束丝藻、拟柱胞藻、胶刺藻和节球藻等,不能固氮的有微囊藻、颤藻和束球藻等。[1]蓝藻能够压倒其他藻类形成水华的主要因素包括:

① 最佳生长温度高,易于形成夏季水华;

② 在低光照下能够生长,这在水华密度高的情况下非常重要;

③ 在低氮磷比下能够生长,这是固氮蓝藻的贡献;

④ 可调节水深,从而避免高强度光照的损害;

⑤ 能到湖底获得营养盐;

⑥ 能够抵抗浮游动物猎食,从而保持生长;

⑦ 高 pH 值和低二氧化碳浓度下可以生长,在水华密度高时也能够继续生长;

⑧ 能同好氧微生物共生。好氧微生物耗氧形成厌氧环境,促进蓝藻固氮。

2.4.2 绿藻门(Chlorophyta)

绿藻门只有一个纲:绿藻纲,但是,已知种类很多,约17 000 种[7]。主要特征包括含有叶绿素 a 和叶绿素 b,以及叶黄素和胡萝卜素,绝大多数呈草绿色;色素体的形状和数目也常随种类不同而不同,所含的光合色素成分、含量以及同化产物均与高等植物相似。光合作用产物和贮藏物均为淀粉,也有储存脂肪的;细胞壁主要成分为纤维素;运动细胞多具有 2 条、4 条或多条等长、顶生的鞭毛。

绿藻外形多种多样,植物体有单细胞或群体的,也有多细胞的丝状体或片状体。多生于淡水中,海产的种类较少,营浮游、固着或附生生活,还有少数种类为寄生或共生。分布广泛,凡光线能到达而又潮湿有水的地方皆有。绿藻光合作用主要利用红光,而水对红光吸收较强,在水深的地方,红光光强很弱。因此,绿藻在深度方向上分布特点很明显,主要分布在深水湖泊的表水层和浅水湖泊。

绿藻有各种各样的繁殖方式,有些种类在生活史中有世代交替现象。无性生殖为细胞分裂、游泳孢子、似亲孢子;有性生殖为同配、异配、卵配和接合生殖。在适宜环境条件下,绿藻多数种类以细胞分裂的方式生殖。大多数能产生游泳孢子,类似衣藻,只是无细胞壁,原生质体裸露。游泳孢子成熟后,从孢子囊中溢出,在水中游动1～2 h,以鞭毛附着到他物上,产生细胞壁,萌发成为新个体。也有一些绿藻,如水网藻等,在母细胞内部产生游泳孢子,并萌发成新的个体。丝藻等绿藻则是细胞内部原生质体浓缩成球,产生新的细胞壁,形成不动孢子,从母细胞中脱出,沉降到水底,在合适环境下萌发。也有的孢子外形与母体相同,称为似亲孢子,如卵囊藻等。

在绿藻中,植物体为单细胞的小球藻属(*Chlorella*)、群体的栅藻属(*Scenedesmus*)、多细胞成丝状的水绵属(*Spirogyra*)和刚毛藻属(*Cladophora*)等都是淡水中常见的种类。淡水绿藻是淡水水体中藻类植物的重要组成部分,特别是绿球藻目的种类,是鱼池浮游生物的主要成分,在作为滤食性鱼类的饵料,或是鱼池生物环境方面都起着积极的作用。

在初夏的中营养和富营养湖泊中,绿藻不会与蓝藻或硅藻形成稠密的水华,但在仲夏清洁的水体中,会形成多种藻类生长的混合水华,成为其中优势藻类。丝状绿藻俗称为"青泥苔"或"青苔",在小型池塘,特别是刚毛藻、水网藻、水绵等丝状绿藻可在管理不善的养殖池塘内大量生长,是养殖池塘的有害藻,一方面与其他藻类争夺营养和生活空间,另一方面能直接对鱼苗等养殖动物造成"天罗地网"般的裹缠而致其死亡。在养鱼塘,营养盐会因投放饵料,达到非常高的程度,有时蓝藻水华会转化为绿藻水华。在捷克的 Trebon 流域,向池塘投加石灰,增加碳酸盐以及有机肥料,得到高 pH 值和超高营养盐浓度,在初夏会形成短暂的硅藻水华,进而会形成绿藻占统治地位的水华。刚毛藻是附着生长的,会在湖泊的浅水区形成覆盖湖底的藻被。例如,在美国伊利湖西部曾形成大面积刚毛藻。

2.4.3 裸藻门(Euglenophyta)

裸藻又称眼虫或眼虫藻,细胞裸露,无细胞壁。多生于富含动物性有机质的淡水中,营浮游生活。大量繁殖时,常使水呈绿色、黄褐色或红色。除柄裸藻属(*Colacium*)外,全为顶端生有鞭毛、能运动而无细胞壁的单细胞种类。在裸藻中,除一些种类无色,行异养生活外,约占 1/3 均含有与绿藻相似的光合色素,但贮藏物质主要是裸藻淀粉和少量的脂类。繁殖方式主要是细胞分裂,在不良的环境条件下,也能形成具有厚壁的孢囊,待环境条件好转时,原生质体即破壁而出,形成新个体。

裸藻类主要分布在淡水水体,仅少数生活于沿岸水域,多喜欢生活在含有机物质丰富的静水小水体中。在阳光充足的温暖季节,常大量繁殖,形成绿色膜状、血红膜状或褐色云彩状水华。裸藻属、囊裸藻属是淡水中极为常见的种类,有些种类亦可在北方冰下水体中形成优势种群。双鞭藻分布在半咸水、海水中,为重要的海产属。在污水处理中常见的有袋鞭藻属、变胞藻属等种类,可通过细胞壁吸收溶解性有机物或直接吞食有机物,在生物学上,属于原生动物,对污水具有一定的净化作用。血红裸藻可在养鱼池大量繁殖,是肥水、好水的标志,可作为某些滤食性鱼类的饵料。

2.4.4 黄藻门(Xanthophyta)

海产的黄藻种类很少,主要分布在淡水水体中,或生于潮湿的地面、树干和墙壁上。在水温较低的春季较多。植物体为单细胞、群体或多细胞体。所含的色素除叶绿素 a 外,还含有叶绿素 e、β 胡萝卜素、叶黄素,多呈黄绿色。同化产物主要为脂肪性油滴。细胞壁的主要成分是果胶质,常有两片套合而成,有的含有少量纤维素和硅质。运动细胞具有两条长短不一和结构不同的鞭毛,所以这一类群又称为不等鞭毛藻类(*Heterocontae*)。繁殖方式有营养繁殖、孢子生殖和有性生殖,随种类的不同,还有不同的繁殖方法。有 75 属、370 多种。中国常见淡水黄藻有黄丝藻属、黄管藻属,约 30 多种。肉眼常见的是植物体成丝状的黄绿藻属(*Tribonema*)和无隔藻属(*Vauchcria*)。淡水种类喜生活在半流动的软水水体中。

营固着生活或漂浮于水面。黄藻对低温有较强的适应性,常在早春晚秋大量发生。但在大型水域或敞水地带种群数量不多,而更易在浅水水体或间歇性水体中形成优势种。扁形膝口藻在鱼池肥水中形成水华,是我国传统鱼池肥水的主要浮游植物组分。

2.4.5 甲藻门(Dinoflagellates,or Pyrrophyta)

甲藻多产于海洋中,浮游生活,有时在海岸线附近大量繁殖,形成赤潮,有些种类也常在池塘、湖泊中大量出现。多数是单细胞的,少数为群体或丝状体。除少数种类裸露无壁外,多具有由纤维素构成的细胞壁。甲藻的细胞壁称为壳,是由许多具有花纹的甲片相连而成的。壳又分上壳和下壳两部分,在这两部分之间有一横沟,与横沟垂直的还有一条纵沟,在两沟相遇之处生出横、直不等长的两条鞭毛。色素体有 1 个或多个,呈黄绿色或棕黄色,除含叶绿素 a、叶绿素 c 外,还含有大量的胡萝卜素和叶黄素。海产种类的光合产物多为脂类,淡水产的多为淀粉。繁殖方式主要是细胞分裂,或是在母细胞内产生无性孢子,行孢子生殖,有性生殖只在少数属、种中发现。常见的有角藻属(*Ceralium*)和多甲藻属(*Peridinium*),它们喜欢从池底吸取磷,在低浓度磷的硬水(钙离子浓度高)中生长。

甲藻分布十分广泛,在海水、淡水、半咸水中均有分布。多数种类生活于海洋中,几乎遍及世界各大海区,是海洋浮游生物的一个重要类群,在海洋生态系中占有重要的地位。甲藻通过光合作用,合成大量有机物,其产量可作为海洋生产力的指标。甲藻同硅藻一样,也是海洋小型浮游动物的重要饵料之一。淡水中甲藻的种类不及海洋多,但有些种类可在鱼池中大量生殖,形成优势种群,如真蓝裸甲藻是鲢鳙的优质饵料。甲藻对低温,低光照有极强的适应能力,是北方地区鱼类越冬池中浮游植物的重要组成部分,其光合产氧对丰富水中溶氧、保证鱼类安全越冬有重要作用。

仲夏到秋季期间,表层水含磷低,而池底含磷高,角甲藻与某些蓝藻能利用它们较强的移动能力获取低层水中磷生长,可以形成水华。也有一些甲藻在秋冬沉积到水底,第二年初夏萌发,同时吸收大量磷,形成大量藻细胞。

某些甲藻是形成赤潮的主要生物,对渔业危害很大。由于引起赤潮的生物种类不同,其危害程度和方式也不同,夜光藻等赤潮种类,可使海水缺氧,堵塞动物的呼吸器官,而导致生物窒息。有些甲藻可分泌毒素,毒害其他水生生物,如短裸甲藻(*Gymnodinium breve*)分泌神经毒素,直接释放到海水中,使鱼、虾、贝类大量死亡。多边膝沟藻(*Gonyaulax polyedra*)则在藻体死亡后产生毒素,危害海洋生物。

有些种类对鱼类、贝类不会造成致命影响,但毒素可在它们体内积累,如果人类或其他脊椎动物食用了这些有毒的鱼类、贝类就会发生中毒,甚至死亡。

2.4.6　隐藻门(Cryptophyta)

隐藻为单细胞种类,其色素除叶绿素 a 和叶绿素 c 外,还含有 η-胡萝卜素、甲藻黄素及藻胆素。体形不对称,有背腹面差别。细胞无细胞壁,仅具有柔软到坚固的周质。仅有隐藻纲 1 纲、约 100 种淡水种类和 100 种海水种类。常见的种类有卵形隐藻等,多生长在污水中,在养殖上是鱼类主要天然饵料之一。还有些生长在清水、泥潭沼泽及海水中的种类。在游动状态下,由细胞纵裂进行无性繁殖,并常出现暂时的四细胞时期,再产生与营养细胞同样的个体。没有有性生殖。隐藻门植物种类不多,但分布很广,在淡水、海水中均有分布。隐藻对温度、光照适应性极强,无论是夏季还是冬季冰下水体均可形成优势种群。隐藻属、红胞藻属、半胞藻属等在沿岸水域常见;尖隐藻(C. acatg)等隐藻属的一些种类,在沿岸水域的微型浮游生物中更常见。沼盐隐藻是广盐性种类,既能生活在海湾或河口低盐水域,也能生活在盐沼池的高盐水中。隐藻在海洋浮游生物群落中占有一定地位。隐藻喜生于有机物和氮丰富的水体,是我国传统高产肥水鱼池中极为常见的鞭毛藻类,有隐藻水华的鱼池,白鲢生长好、快,且产量高。隐藻是水肥、水活、好水的标志。

2.4.7　金藻门(Chrysophyta)

金藻门藻体为金棕色,细胞内多具有 1~2 个色素体,以胡萝卜素和叶黄素占优势,绿色色素只有叶绿素 a 一种,所以多呈金黄色或金褐色。在有机质含量丰富的水体中,金藻素减少,藻体呈绿色。同化产物主要是金藻多糖,或称为金藻糖、金藻淀粉,又因它具有和海带糖相似的化学性质,所以亦称为金藻海带糖,通常是已知白色闪光的球形团块,遇碘不发生淀粉反应。此外,还含有脂类,分布在细胞质各处。细胞内含有单细胞核。

金藻多为单细胞或群体,少数为多细胞丝状体。不运动的种类大多没有细胞壁,标本保存时容易丢失细胞特征,通过观察活体细胞为准。金藻是水生动物的饵料。浮游金藻没有细胞壁,个体微小,营养丰富,适于幼体摄食和消化,具有一定的饵料价值。

金藻多产于淡水中,特别是在水温较低的软水水体中尤为常见。一般多在较寒冷的季节,尤其在早春、晚秋生长旺盛。金藻对温度变化感应灵敏,在水体中多分布于中、下层。运动细胞多具 1~2 条鞭毛。单细胞或群体的种类,繁殖方式主要是营养繁殖和孢子生殖,有性生殖极少见。常见的有合尾藻属和钟罩藻属。淡水水体中多为贫营养型种类。

2.4.8 硅藻门(Bacillariophyta)

硅藻有10 000多种[5],广布于海水和淡水中,多浮游生活。外形和颜色与其他藻类明显不同。植物体由单细胞构成或互相连接成群体。细胞壁由两个瓣片套合而成,上面具有花纹,其成分含有果胶质和硅质,不含纤维素。

细胞内具有1至数个金褐色的色素体。色素体中含有叶绿素a、叶绿素c和大量的胡萝卜素和叶黄素,光合产物主要是脂类。硅藻可借助细胞分裂进行营养繁殖,但经数代后也能通过配子的结合或自配形成复大孢子,行有性生殖。硅藻是海洋浮游植物的主要组成者,是海洋初级生产力的一个重要指标,也是水生动物的食料。鱼池清塘排水后,往往最先生殖的是菱形藻、小环藻等硅藻。这类既能浮游又能底栖(附生)的兼性浮游植物,大量生长,可能与水浅、光照好及清塘后水中硅酸盐含量丰富有关,是鱼类和水产动物的重要饵料。

硅藻在一年四季春、夏、秋、冬都能形成优势种群,常在春秋两季各出现一次高峰。有明显的区域种类,受气候、盐度和酸碱度的制约。在无机盐氮磷硅充足的情况下,在春天和初夏光照温度较高、风力不大时,硅藻中的星杆藻和平板藻会在水中优势生长。

海洋环境如果受到富营养污染或其他原因,常使某些硅藻如骨条藻、菱形藻、盒形藻、角毛藻、根管藻、海链藻等繁殖过盛,形成赤潮,使水质恶劣,给渔业及其他水产动物带来严重危害。

2.4.9 红藻门(Rhodophyta)

除少数属、种外,绝大多数红藻产于海水中,行固着生活。植物体除个别属、种外,都是多细胞的,通常为丝状、片状或树枝状。色素体多呈红色或紫红色,其中除含有叶绿素、胡萝卜素和叶黄素外,还含有大量的藻红素和藻蓝素。同化产物为近似淀粉的红藻淀粉。红藻在生活史中没有具鞭毛的运动细胞。有性生殖均为卵式生殖。雌性生殖器官是与卵囊相似的果胞,果胞上具有叫作受精丝的毛状体,受精后产生一种特殊的孢子,叫作果孢子。常见的有紫菜属(*Porphyra*)和石花菜属(*Gelidium*)。

2.4.10　褐藻门(Phaeophyta)

绝大多数为海产,营固着生活。在 1 500 多种褐藻中,产于淡水的仅有 10 种左右,其中有两种是在我国四川的嘉陵江中发现的。植物体均由多细胞构成,结构也比较复杂。色素体中除含有叶绿素 a、叶绿素 c 外,还含有特别多的胡萝卜素和叶黄素,所以多呈褐色。同化产物不是淀粉,而是海带多糖和甘露醇。营养细胞均无鞭毛,游动孢子和雄配子则具有两条侧生、不等长的鞭毛。繁殖的方式有多种,都能行有性生殖。在生活史中,多有明显的世代交替。常见且作为食用的有海带(*Laminaria japonica*)和裙带菜(*Undaria pinnalifida*)。

参 考 文 献

[1] Paerl H W, Fulton R S, Moisander P H, et al. 2001. Harmful Freshwater Algal Blooms, with an Emphasis on Cyanobacteria[J]. Scientific World Journal,2001,1:76‐113.

[2] 刘建康. 高级水生生物学[M]. 北京:科学出版社.

[3] Guiry M D, Guiry G M. National University of Ireland, Galway [EB/OL]. [2014-03-10]. http://www. algaebase. org.

[4] Lee R E.藻类学[M].段德鳞, 胡自民, 胡征宇,等,译. 北京:科学出版社, 2012.

[5] Bellinger E G , Sigee D C, Freshwater Algae: Identification and Use as Bioindicators [M]. John Wiley & Sons, Ltd. ,2010.

[6] 厦门水产学院税收生物教研组.淡水习见藻类[M].北京:农业出版社,1980.

[7] Graham L F, Wilcox L W. Algae[M]. NJ:Prentice Hall.

[8] 胡鸿均.水华蓝藻生物学[M]. 北京:科学出版社,2011.

[9] 黄有馨,刘志礼.固氮蓝藻[M].北京:中国农业出版社,1984.

第 3 章　湖泊的物理特性与水华

　　在天然水体中,对藻类生长有直接影响的是光、水温和营养盐浓度。天然水体中很多物理过程,例如水流水平流动和垂直流动混合等,都会影响天然水体温度、光照情况与营养盐分布,从而对藻类生长产生影响。本章将主要介绍湖泊物理过程对水华产生的影响。

　　水对光线有很强的吸收和反射作用,从而影响了水下光强分布,使藻类主要生长在表层水中。表层水主要能量来源是太阳辐射,但要与大气和土壤交换能量,使得水温由当地气温决定,主要受季节和昼夜变换的影响。

　　水的密度因温度和盐分变化,对水体流态有很大影响,从而影响能量传递。通常,水体在白天阳光照射下,表层水温会升高,到了夜晚,通过辐射、对流散发热量,表层水温又会下降。水温 4 ℃时密度最大,大于 4 ℃时,随着温度降低,水的密度增大;小于 4 ℃时,随着温度增加,水的密度增大。这时表层水密度增高,会下沉引起自然对流现象。

　　由于风的作用导致表层水湍流流动,使得表层水充分混合,水温基本均匀,称为混合层。不同水体的混合层深度变化很大,主要取决于风力强弱和对流状态。夏天平静湖水的混合层深度仅有 1 m 左右,而风力较大时,也可增加到十余米。混合层下,温度变化速率较快的水层称为温跃层,其下温度相对稳定的水层,称为滞水层或底水层。

　　秋冬来临时,气温下降,光照减弱,表层水温下降,形成自然对流,由此产生上下水体混合,称为秋季对流。这时,湖水会一直保持自然对流下的等温冷却状态,直到水温下降到 4 ℃,此后,自然对流消失,表层水温度下降直到结冰,水温随深度逐渐增加。

　　淡水湖泊在春天水温从 0 ℃开始升高,会产生下沉,形成自然对流下的上下混合,称为春季对流。直到水温升高到 4 ℃,此后,水温继续升高,水体就会分层,上层水温最高,底层水温最低。

对于盐分大于 2.47% 的海水，在秋冬季节，水温下降时，同样产生对流，使混合层深度达到几百米。海水中盐分变化比水温变化对密度的作用更大。在红海底部存在一个区域，下层温度较高，但同时盐分高，使其密度比表层大。在北大西洋和靠近南极大陆 Weddel 海，冬天水温低，海水结冰，由于冰中盐分低，周围水中盐分增高下沉，在海底向其他海洋流动。它们在海底差不多停留 500 年。但是海底只有极少数区域缺氧，这是因为海底生物很少，耗氧速率低。

对流作用会将富含溶解氧的表层水输送到水体底部。通常水体在分层时，溶解氧扩散速率非常低，深水区会严重缺氧，使磷在厌氧状态下释放，在海洋底部会影响高等生物生存。

磷在水中常形成磷酸盐沉淀，沉降到水底，造成表层水中磷含量低。沉降到水底的磷主要通过溶解、扩散和对流补充到表层水中。对流引起的混合效果通常远远好于扩散。扩散分湍流扩散和层流扩散两种，水处于湍流流动状态时，扩散是湍流扩散，水处于层流状态时，扩散是层流扩散。通常，湍流扩散速度比层流扩散速度大几个数量级。水体对流将底部的营养盐输送到表层水中，这对淡水湖泊中藻类生长非常重要。在淡水湖泊水华治理时，必须控制湖底磷的释放，或清除湖底沉积的磷，避免通过对流或湍流扩散等过程将磷补充到表层。

3.1　水的物理性质

3.1.1　水的密度随温度和盐分变化

影响水华产生过程的重要性质之一是水的密度随温度变化的性质，它是水体自然对流现象的内在原因。水的密度是水的质量与其所占体积之比，单位为 kg/m^3。通常液体密度随温度增高而减小，对水来说，纯水密度最大在 4 ℃（准确是 3.98 ℃），4 ℃ 淡水无论是升温还是降温，密度都会降低。而冰的密度更小。图 3.1 是纯水密度随温度变化曲线。从图 3.1 中可以看出，靠近 4 ℃ 附近，温度改变带来的密度改变较小，离开 4 ℃ 越远，改变得就越快。因此，在深水淡水湖泊，不管表层水温度多少，底部水通常最接近 4 ℃。

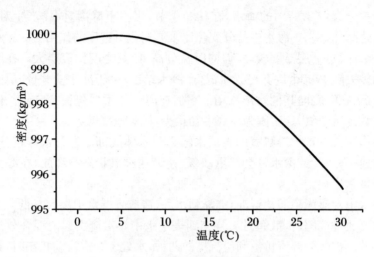

图 3.1　水的密度随温度变化

湖水中通常含有少量盐(或者说矿物质),在同样温度下,湖水密度大于纯水密度。通常,湖水密度与水的盐分含量和溶解的化学物质有关。不同盐的密度不同,其水溶液在相同浓度下,密度也有差异。一般密度较高的盐,其相同浓度水溶液密度也较高。表 3.1 是含 2%的不同盐溶液的密度。

表 3.1　盐的比重和 2%溶液的密度

盐	固体盐的比重	2%溶液密度(10^3 kg/m^3)
氯化钠	2.17	1.015 1
氯化钾	1.99	1.013 4
氯化镁	2.32	1.016 8
氯化钙	2.15	1.017 1
碳酸氢钠	2.20	1.103 2
碳酸氢钾		1.013 4
碳酸钠	2.53	1.021 9
碳酸钾	2.29	1.018 9
碳酸钙	2.72	
硫酸钠	2.69	1.018 9
硫酸镁	2.65	1.021 8
硫酸钙	2.97	

湖水中主要阴离子是碳酸根,由于地质环境变化,有的湖泊中会含有较多的硫酸根、氯离子、硅酸根离子;阳离子主要是钙离子和钠离子,此外还含有镁离子。盐分含量较低的是钠离子,盐分含量较高的是钙离子。

对于海水而言,通常成分比较固定,其密度与盐分含量和温度相关。通常盐分每增加 0.1%,密度就约增加 0.000 8。当盐度大于 2.47% 时,海水的密度随水温的升高,密度始终是逐渐下降的。表 3.2 是海水在不同温度和盐度时的密度。

表 3.2　海水在不同温度和盐分含量下的密度

密度($10^3\,kg/m^3$)\\温度(℃)	盐分含量(%)					
	0.5	1	2	3	3.5	4
0	1.003 970	1.008 014	1.016 065	1.024 101	1.028 126	1.032 163
5	1.004 006	1.007 967	1.015 858	1.023 744	1.027 697	1.031 663
10	1.003 670	1.007 562	1.015 321	1.023 080	1.026 971	1.030 878
15	1.003 012	1.006 847	1.014 496	1.022 150	1.025 990	1.029 846
20	1.002 068	1.005 857	1.013 416	1.020 983	1.024 781	1.028 535
25	1.000 867	1.004 617	1.012 102	1.019 598	1.023 362	1.027 144
30	0.999 433	1.003147	1.010 568	1.018 008	1.021746	1.025 504

溶解于水的气体对密度影响很小。根据研究,在温度 5~8 ℃下,饱含空气的水的密度比不含空气的水的密度小 $0.003\,kg/m^3$。压力对水的密度影响可以忽略。只有在极深的深海,压力巨大,才会使水的密度有所增加。因为水的压缩系数非常小。

3.1.2　水的比热和蒸发热

比热是将 1 g 物质升高温度 1 ℃所需要的热能,国际单位是 $J/(g \cdot K)$,其中热能单位是 J,也可用 cal,1 cal = 4.184 J。水的定压比热随温度略有变化,见表 3.3。

表 3.3　不同温度蒸馏水的比热

水温(℃)	0	5	10	15	20	25	30
比热(cal/g・℃)	1.009	1.005	1.002	1.000	0.999	0.998	0.998

在一定温度下,比热随水的含盐量的增加而减少。水的比热比绝大部分物质的比热都高,因此,天然水体的温度日变化和年变化均比大气小得多。

水的蒸发热很大,1个大气压下,0 ℃时,蒸发热为 2 500.6 J/g,随温度升高,蒸发热降低。蒸发热随温度变化关系如表3.4所示。

表 3.4　不同温度下水的蒸发热和黏性系数

温度(℃)	0	10	20	30	40	50
蒸发热(kJ/kg)	2 500.6	2 476.9	2 453.3	2 429.7	2 405.9	2 381.9
黏性系数(10^{-6} m²/s)	1.789	1.306	1.006	0.805	0.659	0.556

使水蒸发消耗的热能是湖泊能量散发的主要方式之一,可占散发总能量的一半左右。干燥的空气含水蒸气很少,吹过湖面时,会使湖水大量蒸发。

3.1.3　水的导热性

通常热能通过热传导从高温向低温传输。传输的能量可用以下方程表示:

$$Q = -\lambda \frac{\partial T}{\partial z} \tag{3.1}$$

式中:Q 是单位时间通过单位面积传输的热量,λ 是热导率,$\partial T/\partial z$ 是温度梯度。热导率是温度梯度为 1 K/m,在单位时间中内通过单位面积的热量。纯水的热导率在 0 ℃时为 0.135 8 cal/(m·s·K)= 0.551 W/(m·K),温度每增加 1 K,热导率约增加 0.000 26 cal/(m·s·K),水的含盐量增加,热导率减小。由于水的热导率很小,所以水的导热对湖泊的热量传递作用较小,通常起主导作用的是湍流传热和对流传热。

3.1.4　分子黏性

流体在运动时,由于速度差异,会产生摩擦力,我们称之为黏性。在黏性液体中,部分流体的运动会向周围流体传递,带动它们运动,从而形成较大范围的运动。另一方面,运动流体之间的摩擦使机械能转化为热能,降低流体流动速率。通常,水的黏性对运动的阻力很小,很多情况下可以忽略。但是,水的黏性对流场的影响非常大。根据牛顿黏性定律,流体流动产生的单位面积摩擦力为

$$F = \eta \frac{dv}{dz} \tag{3.2}$$

式中:η 是黏性系数,dv/dz 是速度梯度。纯水黏性系数随温度变化见表3.4,水的黏性系数很小,因此,由分子黏性传递的运动作用很低,但是,水流运动常处于湍流状态,这时的黏性是湍流黏性,其作用就很大了。

3.1.5　水蒸气饱和压力

液体水会蒸发进入大气,同时大气中水蒸气也会冷凝变成液体水。如果空气中水蒸气压力与水处于平衡状态,这时的水蒸气压力是饱和水蒸气压力。大气温度降低,就会使处于饱和蒸气压的水蒸气倾向冷凝,变成降雨或露水,同时释放能量。如果水面空气中水蒸气分压低于饱和蒸气压时,水会蒸发,从而损失能量。水的饱和蒸气压随温度发生变化,可用下式[1]表示:

$$e_0 = e \cdot 10^{\frac{aT}{b+T}} \tag{3.3}$$

式中:$e = 6.11$ mbar,是水蒸气在 $T = 0\,℃$时的饱和蒸气压,$a = 7.5$,$b = 237.3$。同样,冰上饱和水蒸气也可用此式表示,这时 $a = 9.5$,$b = 265.5$。

盐分含量会降低水的蒸气压,通常水的蒸气压随盐的浓度增加而减少,如下式[1]所示:

$$\frac{e_0 - e'_0}{e_0} = \frac{n' \cdot i}{n + n' \cdot i} \tag{3.4}$$

式中:e'_0和 e_0分别为含盐水与纯水的饱和蒸气压,n 和 n'分别为单位体积水和盐的物质的量,i 是等渗系数:

$$i = 1 + a(k - 1)$$

其中:a 是溶解离子的解离度(离解的分子数比溶解的总分子数),k 是分子电离时形成的离子数。

3.2　光在湖水中的传输特性

万物生长靠太阳,驱动藻类生长产生水华的能量来源是太阳。太阳辐射在大气层外的能量是 $1\,367$ W/m²,我们称为太阳常数。由于日地距离会发生变化,太阳常数也略有变化,最小是处于远日点位置,距离是 1.521 亿公里,最大是处于近日点位置,为 1.471 亿公里。99%的太阳辐射能量是波长在 $0.17\sim4.0\,\mu m$ 范围,辐射最强的波长是 $0.475\,\mu m$。通常将波长小于 $0.4\,\mu m$ 光称为紫外光,大于 0.76 μm 光称为红外光,两者之间的光是人眼可见的可见光。光线穿过大气时,部分被大气分子吸收变为热能,部分被大气分子和颗粒散射。水面上接受的太阳直射辐射强度可按下式[2]计算：

$$I = (I_a/r^2)p^m\sin h \quad (\text{W/m}^2) \tag{3.5}$$

式中：I_a是太阳常数，在太阳和地球平均距离处，等于 1 367 W/m²。r 是地球与太阳之间距离，以平均距离分数表示，随季节不同而变化，$r = 1 + 0.034\cos\left(\dfrac{2\pi n}{365}\right)$，$n$ 是距离元旦的天数；h 是太阳在水平线上的高度角，随纬度、季节和一天时间的不同而变化；m 是大气层厚度，代表不同太阳高度下，光线穿过大气的距离，可根据太阳高度近似计算，$m = 1/\sin h$。太阳高度角为 90°时，$m = 1$；p 是大气透明度，是太阳高度在 90°时，地面上太阳辐射强度与太阳常数比值，其与大气层中水蒸气的含量和污染物含量密切相关，一般为 0.65～0.85。上述计算是晴天时的直接辐射量，多云或阴天时，需要考虑云量对太阳辐射的阻止作用，可以根据当地日照计记录的数据计算。在湿度较大地区，大气透明度较小，对光的散射作用强，散射光强度也很大，某些时候会超过直射光强度。[3]

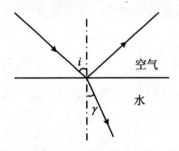

图 3.2　光的反射与折射

太阳光入射到水面，部分光反射，其反射率可用菲涅耳公式计算：

$$\frac{I_i}{I} = \frac{1}{2}\left[\frac{\sin^2(i-\gamma)}{\sin^2(i+\gamma)} + \frac{\tan^2(i-\gamma)}{\tan^2(i+\gamma)}\right] \tag{3.6}$$

式中：I_i是反射光强度，I 是入射光强度，i 是光线入射角，γ 是折射角，如图3.2所示，这里假定偏振光在两个方向比例相等。根据上式计算得到表 3.5。

表 3.5　太阳高度角(0°～89°)与阳光在水面反射率关系

太阳高度角	0°	1°	2°	3°	4°	5°	6°	7°	8°	9°
0°	100.0	89.6	80.6	72.0	65.0	58.6	52.9	47.6	42.8	38.6
10°	35.0	31.4	28.8	26.0	23.8	21.5	19.6	17.8	16.2	14.8
20°	13.6	12.4	11.4	10.4	9.6	8.8	8.2	7.5	7.0	6.6
30°	6.2	5.8	5.4	5.0	4.7	4.4	4.2	4.0	3.8	3.6
40°	3.5	3.4	3.2	3.1	3.0	2.9	2.8	2.7	2.6	2.5
50°	2.5	2.5	2.4	2.4	2.4	2.4	2.3	2.3	2.3	2.3
60°	2.2	2.2	2.2	2.2	2.2	2.2	2.1	2.1	2.1	2.1
70°	2.1	2.1	2.1	2.1	2.1	2.1	2.1	2.1	2.1	2.1
80°	2.1	2.1	2.1	2.1	2.1	2.1	2.1	2.1	2.1	2.1

从表3.5中可以看出,太阳在地平高度较大时,大于30°,反射率很小,不超过2.1%~6.2%,当太阳高度较小时,反射率会很快增加,见表3.6。上述计算假设面是平坦如镜,实际水面有波浪,此时反射发生了明显变化。太阳在天顶时,反射率反而增大。反射率还与水的浊度相关,浊度越大,反射率越高。

表3.6 阳光在波动和静止水面的反射率

太阳高度角	波面反射率	静止水面反射率
90°	13.1	2.1
60°	3.8	2.2
30°	2.4	6.2

散射辐射的入射角变化较大,很难计算水面反射。一些研究估算得到的结果是5%~10%。

直射太阳光在水中的光程 l 与穿透深度 z 比值为

$$\frac{l}{z} = \frac{1}{\cos\gamma} = \frac{n}{\sqrt{n^2 - \cos^2 h}} \tag{3.7}$$

式中: n 是水的折射率,随盐分含量、波长和温度变化,可取平均值1.34; h 为太阳高度角。不同太阳高度下,阳光在水中的光程变化见表3.7。

表3.7 不同太阳高度角下,阳光在水中的光程变化

太阳高度角	0°	10°	20°	30°	40°	50°	60°	70°	80°	90°
l/z	1.52	1.49	1.41	1.32	1.22	1.14	1.08	1.04	1.01	1.00

从表3.7中可以看出,在太阳高度角很小时,太阳光线在水中通过的光程超过由水面到给定水层的垂直距离的半倍。因此,太阳辐射能的穿透深度,随太阳地平高度的增加而增加;反过来说,深水的白天比水面上白天短。

进入水中的太阳能,一部分被吸收,一部分被散射,还有一部分可能会穿过水体被湖底吸收。散射光在水下再次被吸收、反射等,最终大部分被水体吸收而变为热能。

穿透光程为 l 的太阳能 I 和进入水中的太阳能 I_0 之间可用朗伯比尔定律[4]计算:

$$I = I_0 e^{-(m+k)l} \tag{3.8}$$

式中: m 和 k 分别是吸收和散射系数。单波长辐射(又叫单色辐射)可以利用该式计算得到正确结果。吸收系数与入射光的波长、水中溶解的物质有关。图3.3是

不同波长光在纯水中的吸收系数。[1]

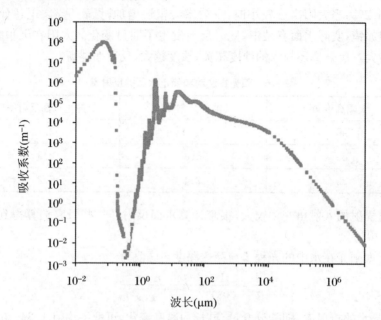

图 3.3　纯水对不同波长光的吸收系数

从图 3.3 中可以看出,水对红外线吸收强烈,对波长 $0.47\ \mu m$ 绿光吸收最弱。假定水吸收的辐射能量全部变成热,入射能量为 $1\ cal/(cm^2 \cdot min)$,则根据朗伯比尔定理可以计算不同深度水温的提高,如表 3.8[1]所示。该结果表明,太阳辐射能量几乎全部是被表层水吸收的。当水中溶解有带颜色的物质和胶体时,表层水对可见光的吸收大大增加。

表 3.8　辐射能量转化为热能使水升温量

深度(m)	0.001	0.01	0.1	1	10	100	1 000	10 000
平均温升(℃)	6.3	4.8	1.4	0.27	0.045	0.006 4	0.000 82	0.000 099

在纯水中,可利用瑞利分子散射理论估算光的散射,如果散射粒子尺寸比波长小,则散射系数 k[1]为

$$k = a/\lambda^4 \tag{3.9}$$

式中:a 是散射模数,等于 1.56×10^{-4}。$\lambda = 0.494\ \mu m$ 时,计算得到 $k = 0.002\ 6\ m^{-1}$。水分子及其聚集体的尺寸比可见光小得多,可使用该式计算。

同一波长处的吸收系数 $m = 0.002$,小于散射系数。因此,在此波长下,光的

分子散射比光的吸收更大。水中存在胶体时,散射进一步增大。

根据瑞利定律,只有直径小于 $0.35\ \mu m$ 的粒子才发生粒子散射。对于小于波长的粒子引起的散射,通常光向各个方向相对均匀散射,而粒子大于波长很多时,粒子以反射为主。

在水中有小的悬浮粒子存在情况下,大量实验研究总结得出了计算 a 的经验公式[1]:

$$a = 0.15/z \tag{3.10}$$

式中:z 为通过白色圆盘测出的透明深度(白色圆盘在水中的位置是刚好能看见的深度)。透明深度为 5 m 时,$a = 0.03$,通常分子散射模数 $a = 1.56 \times 10^{-4}$,所以,水中悬浮粒子的散射效应比分子散射大 200 倍。

通常用照度来表示某个面上摄入的光能量。照度可用单位 $cal/(cm^2 \cdot min)$ 表示,或用照明技术单位勒克司表示。1 勒克司(lx)相当于满月时夜间照度的 4 倍。$1\ lx = 1/683\ W/m^2$,水下照度,首先取决于太阳光对水面的照度。太阳光线对水面照度的强度,取决于太阳高度和大气的透明度。太阳离地平线越高,大气透明度越高,水面照度就越大。当天空无云时,水面照度从日出时起一直到正午都是逐渐增加的,正午以后是一直减弱的。水面照度在一年中同样随太阳高度和大气透明度变化而变化,夏季高,冬季低。北半球高纬度冬夏照度相差大,低纬度冬夏南方照度相差小。散射光产生的照度,在无云天空,同样取决于太阳高度和大气透明度。太阳高度越大,水面照度就越强。大气中尘埃和水雾增多时,会产生额外的散射中心,减小直射照度,增加散射照度。

图 3.4 是使用 SMARTS 程序[5]计算得到的天空无云时,不同太阳高度下的水面直接辐射光谱,该程序还可计算得到地表太阳散射光谱。当晴朗天气大气透明度较好,太阳位于天顶时,水面辐射主要是太阳直射辐射,强度约为 $1\ 000\ W/m^2$。云量对直射照度有很大影响,它在太阳高度角较大时,减少了直射光光照度,增加了散射光照度。在我国东部沿海很多城市,由于空气湿度大且污染严重,直射辐射减弱,散射光比例大大增加,常常与直射光强度相近。

进入水中的光同样发生吸收和散射两种过程。其中长波光线容易被吸收,短波光线易被散射。光线在水中迅速减弱,颜色逐渐变为绿色。由于不同波长光的衰减系数不同,在水下光谱成分会发生变化,总光强不符合朗伯比尔定律。大部分红外线和紫外线在湖水上层 1 m 处被吸收和散射,因此,水下 1 m 以下深处的辐射基本上是可见光。表 3.9 是在不同湖泊中测定的水下各种光的相对光强。[1]研究表明,在水下 30 m 处,发现有绿藻、硅藻等藻类。

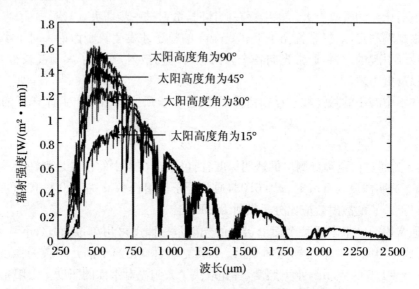

图 3.4　不同太阳高度下，地表太阳直射辐射光谱

表 3.9　湖水水下辐射光谱随深度变化

湖泊名	水的色度	水深 (m)	波长(μm)					
			0.36~0.42	0.42~0.49	0.49~0.54	0.54~0.59	0.59~0.65	0.65~0.80
德依	0	1	14	20	16	20	15	15
		3	13	20	21	24	14	8
		5	11	21	25	26	13	4
		7	8	22	30	27	13	
		9	5	21	38	29	7	
锡利维尔	11	1	12	18	19	17	18	16
		3	11	15	21	25	18	10
		5	7	17	24	31	17	4
		7	3	17	29	36	13	2
乌阿伊特山德	18	1	10	16	17	21	18	18
		3	5	7	22	33	20	13

续表

湖泊名	水的色度	水深(m)	波长(μm)					
			0.36~0.42	0.42~0.49	0.49~0.54	0.54~0.59	0.59~0.65	0.65~0.80
米季	29	1	4	10	12	22	24	28
		2		7	13	24	39	17
		3		3	9	30	39	19
利特尔-朗格	105	1		5	6	14	32	43
		2		3	5	4	32	56
默里	123	1		3	3	12	28	54
		1.5				8	35	55
		2			2	5	40	55

3.3　湖水的传热特性

湖水的传热特性主要包括太阳短波辐射、大气长波辐射、水面辐射散热组成的辐射、对流传热。导热影响很小，表面风的动能耗散也很小，可忽略。估算风动能传递到水中能量 R 如下：

$$R = \tau w t \tag{3.11}$$

切向力 $\tau = 0.002\rho w^2$，空气密度 $\rho = 1.225$ g/L，假设风速 $w = 3.5$ m/s，则切向力 $\tau = 0.318\,5 \times 10^{-7}$ N/cm^2，t 是时间。计算一年传递能量 $R = 0.084$ kcal/(cm^2 · y)。

每年太阳辐射被湖水吸收量约为 100 kcal/(cm^2 · y)以上，因此，表面风的动能耗散可忽略。

前面已阐述太阳短波辐射，大气长波辐射能量主要由大气中水汽、二氧化碳及臭氧等所释放出来。一般以 Stefan-Boltzman 定律求得：

$$H_{La} = \varepsilon_a \cdot \sigma \cdot T_a^4 \tag{3.12}$$

式中：ε_a 为大气发射率，$\sigma = 5.67 \times 10^{-8}$ [W/(m^2 · K^4)]，为 Stefan-Boltzman 常数；T_a 为空气温度(K)。大气发射率可按下式[6]计算：

$$\varepsilon_a = 0.937 \times 10^{-5}(1 + 0.17C_1^2)T_a^2$$

式中：C_1 是云在天空中的覆盖度。然而大气发射光谱十分不规则，因此大气长波辐射热通量也有以经验式来表示的(Gates，1980)：

$$H_{La} = 1.22\sigma T_a^4 - 171 \tag{3.13}$$

蒸发散热可采用 Edinger(1974)所发表的水面蒸发能量通量公式来表示：

$$H_e = (6.9 + 0.34 \cdot U_w^2) \cdot (e_s - e_a) \tag{3.14}$$

式中：e_s 为水面温度下饱和蒸气压(mbar)，e_a 为大气蒸气压(mbar)，U_w 为离水面 7 公尺高的风速(m/s)，水面蒸气压 e_s 为在水面温度的饱和蒸气压。

对流热通量指大气和水温的温度差带来的能量传递。可根据包文比得到。包文比是对流热通量和蒸发热通量的比值，一般的计算公式如下：

$$H_c = B \cdot H_e \tag{3.15}$$

式中：B 为包文比，可按下式[6]计算：

$$B = 0.61 \cdot \frac{P}{1\,000} \cdot \left(\frac{T_w - T_a}{e_s - e_a}\right) \tag{3.16}$$

其中：P 为大气压力，单位为 mbar。

水面长波辐射散热热通量一般皆以 Stefan-Boltzman 定律求得

$$H_{Lw} = \varepsilon_w \cdot \sigma \cdot T_w^4 \tag{3.17}$$

式中：ε_w 为水面发射率，取 0.97。另外，湖底土壤也会通过热导传递能量，可根据 Fick 定理计算，一般可忽略。[7]土壤传导系数可取 1.58 W/(m · K)。

3.4　湖水的流动特性

湖水的运动叫作湖流，描述湖流运动的要素是流动方向和速度。根据湖流时间特性分为经常流和临时流；根据水温分为暖流和寒流；根据含盐量分为淡水流和咸水流；根据深度分为表层流和深层流。根据产生流动的力分为重力流和摩擦流。重力流的作用力是重力，当湖面倾斜时，重力作用引起流动。重力流的作用力是地球引力作用产生的，或者叫作流体静压力的水平梯度力，因此，重力流通常又叫作梯度流，可分为径流、排流和密度流。径流是湖水部分区域流进流出引起的或蒸发降雨不均匀引起的。排流是水受外力作用，从湖泊某个区域向另外区域流动引起的。湖的某些区域大气压比相邻区域高，将使这一区域水位降低，从而发生水体的相应移动或排流(1 mbar 压力变化,大约相当于 1 cm 湖泊水位的变化,一般日变化 1~4 mbar)。当湖水各处温度不同时,密度也就有差异,从而产生的流动是密度流,又称自然对流。常见的是表面冷却引起表层水下沉,产生的自然对流,也有水中杂质浓度变化导致的密度变化引起的。

摩擦流是风对湖面产生的摩擦力带动水流动。引起湖流的因素作用停止后,水体由于惯性还继续向前的运动,叫惯性流或余流。由于水是不可压缩的,风引起的表层水的流动,会导致深层水向反方向流动,产生环流。

流体流动分为层流和湍流。层流是流体中运动质点沿流动方向向前规则运动,流体分层运动,互不混合。湍流流动是运动质点在向前规则运动的同时,还存在不规则的脉动,相邻水层之间混合强烈。湍流区域传质传热系数大,温度和污染物分布相对比较均匀。

通常可根据流动雷诺数判断流动是湍流还是层流,对于开敞水流,雷诺数定义为

$$Re = vH/\mu \tag{3.18}$$

式中:v 是流速,μ 是水的运动黏度,H 是水的深度。雷诺数大于 500 的是湍流,小于 500 的是层流。在水流深度为 1 m,温度 20 ℃时,流动速度大于 0.000 5 m/s 的就是湍流。湖流速度常大于此速度,因此,湖水流动多是湍流。

湖岸、岛屿和浅水区对湖流的速度,特别是对湖流的方向影响很大。湖岸能使湖流偏转,产生深层水反向流动,形成环流。岛屿会使湖流分支,在岛屿背后形成滞流和涡流。在浅水区流速增加,在深水区流速减慢。

通常风力驱动是湖泊水流动的主要动力源,一年四季常常发生。表面冷却产生的自然对流是湖底物质被运移到水表层的主要原因,只会发生在春秋季节。在河道型水库上,水力停留时间较短时(10 天),径流和排流比较重要。湖泊面积相对较小,可以忽略因月球和太阳对地球各处引力不同所引起的潮汐作用,但是,在宽度大于 5 公里时,还需要考虑地球自转产生的科尼奥尼力作用。存在自然对流时,湖水密度和温度分布比较均匀;不存在自然对流时,对于深水湖泊,常会形成下层的静止水体和上层的流动水体,静止水体上部是温跃层,上下层之间存在较大温度差异。

3.4.1　主要作用力

风的切向力估算可按下式[1]计算:

$$\tau = \rho k w^2 \tag{3.19}$$

式中:ρ 为空气密度,k 为系数,w 是水面上 2 m 风速(m/s), $k = 0.001\,1 + 0.000\,9h$,

或取 0.002,适用水深 $h(\mathrm{m})$ 为 0.5～6 m。

科尼奥尼力是地球自转产生的离心力,计算如下:

$$K = 2\omega v \sin\varphi \quad (\mathrm{N/kg}) \tag{3.20}$$

式中:ω 为地球转动角速度 $= 7.29 \times 10^{-5}\mathrm{rad/s}$,φ 是地理纬度,v 是流体流动速度,单位为 m/s。通常科尼奥尼力很小,如 $v = 10$ cm/s,纬度 $60°$,为重力的 1/1 000 000。此外,还有流速梯度产生的内黏滞力 τ,根据牛顿公式计算:

$$\tau = \eta\frac{\mathrm{d}v}{\mathrm{d}z} \tag{3.21}$$

其中,黏性系数 η 是湍流黏性系数,实际测量结果如表 3.10[1]所示。

表 3.10　不同风速下的湍流黏性系数

风速(m/s)	3	5	7	10	20
$\eta(\mathrm{g/cm \cdot s})$	28	110	220	430	1 720

从上述测量结果可以看出 $\eta = aw^2$,a 是比例系数。

水在弯道内流动时会产生离心力,半径 R 弯道内水流流动速度为 v,产生的离心力 C 可按下式计算:

$$C = m\frac{v^2}{R} \tag{3.22}$$

3.4.2　风驱动水面流动计算

飘流是风对水面磨擦作用产生的流动。水的表层流动通过水力黏性作用传递到水下,使湖水流动。Ekman 观察到水流方向与风速方向不一致,出现了较大的偏转。由此产生的水流类似旋转楼梯,从湖面延伸到 Ekman 定义的摩擦深度。偏转的水流称为 Ekman 漂流。出现显著的 Ekman 漂流的最小湖面积约为 1 km²,且深度大于 4 m。Ekman 建立了风对水面作用产生的偏转漂流计算模型[8],主要假设包括:

① 水温和密度是均匀的;

② 水平方向压力梯度为零;

③ 竖向速度为零;

④ 水平方向应力张量为零;

⑤ 黏性系数为常数;

⑥ 稳态假设。

Ekman 定义了摩擦深度 D,用下式进行计算:

$$D = \pi \sqrt{\frac{\eta}{\rho \omega \sin \varphi}} \tag{3.23}$$

湖水深度如比摩擦深度 D 大得多,则是深水湖泊;如比 D 小或相当,则为浅水湖泊。

按照式(3.23)计算不同纬度和两种风速下的摩擦深度,见表 3.11[1]。从结果可以看出,风对摩擦深度影响很大。

表 3.11　摩擦深度 D 随地球纬度和风速变化

摩擦深度 D(m)　风速(m/s)　纬度	10	20
45°	90	180
50°	87	175
55°	85	170
60°	82	165
70°	80	160
80°	75	150

对深水湖泊,Ekman 主要结论[9]包括:

① 表层流的方向偏离产生流动的风向 45°,在北半球偏右,南半球偏左。

② 表层流速度计算:

$$v = \frac{\tau}{\sqrt{2 \eta \rho \omega \sin \varphi}} \tag{3.24}$$

式中:v 是表层流速度,τ 是风的切向力,ρ 是水的密度,ω 是地球转动角速度,φ 是地理纬度,η 是内部湍流黏性系数。

③ 流动的速度随运动向深处传送,依对数规律减小,而流动方向朝偏离表面层流方向不断偏转。

④ 当深层流的方向和表层流的方向相反时,其速度约为表层流速度的 4%。苏联学者估算了不同风速下,奥涅加湖的表层湖流速度,如表 3.12[1]所示。

表 3.12　不同风速下产生的奥涅加湖表层湖流速度

风速(m/s)	1	3	4	4.2
表层湖流速度(cm/s)	3	18	25	28

如图 3.5 是北半球和水面每隔 $0.1D$ 的深处纯漂流方向与流速分布。[10]箭头

代表方向,长度代表速度大小。

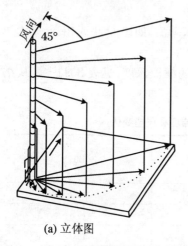
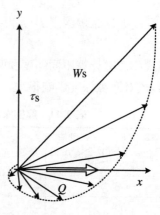

(a) 立体图　　　　　　　　(b) 投影到同一个平面(速度随水深呈指数下降)

图 3.5　北半球纯飘流流速分布曲线(Ekman 模型)

在浅水湖中,理论认为,表层流可根据水体深度和摩擦深度比值,形成与风向不同角度。比值越小,角度越小,例如水体深度为 $0.1D$ 时,表层水流方向基本与风向一致,如图 3.6 所示的是 4 种典型深度下的方向和流速分布,在 $0.25D$ 时,偏转角为 $21.5°$;$0.5D$ 时,偏转角为 $45°$。

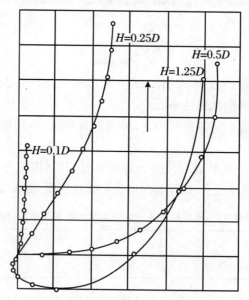

图 3.6　北半球湖泊纯漂流不同深度的速度分布[1]

3.4.3　风动环流计算

这里以风驱动长方形水池中的水的流动计算为例,见图 3.7,在风作用下,表层水因黏性作用向顺风方向流动,使迎风湖岸水位增加,水面倾斜,产生压力梯度,使深处水向相反方向流动,产生环流。什托克曼提出了有关计算公式[1],主要包括:

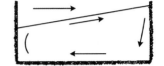

$$\tan \gamma = -\frac{3\tau}{2g\rho H} \qquad (3.25)$$

$$v_z = \frac{H-z}{\eta}\Big[\tau - \frac{3\tau}{4H}(H+z)\Big] \qquad (3.26)$$

图 3.7　风动环流示意图

$$v_0 = \frac{\tau H}{4\eta} \qquad (3.27)$$

式中:γ 是水面对水平面的倾斜角,τ 是风的切向力,H 是湖的深度,v_z 和 v_0 分别是深度 z 处和水面上的纵向流速;η 是内部湍流黏性系数。令 $v_z = 0$,可得到 $z = H/3$,说明在 1/3 深度处流动速度为零。

在温度均匀情况下,如初春和秋天,风动环流如图 3.8 所示。在夏季,湖水温度分层,底层温度低,上层温度高,它们的密度不同,上层密度低,难以向下运动到

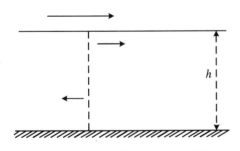

图 3.8　风动环流流速分布示意图

高密度冷水区域,这时可形成分层流,上层风驱动的环流是顺时针,下层是上层流动带动的,是逆时针的,而且流速很小,常常处于层流或静止状态,这体现在底部温度低而稳定。长时间大风产生的湍流会通过湍流高速传递热能,使下层温度升高,从而使湍流区不断向深处发展。实测表明,3 h 8 m/s 的风(相当于 4~5 级风)会使湍流区发展到水下 10~12 m 深处。因此,对浅水湖,湍流区会很容易发展到湖底,湖底释放的磷很容易被风驱动的湖流带到表面。

在英国的温德米尔湖,曾观察到明显的 Ekman 螺线性环流[11]。表层水在风力作用下运动,而在较深处,存在反向流。在更深处,有时还能观察到第三股水流,流动方向与上一次相反。在实际的湖泊中,由于复杂地形的限制,水的流态非常复杂。

对海洋来说,风驱动洋流会产生底部反向流动,在近海区域,这会导致海底高含营养盐海水上涌到海面,从而加大近海富营养化,导致赤潮。我国近海夏季多东南季风,引起的深水流动是离开海岸的,不会加大近海富营养化。

3.4.4 自然对流

自然对流是由温度不均匀引起的流动,天然水体自然对流常发生在春秋季节。秋季气温下降,湖水表面冷却,密度增加而下沉,导致混合层深度增加,当冷却温度低于湖底水温时,表面冷却水会下沉到湖底,产生环流。水体经充分冷却带动的自然对流后,各处温度会达到相同状态。春季水体水温低于 4 ℃时,表面升温会引起密度增大而下沉,产生流动,使下部水与上部水混合升温直到一起升高到 4 ℃。

考虑一个理想的长方形湖泊,深度 H 远大于宽度和长度,我们可以根据水平液体夹层的自然对流实验结果总结的关系式[12]来分析:

$$Nu = hH/\lambda = 0.609 Gr^{1/3} Pr^{0.107} \tag{3.28}$$

该式的使用范围是液体的 Pr 数 $0.02 < Pr < 8750$,水的 Pr 在 $1.75 \sim 13.67$ 之间,随温度变化,可参考有关手册获得;另一个要求是 $3 \times 10^5 < GrPr < 7 \times 10^9$。由于水面蒸发和辐射,热传递阻力较小,可近似将表层水温度等于气温,从而可以进行近似分析。h 是传热系数[W/(m² · K)],λ 是导热系数[W/(m · K)]。根据上式可得到传热系数 h,从而可以计算传热量。

Gr 是格拉肖夫数,定义为

$$Gr = \frac{g\beta\Delta T H^3}{\nu^2} \tag{3.29}$$

式中:g 是重力加速度,ΔT 是表层水和底层水间的温差,β 为体胀系数(也叫热胀系数),计算方程为

$$\beta = -\frac{1}{\rho}\left(\frac{\partial\rho}{\partial t}\right)_P \tag{3.30}$$

是定压下与温度变化相对应的密度变化的度量。ν 是运动黏度 = 动力黏度 μ/密度 ρ:

$$\nu = \mu/\rho \tag{3.31}$$

Pr 数(普朗特数)是动量扩散系数与热量扩散厚度之比的一种度量,反映热物性度对对流换热强度的影响。Gr 数(格拉晓夫数)是浮升力与黏性力之比的一种度量。它是描述自然对流的一个准则数。在自然对流中的作用与 Re 数在强湍对流现象中的作用相当。Gr 数的增大,表明浮升力作用的相对增大,它反映了自然对流流动强度对对流换热强度的影响。

当流体受热并且其密度随温度而变化时,密度变化引起的重力差异将会引发流体的流动。这被称作自然对流(或混合对流)的浮力驱动流动。

强制对流的流动是外加力产生的,如入湖来流、风驱动流动等。强制对流和自

然对流共存时,称作混合对流。

混合对流中,浮力的影响可通过 Gr 数与雷诺数平方之比来判别,即

$$\frac{Gr}{Re^2} = \frac{\Delta\rho g H}{\rho v^2} \tag{3.32}$$

当此数值接近或超过 1.0 时,浮力对流动将有较大影响。相反,若此数较小,浮力的影响可以不予考虑。

3.5　湖泊的传质过程

物质在水中传递过程叫传质,传质方式包括扩散传质和对流传质。扩散传质包括分子扩散和湍流扩散。分子扩散是分子无规则运动产生的,通常层流状态下是分子扩散。湍流扩散是湍流运动状态下的扩散传质。对流传质是流体流动引起的流体中物质的传递。

以下考虑一维扩散的传质情况:

$$N = - D\, dc/dz \tag{3.33}$$

式中:N 是通过单位截面的传质通量,D 为扩散系数,dc/dz 是物质浓度梯度。由于流动分层流和湍流,通常扩散传质分分子扩散和湍流扩散。在层流情况下,扩散是分子扩散,扩散系数是物质的固有性质,不随流动状态变化而变化。在湍流区,扩散系数是湍流扩散系数,它与湍流状态有关。在湍流情况下,可采用平均湍流扩散系数替代,按下式估算[13]:

$$D = 5.93 H v^* \tag{3.34}$$

这里 v^* 是摩阻流速,等于 $(\tau_0/\rho)^{1/2}$,τ_0 是湖底壁面附近的切应力,ρ 是水的密度。利用数值方法可以计算不同位置的湍流扩散系数[14],进而估算平均湍流扩散系数,近似估算传质量。

通常分子在水中扩散系数很小,仅在 10^{-9} m²/s,在湍流状态下,传质速率较大。湍流扩散系数可大 3~6 个数量级以上。对浅水湖泊,通常湍流状态一直延伸到湖底。磷在水中容易形成沉淀,下沉到湖底。但磷的溶解沉淀过程非常快,可近似看成处于平衡状态,因此,在水底,溶解磷的浓度近似等于磷酸盐的饱和溶解浓度,通常大于藻类生长阈值浓度。在流动状态下,对于底泥中磷含量丰富的湖泊,如果湍流区发展到湖底或在自然对流状态下,磷的传递速度就大大增加,通常就能

够满足表层水中藻类生长的需要。

一般认为,气体在气体和气液界面处传质阻力较小,溶解气体在液相中传质阻力较大。在湍流流动状态下,传质阻力大大下降,使传质速率加快。因此,流动的水体溶解氧含量较高,不容易产生厌氧状态而腐化发臭。对河流的研究表明,氧溶解过程与流速正相关。计算水体大气复氧的方程为

$$dC/dt = k(C_s - C) \tag{3.35}$$

式中:C 是水体溶解氧浓度,C_s 是饱和溶解氧浓度,与水温相关,20 ℃时为 9.17 mg/L,k 是传氧系数,它有很多种计算方法,但是,计算结果的准确性还有待改进[15]。

参 考 文 献

[1] 扎依科夫·В Д. 湖泊学概论[M].秦忠夏,译.北京:商务印书馆,1963:108.

[2] Huang W D, Hu P, Chen Z S. Performance Simulation of a Parabolic Trough Solar Collector[J]. Solar Energy ,1986(2):746-755.

[3] 李申生,太阳能物理学[M].北京:首都师范大学出版社,1996.

[4] 毋国光, 战元龄. 光学[M]. 北京:人民教育出版社,1978.

[5] 王炳忠.实用太阳能光谱应用模式:SMARTS 模式[M]. 北京:气象出版社,2011.

[6] Matin J L,McCutcheon S C. Hydrodynamics and Transport for Water Quality Modeling [M]. Boca Raton:Lewis Publishers, 1999.

[7] 李申生.太阳能热利用导论[M].北京:高等教育出版社,1989.

[8] Kalff J. 湖沼学:内陆水生态系统[M]. 北京:高等教育出版社, 2011.

[9] Ekman V W. On the Influence of the Earth's Rotation on the Ocean Currents[J]. Ark. Mat. Astr.Fys. ,1905, 2(11): 1-52.

[10] Hutter K, Wang Y, Chubarenko I P. Foundation of the Mathematical and Physical Background[M].New York:Springer, 2011:344.

[11] George D G. Wind-induced Water Movements in the South Basin of Windermere[J]. Freshwat Biol., 1981,11:37-60.

[12] Incropera F P, Dewitt D P, Bergman T L, et al.传热和传质基本原理[M].北京:化学工业出版社,2007.

[13] Elder J W. The Dispersion of Marked Fluid in Turbulent Shear Flow[J]. J. of Luid Mech.1959(5):544-560.

[14] 逄勇, 姚琪,濮培民.太湖地区大气-水环境的综合数值研究[M].北京:气象出版社,1998.

[15] 雒文生, 李莉红,贺涛. 水体大气复氧理论和复氧系数研究进展与展望[J].水利学报,2003(11):64-72.

第4章　湖泊化学过程与磷循环

由于蓝藻能够利用空气中的氮气合成氨,所以湖水中氮对水华产生的影响不及磷重要。本书主要讨论湖泊化学过程对湖水中磷的浓度的影响。湖水化学物质及其相互作用对湖水营养盐氮磷浓度有重要影响,从而对水华发生产生影响。[1]通常磷在自然界主要以无机状态的磷酸盐和有机状态的磷存在,磷酸盐主要以正磷酸盐、多聚磷酸盐为主,还有微量还原性的偏磷酸盐等。常见的有机磷是三磷酸腺苷(ATP),DNA中的核苷酸、磷酸肌醇等。近年来,人们向天然水体排入了少量人工合成的有机磷化合物,它们对水华产生作用较小。磷仅有一种具有环境稳定性的形态——正磷酸盐。所有正磷酸盐或脂均是非挥发性的,在大气中主要存在于灰尘中,会自然沉降或随降雨下落到地面和湖泊中。

磷在地球上主要存在于水底和陆上岩石、泥土中,土壤中磷含量平均约为0.1%,远高于水中的磷含量[2],以很稳定的状态存在。陆地表面的磷可被雨水转移到水底,也可被风吹动,进入大气,转移到很远的地方,最终沉降到地表或天然水体中。人类农业活动大量施用磷肥,增加了农业土地上表层土壤含磷量,使农田雨水径流成为重要的磷来源。城市人口密集,产生大量生活污水和工业废水,含磷量高,虽经过常规二级污水处理厂处理,但含磷浓度仍比富营养化治理要求高100倍左右,对我国很多湖泊来说,都是磷污染的主要来源之一。美国的一项研究表明,进入美国密歇根湖的磷,通过河流输入的每年约650 t,通过大气沉降的每年约为150 t。[1]

在湖泊中,磷存在于水中或湖底底泥中,99%以上的在底泥中。[3]主要存在状态包括溶解性正磷酸根离子、磷酸脂、无机磷酸盐沉淀,死亡的或活着的生物体内都含有磷酸脂。藻类主要利用溶解性正磷酸盐离子。磷酸盐沉淀主要包括钙、铁和铝离子沉淀,其中羟基磷灰石和氟磷灰石溶解度极低,是自然界磷的主要存在形式。水中溶解性钙、铁、铝离子浓度对溶解性磷酸盐浓度影响很大,影响铝、铁离子浓度的主要因素是水的pH值和氧化还原电位,影响淡水水体钙离子浓度的是水的 pH 值和溶于水的二氧化碳。磷酸盐在溶解和沉淀之间转换非常迅速,可以看成是一个快速平衡过程。实际的溶解速度常受沉淀颗粒内部和表面溶解离子的扩散过程控制,固体内部扩散速率很低,在静止状态下,表面液体中的扩散只能通过分子扩散,也会使溶解速率降低,在湍流状态下,通过湍流扩散,液体传质速率大大增加。磷酸铁在厌氧状态下,特别是微生物作用下,易被还原为溶解度较大的磷酸亚铁,从而从沉淀中释放出来。此外,厌氧状态下,硫酸根会被还原,与铁离子形成溶解度极小的硫化铁,从而降低水中铁离子浓度,使磷酸铁溶解。与磷酸盐沉淀相平衡的正磷酸根浓度,例如,土壤水分中磷酸盐浓度一般为 $10^{-5} \sim 10^{-6}$ mol/L($=0.3 \sim 0.03$ mg/L TP),在藻类生长最佳浓度范围以内。在深水湖泊非对流期内,湖底水通过分子扩散传输到表面速率远远低于藻类生长形成水华的要求。但在春秋对流期内,通过对流传输的速度可大幅度提高湖泊表层水总磷浓度,超过藻类生长形成水华的要求。

4.1　水的化学性质与气体的溶解性

　　水是极性分子,也是一种良好的极性溶剂,能够溶解大多数极性物质和无机盐。通常,水部分电离形成氢离子和氢氧根离子,氢离子与水结合为水合氢离子。在一定温度和压力下,水的电离及电离离子的复合构成动态平衡:

$$H_2O = H^+ + OH^-$$

　　在标准状态下,平衡常数为 $K_w = [H^+] \times [HO^-] = 10^{-14}$。平衡常数与温度、压力等因素相关。

　　许多气体都能溶解在水中,在天然水体中溶解氧和二氧化碳对生命过程非常关键。溶解氧是水环境中大多数好氧生物生存的必要条件。二氧化碳是藻类进行光合作用所必需的物质。天然水中溶解气体与气相中该气体在气液界面处存在动态平衡,当溶解气体含量超过平衡浓度时,气体会从水中逸出,低于平衡浓度时,气体会从气相溶解到水中。在水面上,溶解二氧化碳和氧气会通过与大气交换维持平衡浓度。平衡浓度与温度、盐度、气相中气体分压相关。通常可用亨利定律表示水中溶解气体平衡摩尔分数 x 与空气中气体分压 p 之间的关系:

$$p = Hx$$

式中,H 是亨利常数。二氧化碳和氧气在不同温度下的淡水中,亨利常数见表 4.1。

根据亨利定理,气体溶解度还受水面大气中气体分压影响,在高原,大气压下降,二氧化碳和氧气分压也同时下降,从而使气体在水中的溶解度下降。大气压随海拔高度的变化见表4.2。

表 4.1　二氧化碳和氧气在水中溶解的亨利常数

温度(K)	温度(℃)	H_{O_2}	H_{CO_2}
288.15	15	2.756×10^{-5}	8.21×10^{-4}
293.15	20	2.501×10^{-5}	7.07×10^{-4}
298.15	25	2.293×10^{-5}	6.15×10^{-4}
303.15	30	2.122×10^{-5}	5.41×10^{-4}
308.15	35	1.982×10^{-5}	4.80×10^{-4}

注:数据来源于《CRC Handbook》中的 *Chemistry and Physics*,1984:8~87。

表 4.2　大气压随海拔高度的变化

海拔(km)	0	1	2	3	4	5
大气压强(kPa)	101.325	89.46	79.06	69.86	61.73	54.00
大气压(atm)	1.000	0.883	0.780	0.689	0.609	0.533

近年来,空气中二氧化碳浓度在缓慢增加。50 年前,二氧化碳含量仅280 ppm($1\ ppm = 10^{-6}$),目前已增加到约 380 ppm,在一个标准大气压下,空气中氧的含量为20.9%,二氧化碳含量约为380 ppm。根据亨利定律,可以计算出溶解二氧化碳浓度约为 1.38×10^{-5} mol/L。在 0 ℃ 和 20 ℃ 时,氧气在纯水中溶解度分别为 14.62 mg/L、9.17 mg/L,二氧化碳在纯水中溶解度分别为 1.3 mg/L、0.7 mg/L。通常水中溶解氧来自气液界面的大气复氧和水中光合作用产氧。清洁的地表水在正常情况下溶解氧接近平衡浓度。在藻类或植物生长水域,夏季白天光合作用强烈时,水中溶解氧可超过平衡浓度;但在夜晚,光合作用停止,呼吸作用会消耗溶解氧,使水中溶解氧低于平衡浓度。过低溶解氧会导致很多高级生物不能生存,从而破坏生态系统。有关研究表明,夏季光合作用产氧速率可达到 0.5~10 g/(m² · d),而呼吸作用耗氧速率,对浮游动物,达到 721~932 mL/(kg · h)(水温为 20.5~26.5 ℃)。好氧微生物在分解水中有机物时,也会消耗溶解氧。

溶解的二氧化碳在水中以游离二氧化碳和碳酸形式存在,通常所说溶解二氧化碳浓度等于溶解的游离二氧化碳与碳酸浓度之和,其中游离二氧化碳仅占 4%。碳酸会电离形成碳酸根离子和碳酸氢根离子。每时每刻都存在的生物呼吸作用会产生二氧化碳,此外,湖底存在碳酸盐沉淀,在水中二氧化碳减少时,也会通过溶解补充水中二氧化碳。通常二氧化碳很少成为藻类生长的限制因素。

溶解的二氧化碳电离形成的多种离子,是天然水体 pH 的重要缓冲体系,它们相互之间形成电离平衡:

$$H_2CO_3 = H^+ + HCO_3^- \quad K_1 = [H^+] \times [HCO_3^-]/[H_2CO_3] = 4.20 \times 10^{-7}$$

$$HCO_3^- = H^+ + CO_3^{2-} \quad K_2 = [H^+] \times [CO_3^{2-}]/[HCO_3^-] = 5.60 \times 10^{-11}$$

在标准状态下,敞开的纯水表面溶解二氧化碳与大气二氧化碳形成平衡,可按照一元弱酸近似计算 pH 值,等于 5.64;而碳酸根离子浓度近似等于 5.60×10^{-11}。

4.2　湖水中溶解性离子

在天然水体中,底泥中存在的碳酸钙等矿物会少量溶解在水中,形成沉淀溶解平衡:

$$K_{sp} = [Ca^{2+}] \times [CO_3^{2-}] = 3.36 \times 10^{-9}$$

实际上,碳酸盐沉淀少量溶解产生的离子,增加了碳酸根离子,使碳酸电离平衡向右偏转,减少了氢离子浓度,使 pH 值升高。在石灰岩地区,这个现象很明显。其反应可表示为

$$CaCO_3(s) + H_2CO_3 \rightleftharpoons Ca^{2+} + 2HCO_3^-$$

平衡常数 $K = K_{sp} \times K_1/K_2$,根据电荷平衡,$[Ca^{2+}] = 2[HCO_3^-]$,从而可以计算得到 pH = 8.18,钙离子浓度为 0.44 mmol/L。这里假定碳酸浓度是平衡浓度,忽略了很多影响因素,在实际湖水中,只在湖底成立,其他区域湖水并不一定处于平衡状态,更多的是由动力学过程决定的,使湖水 pH 值在平衡附近波动。通常 pH 值是由多种动力学因素决定的,所以由于碳酸钙传输和生物呼吸作用等影响,碳酸浓度会偏离平衡浓度。其他矿石成分,如镁橄榄石、纤蛇纹石和滑石等硅酸盐,钾长石、斜长石、黑云母等铝硅酸盐,同样会影响水的 pH 值。此外,天然水体的 pH 值还受环境污染,如酸雨等影响。

在中性或酸性条件下,钙离子浓度增加。在一定 pH 条件下,可以根据平衡得到计算水中饱和钙离子浓度计算公式:

$$[Ca^{2+}] = \frac{K_{sp}[H^+]^2}{K_1 K_2[H_2CO_3]} \tag{4.1}$$

在中性条件和溶解二氧化碳饱和的情况下,计算钙离子浓度为 0.104 mol/L ＝4 g/L。这个浓度很大,只有在石灰岩地区才会有足够的钙离子供应,换句话说,在湖水中性条件下,水中钙离子没有饱和,湖底表层土壤中几乎不含碳酸钙。碳酸钙在固体中的扩散阻力是水中钙离子不能饱和的主要原因。

湖水中离子主要来源于岩石和土壤的风化及雨水的淋洗作用。沉积岩中含有氯化钠、氯化钾、碳酸钙、硫酸钙、硫酸镁等,火成岩风化形成多种碳酸盐,它们在大气和雨水作用下,进入天然水体。水中离子主要包括 Na^+、K^+、Ca^{2+}、Mg^{2+} 等正离子和 Cl^-、SO_4^{2-}、HCO_3^-、CO_3^{2-} 等负离子。图 4.1 是美国陆地天然水体中各种成分的分布频率。[4] 通过雨水的淋洗,地表土壤中溶解性离子被转移到水中,最终流入大海或内陆盐湖。通常钙镁离子容易与碳酸根形成溶解度很小的碳酸盐沉淀,也是湖水中主要离子成分之一。溶解的二氧化碳浓度增加时,会使碳酸钙和碳酸镁溶解度增加,这时由于碳酸电离产生氢离子与碳酸根离子结合,减少了碳酸根离子浓度,使碳酸盐沉淀溶解平衡向溶解方向转移。湖水 pH 值对碳酸电离平衡影响很大。pH<5 时,碳酸根离子极低,可以容许很高浓度的钙离子,通常湖底表面碳酸钙沉淀均溶解;pH>9.5 时,碳酸根离子为主,溶解钙离子浓度很低,碳酸钙主要以沉淀形式存在。

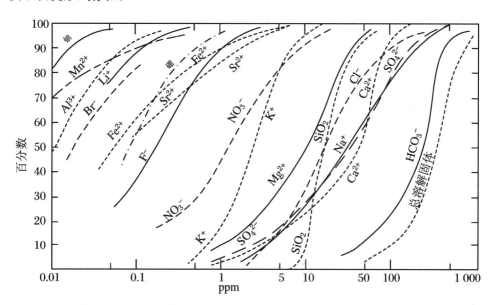

图 4.1 美国陆地水中各种组分分布频率的累积曲线

1. 影响 pH 的主要因素

通常没有污染的天然水的 pH 值主要受溶解二氧化碳和碳酸盐控制,略偏碱性。由于它们在水中含量很低,虽然有缓冲能力,但缓冲容量很小,湖水 pH 值容易受外来酸碱物质影响。我国用煤量大,煤燃烧后,煤中硫被氧化为二氧化硫,排放到大气后与大气中水汽作用变成亚硫酸,亚硫酸又被大气中氧气氧化成为硫酸,燃烧过程中形成的氮氧化物与水化合成为硝酸和亚硝酸。这些均使雨水 pH 值下降,称为酸雨,使地表水 pH 值偏低。酸雨对淡水生态系统构成了严重危害。我国西南所产煤炭含硫高,酸雨严重。近年来,燃煤电厂开始实施脱硫脱硝处理,部分缓解了雨水酸化增加趋势。污水中含有酸性物质和氨,它们对 pH 值有很大影响,通常要求污水处理厂出水 pH 值在 6~9 之间。氨是碱性物质,使污水 pH 值增加,但在天然水体中,氨易被微生物氧化产生氢离子,消耗溶解氧,同时降低 pH 值。游离氨对鱼类等高等动物还有严重危害,我们必须降低天然水体氨含量,我国要求城市污水处理厂出水氨低于 5 mg/L。

2. 活度影响

离子和溶剂分子之间会发生相互作用,离子的溶剂化作用是离子在溶液中的重要特性之一。在化学平衡计算时,应使用活度代替浓度进行计算,通常引入活度系数来表示其影响。可以使用德拜-休克尔法计算活度系数,从而根据浓度求活度。在淡水中,离子浓度低,活度系数可近似取 1。

4.3　水中溶解磷酸盐平衡浓度

磷是控制水华的关键营养盐,探讨水中磷的浓度非常重要。能被藻类生物直接利用的磷主要以溶解性磷酸根的形式存在于水中。水体中大部分磷以磷酸盐固体形式存在,土壤中通常含有 0.1%磷,主要包括磷酸铁、磷酸铝、磷酸钙、羟基磷灰石等。它们与水中磷酸根离子形成平衡。其中铝离子和铁离子容易与羟基形成沉淀,其浓度受 pH 值控制,通常平衡浓度很低,从而容许较高的磷酸根离子浓度,磷酸根与铁和铝离子形成结构复杂且含有氢氧根离子的沉淀,实际反应过程难以估算。表 4.3 给出了主要反应的平衡常数。沉淀物可用 $M_r H_2 PO_4 (OH)_{3r-1}$ 表示。M 代表金属离子。文献报道,r 存在多种取值,典型值是 0.8。此外还存在 MOOH 沉淀。

表4.3　水中铝离子和铁离子主要反应及其平衡常数

反　　　应		Al^{3+} 平衡常数	Fe^{3+} 平衡常数
$M^{3+} + 3OH^- \Longrightarrow M(OH)_3$	pK	32.34	38.6
$M^{3+} + H_2PO_4^- + (3r-1)OH^-$	r	0.8	1.6
$\Longrightarrow MH_2PO_4(OH)_{3r-1}$	pK_{sp}	25.8	67.1
$M^{3+} + H_2PO_4^- \Longrightarrow MH_2PO_4(OH)^{2+}$	pK		−21.3
$M^{3+} + HPO_4^{2-} \Longrightarrow MHPO_4(OH)^+$	pK	−12.1	
$M^{3+} + PO_4^{3-} \Longrightarrow MPO_4$	pK	20	21.9

磷酸是三元酸,在水中存在三级电离平衡,平衡常数分别为

$$pK_1 = 2.16; \quad pK_2 = 7.21; \quad pK_3 = 12.32$$

在天然水体中,局部磷酸根离子平衡浓度还可能受磷酸钙和羟基磷灰石沉淀溶解平衡控制:

$$K_{sp}(磷酸钙) = [Ca^{2+}]^3 \times [PO_4^{3-}]^2 = 2.07 \times 10^{-33}$$

$$K_{sp}(羟基磷灰石) = [OH^-] \times [Ca^{2+}]^5 \times [PO_4^{3-}]^3 = 2.4 \times 10^{-59}$$

在天然水体中,溶解磷酸根离子浓度主要由上述几种离子浓度决定。这几种盐在不同 pH 值水中溶解度见图4.2。[5] 在一定 pH 值下,可以估算溶解磷总浓度。

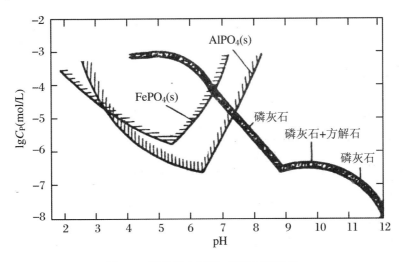

图4.2　磷酸盐在不同 pH 值下溶解度

由于溶解沉淀平衡过程很快,表层水中以胶体状态存在的或以固体状态存在的磷酸盐,能够很快溶解补充。但是固体内部磷酸盐向表面扩散非常慢,而湖泊中

水不断更新,在未开发地区,降雨本身含磷很低,地面经雨水长期冲刷,磷含量也很低,使进入湖泊的雨水含磷量很低,它们不断冲刷湖泊,使湖底表层土壤含磷很低,土壤内部磷扩散到表面速度很低,难以维持溶解平衡,使水中离子浓度欠饱和,从而维持湖泊低含磷,保持贫营养状态。土壤内部水中溶解性磷的总浓度常常接近饱和浓度。人类活动主要是农业上大量使用磷肥,一般估计,80%磷肥的磷没有被植物吸收,大部分被雨水冲刷进入天然水体,此外,含磷量增加的土壤被风带动,进入空气,从而被迁移到其他地方,引起严重的磷负荷。雨水冲刷土壤,带来大量含磷的泥沙和污泥,它们本身颗粒小,容易释放固体中磷;即使沉积在湖底,在浅水湖泊中,由于沉积底泥容易被风浪掀起,从而在表层水中释放磷,加大表层水中磷的供应。在深水湖泊,风力难以作用时,主要受季节影响,只有在春秋季节,由于气温变化带来的自然对流,才将沉入湖底的高浓度磷带到表层水。

在中性溶液中,$CaHPO_4 \cdot 2H_2O$ 和 $Ca_8H_2(PO_4)_6 \cdot 2H_2O$ 沉淀最快;在酸性溶液中,$CaHPO_4$ 可能首先沉淀。然而,不管何种磷酸钙首先以固体形式从溶液中析出,它们都将逐渐转变为羟基磷灰石或/和氟磷灰石,它们是地球上磷矿石的主要形式,估计可开采磷矿约 600 亿吨。大气沉降磷每年 6~13 百万吨,主要来自地面尘土。

海洋中钙离子浓度约为 0.01 mol/L,本身是碱性的,pH 约为 8,使羟基磷灰石能够在低至 10^{-12} mol/L 的磷酸盐浓度下沉淀,但是,磷在海水中还以有机磷和胶体等状态存在,使深海中磷的浓度达到 3 μmol/L。在海洋表面,很多海域也达到 1 μmol/L(= 0.031 mg/L),达到了藻类大量生长的要求。在河口附近,河水带来的大量淡水快速流入大海,造成底部海水逆向流动,使海底富含磷的水上涌到海面造成水华发生。但是,很多研究认为,近海海域总磷浓度较高与河流流域的人类活动密切相关,主要是人类活动带来了大量磷,通过河流排放到大海。图 4.3 给出了三大洋不同深度下典型的磷酸盐浓度。

地中海强烈的蒸发超过了河流补给,导致大西洋和黑海向地中海补给水,产生的逆流从地中海带走了大量磷,进入大西洋和黑海。此外,季风带来的洋流也会使底部富

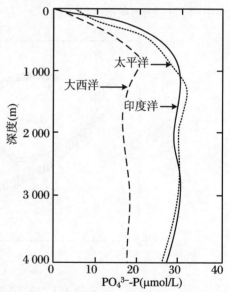

图 4.3　磷酸盐浓度随海洋深度变化
（中国大百科全书,1987）

含磷的海水上涌到海面,增加水华发生几率,例如,夏季台湾岛西部海水含磷明显增加。因此,在此海域,通过控磷来治理近海水华,难以达到目的,还必须控制排放到海洋的氮。海洋中普遍缺铁,固氮蓝藻无法合成固氮酶,从而不能固氮。因此,在海洋中通过控氮能够治理水华。我国大陆近岸海域夏季主要以东南风为主,不会产生能够增加表层海水磷浓度的季风,从而不会影响采用控磷方法来治理海水水华。

图 4.4 是烟台四十里湾表层水总磷和溶解性无机磷分布[6]。

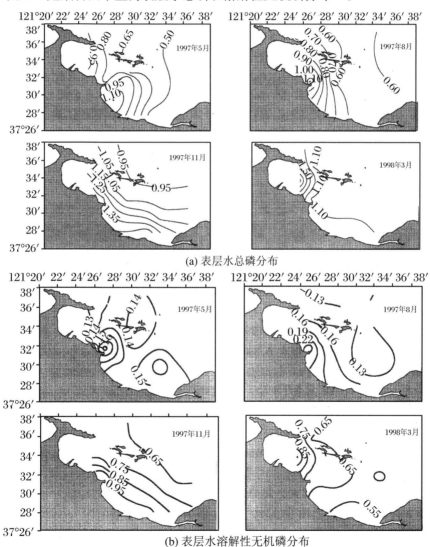

图 4.4　烟台四十里湾表层水总磷分布和溶解性无机磷分布图(单位:μmol/L)

从图 4.4 中我们可以看出,夏季东南风盛行时,风驱动外海表层海水向陆地流动,磷浓度较低;到冬季西北风盛行时,表层水从近海向外海流动,海底水逆流带来大量磷上升到近海海面,使表层水含磷量增加。

在未污染海域,总磷浓度较低。图 4.5 是 1962 年胶州湾溶解性无机磷分布[7],夏季浓度基本在 5 mg/m³ 以下,到了 1997~1999 年夏季,平均浓度超过 10 mg/m³,局部海域浓度超过 30 mg/m³。

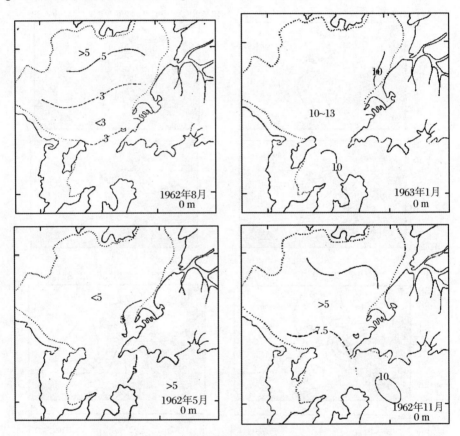

图 4.5 1962 年胶州湾 PO₄-P 分布(单位:mg/m³)

4.4 其他影响因子

1. 化学动力学影响

天然水体中的很多化学过程,包括气体溶解、盐的沉淀等,并没有达到平衡。主要原因是传质速率低,二氧化碳气体在液体中传质常常控制了水溶液产生或消耗二氧化碳反应;但有些反应速率也较低。例如,二氧化碳的水合反应:

$$CO_2 + H_2O \underset{k_{H_2CO_3}}{\overset{k_{CO_2}}{\rightleftharpoons}} H_2CO_3 \overset{极快}{\rightleftharpoons} H^+ HCO_3^-$$

水合反应属于一级反应,速度常数 $k_{CO_2} = 0.025 \sim 0.04 \, s^{-1}$(25 ℃)。活化能约为 15 kcal/mol。其逆反应速度常数为 $10 \sim 20 \, s^{-1}$(20 ~ 25 ℃),活化能约是 15 kcal/mol。根据反应速率常数,可以估计建立反应平衡需要不长时间。

磷酸脂水解速率也比较慢,有机磷主要是磷酸根以酯键与有机物结合。主要包括三磷酸腺苷、核酸等,通常在微生物作用下,水解后形成磷酸根离子,从而被藻类利用。水解半衰期约为几小时到几天。通常浮游植物吸取磷酸盐速度很快,而死亡尸体在微生物作用下水解释放磷酸盐的过程较慢,这可能是湖水中磷含量随浮游植物生长有季节性变化现象的主要原因之一。

2. 湖水中胶体的形成与沉降

磷酸盐包括磷灰石在形成沉淀时,首先形成胶体颗粒,再逐渐长大成为大颗粒晶体而下沉。胶体颗粒直径常小于 10 μm,在水中保持悬浮状态。胶体的凝聚是胶体长大的主要途径。胶体凝聚对磷的迁移和分布有非常重要的影响。通常溶解性物质通过对流扩散而迁移到水体各处,悬浮物质还受到重力作用。悬浮颗粒是否会沉降决定于密度、粒径及水流运动。在静止水体,球形颗粒沉降速率可用 Stokes 方程计算,非球形颗粒可使用形状因子进行校正。

凝聚过程增加了颗粒粒径,使颗粒沉降速率增加,影响悬浮颗粒的分布。而很多溶解性物质,特别是离子和有机物,容易吸附在胶体上。大部分颗粒性物质都沉降到水底。

淡水水体,离子强度低,胶体不容易凝聚,常可见到高浊度水体,例如结晶岩石地区;在石灰岩地区,离子强度较高($I > 10^{-3}$ mol/L),引起混浊度的颗粒物质和腐殖有机质会由凝聚过程而迅速从水体中除去。通常胶体带负电荷,相互之间容易排斥而不容易凝聚。石灰岩地区水体中钙镁离子浓度较高,中和胶体上的电荷,使胶体容易凝聚。

3. 有机质络合效应

天然水中可溶性有机物浓度范围为 0.1～10 mg/L。湖泊中没有污染的水域可达到下限浓度。水底沉积物是死亡生物的主要沉积场所,空隙水中溶解有机物浓度可达到 100 mg/L。主要包括氨基酸、多糖、氨基糖、脂肪酸、磷酸脂类物质和腐殖酸等。有机质降解的最终产物是腐殖质大分子,含有各种基团,很多基团可与金属离子形成络合物。主要金属离子包括钙、镁、铁、铝等均易与有机基团形成络合物。络合物的形成,降低了游离金属离子浓度,使溶解磷酸根浓度增加。

4. 氧化还原作用

氧化还原对溶解性磷浓度影响很大。对溶解性磷酸根离子影响比较大的是铁离子被还原为二价铁,通常水体中含有较高溶解氧,铁以三价形式存在,与磷酸根形成磷酸铁。污染水体水底容易形成厌氧环境,在厌氧微生物作用下,易还原成二价铁离子,而磷酸亚铁溶解度较高($pK_{sp}=22.6$),使磷酸根溶解度大幅度增加,从而增加溶解性磷浓度。另一个重要元素是硫。在好氧条件下,硫在水中以硫酸根的形式存在;在厌氧条件下,硫酸根会被细菌还原,与铁离子形成溶解度非常小的沉淀,从而降低铁离子浓度,增加磷酸根的溶解。天然水体发生的氧化还原过程常常偏离热力学平衡,一方面原因是物质的传输速率低,另一方面是很多氧化还原反应速率较慢。因此,在一个湖泊的不同位置,氧化还原水平可能不同。水下氧化还原作用常常是生物催化的,依赖于生物活动。生物体内常常存在特殊的氧化还原环境,死亡后,在特定环境条件下生成的物质会扩散到水体中,影响水环境。

5. 吸附作用

在好氧条件下,沉积底泥也会释放磷酸根。这是因为沉积物表面吸附了大量磷。在高 pH 值条件下,氢氧根离子会取代磷酸根离子,吸附到 FeOOH 或 AlOOH 絮体上。吸附过程通常是吸热的,温度上升,也会导致解吸,减少吸附的磷酸根离子。其他离子浓度增加,会中和胶体周围的电荷,降低吸附能力。在风力等扰动下,絮体会解体,小的胶体颗粒会上浮到低浓度水体中,从而解吸。

6. 生物化学过程

在污染水体中,磷在生物体内的主要存在形式可能是有机状态。微生物会吸收磷酸盐,储存在体内。在有机污染物较多时,微生物大量生长,磷酸盐会被微生物大量吸收。微生物会沉降到池底,经历死亡,被其他微生物分解,又释放出含磷有机物,含磷有机物也会被微生物水解,释放磷酸盐,重新进入水体。这个过程与水体的 pH 值、氧化还原状态等有关。pH 较低时,往往真菌比较容易生长,处于还原状态时,往往是厌氧微生物为主。

参 考 文 献

[1]　莱尔曼 · A.湖泊的化学、地质学和物理学[M].王苏民,等,译.北京：中国地质出版社,1989.

[2]　Petterson K. Mechanisms for Internal loading of Phosphorus in Lakes [J]. Hydrobiologia,1998,373/374:21-25.

[3]　Filgueiras A,Lavilla I,Bendicho C. Evaluation of Distribution,Mobility and Binding Behavior of Heavy Metals in Surficial Seidiments of Louro River (Galicia,Spain)[J]. Chemometric Analysis,2004,330:115-129.

[4]　Hutzinger O.环境化学手册:第一分册[M].北京：中国环境科学出版社,1987.

[5]　郑兴灿,李亚新.污水除磷脱氮技术[M].北京:中国建筑工业出版社,1998.

[6]　焦念志.海湾生态过程与持续发展[M].北京:科学出版社,2001.

[7]　张正斌,刘莲生.海洋化学[M].青岛:青岛海洋大学出版社,2004.

第5章　湖泊生态系统

5.1　天然水体生态系统

天然水体生态系统是由天然水体中的各种生物组成的,它们相互作用又相互依赖,同时与环境进行物质和能量交换。一切生命活动都需要物质和能量。在生态系统中,植物和藻类能够利用太阳能和二氧化碳等无机组分为原料,通过光合作用合成具有较高能量的有机物,提供生长需要。还有少数微生物能利用无机物及其所包含的能量通过化学过程合成其生长必需的有机物及能量。而所有动物和大部分微生物所需要的有机物和能量都源于植物和藻类的光合作用。

在生态系统中,植物和藻类是有机物质生产者,它们通过光合作用生产了整个生态系统大部分生物所需要的有机物质和能量。一部分动物以植物为主要食物,称为食草动物,而它可能是另一种初级食肉动物的食物。这种初级食肉动物又是另一种次级食肉动物的食物,依次类推。生态系统中死亡生物是由微生物和腐食动物等转化分解的。生态学家将生态系统内部不同物种之间捕食和被捕食过程称为食物链。在实际生态系统中,每一级都由多种生物组成,相互交叉形成网状结构。例如图5.1是淡水生态系统食物网部分结构[1]:在容易发生水华的天然水体中,浮游藻类是主要初级生产者,以浮游藻类为食物的生物主要包括浮游动物、滤食性底栖动物和鱼类。

水生生态系统中,每种食物被摄食者转化利用的效率为10%～20%,这表明在生态食物链中,初级生产速率即植物包括浮游植物的生产速率,大大超过顶级食肉动物的生产速率。在一个开放的海洋食物链中,大致有6个级别,在一些海岸和

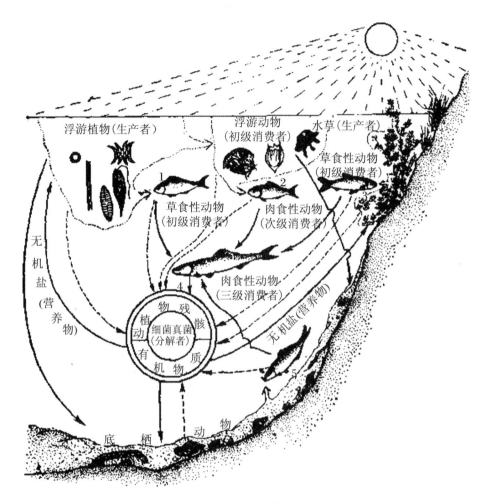

浮游植物(生产者) 浮游动物(初级消费者) 水草(生产者)

草食性动物(初级消费者)

肉食性动物(次级消费者)

草食性动物(初级消费者)

无机盐(营养物)

肉食性动物(三级消费者)

无机盐(营养物)

植物残骸
动物有机物质
细菌真菌(分解者)

底栖动物

图 5.1 水生生态系统与食物网

海滩,食物链可能只有 3 级。处于生物链上级的生物量通常大于处于下级的生物量,但在短期内,也可能颠倒过来。例如,湖泊在春天随水温和光照强度增加,浮游植物会逐渐增加,带来以浮游植物为食的浮游动物快速增加,如果营养盐较少,藻类生长受限,同时又被浮游动物捕食,在一段时间内,浮游动物会超过浮游植物。

人类活动对生态系统产生了明显影响。例如,一些人工合成的有机物质,如具有抗菌杀菌作用的青霉素、链霉素、土霉素等抑制细菌生长;各种维生素和生长激素等促进生物生长;向环境排放的很多污染物,特别是营养盐,会影响藻类和植物的生长速度。

生态系统具有自我维持和自我调节的能力,在一段时间内,能够达到相对的稳定和协调。天然水体生态系统的稳定性是非常重要的,它为人类提供了丰富的水资源和水产品。然而,生态系统的调节能力是有限度的,通常只能承受一定强度的外来干扰。当外来干扰超过所允许的范围时,就会破坏生态系统的平衡状态,产生严重的问题。例如,向湖泊排放过量营养盐,会加速藻类生长,形成水华现象。过多生长的藻类如果不能被其他生物及时利用,就会很快死亡,并成为好氧微生物的食物。好氧微生物氧化它们,会大量消耗水中溶解氧,造成缺氧厌氧状态,使它们在厌氧状态下腐烂分解产生有毒有害物质,导致很多高级生物包括具有很高经济价值的鱼类消失,同时造成水污染。

下面介绍水生生态系统中各种生物及其对藻类生长的影响。

5.2 细 菌

广义的细菌即为原核生物,是指一大类细胞核无核膜包裹,只存在于称作核区(或拟核)的裸露 DNA 的原始单细胞生物,包括真细菌(Eubacteria)和古生菌(Archaca)两大类群。其中除少数属古生菌外,多数的原核生物都是真细菌。可粗分为 6 种类型,即细菌(狭义)、放线菌、蓝细菌、支原体、立克次氏体和衣原体。人们通常所说的细菌即为狭义的细菌,狭义的细菌为原核微生物的一类,是一类形状细短、结构简单,多以二分裂方式进行繁殖的原核生物,是自然界中分布最广、个体数量最多的有机体,是大自然物质循环的主要参与者。细菌主要由细胞壁、细胞膜、细胞质、核质体等部分构成,有的细菌还有夹膜、鞭毛、菌毛等特殊结构。绝大多数细菌的直径大小在 $0.5\sim5~\mu m$ 之间。可根据形状分为 3 类,即:球菌、杆菌和螺旋菌(包括弧形菌)。还有一种利用细菌的生活方式来分类,即可分为三大类:腐生生活、寄生生活及自养生活。能进行光合作用的蓝细菌从分类学上看,属于自养生活细菌,已在前面讨论。

细菌是所有生物中数量最多的一类,据估计,其总数约有 5×10^{30} 个。细菌的个体非常小,目前已知最小的细菌只有 $0.2~\mu m$ 长,因此大多只能在显微镜下看到它们。细菌一般是单细胞,细胞结构简单,缺乏细胞核、细胞骨架以及膜状胞器,例如粒线体和叶绿体。基于这些特征,细菌属于原核生物(Prokaryota)。细菌广泛分布于土壤和水中,或者与其他生物共生。人体身上也带有相当多的细菌。据估计,人体内及表皮上的细菌细胞总数约是人体细胞总数的 10 倍。此外,也有部分种类分布在极端的环境中。

在天然水体中,细菌主要分布在表水层和湖底沉积物表面,不同季节相差较大。表层水中含量约在每毫升 1 百万个,湖底沉积物表面含量远远多于水表面,在营养丰富的湖底,可大 6～7 个数量级。

细菌是水生生态系统中最重要的消费者之一。动物通常难以分解藻类和植物的很多大分子类组分,如纤维素、半纤维素和木质素。有些藻类和植物还能分泌毒素抵制动物对它们的吞食。动物将光合作用产生的藻类和植物大部分转化为颗粒状碎屑。这些碎屑主要由细菌消化。无论是在好氧和厌氧环境下,都有很多种类的细菌分泌水解酶到细胞外分解碎屑中生物大分子,从而使颗粒状有机物分解消化。这个水解过程是 N、P 营养盐在水体中循环的关键过程。据研究,在海水中,表层水中营养盐主要来自颗粒有机物循环。由于磷酸脂健较易水解,而蛋白质中酰胺健水解较慢,从而磷的循环速度大于氮的循环速度,这可能是海水中藻类生长营养限制因素常是氮的主要原因。在淡水水体中,常发生水华的蓝藻能将空气中氮转化为氨,用于细胞生长,使磷成为蓝藻生长的主要限制营养元素。各种碎屑容易沉淀到水底。因此,在底泥淤积严重的水底水中,溶解性磷酸根浓度常接近或大于平衡浓度,是天然水体磷的主要来源之一。好氧微生物在新陈代谢过程中,需要大量消耗溶解氧,在有机物含量较多的水中,好氧微生物容易大量繁殖,从而消耗水中溶解氧,使水体变成厌氧环境,一方面,本身带来环境问题,另一方面,又会使厌氧细菌繁殖,它们能还原 Fe^{3+} 为 Fe^{2+},使沉积在底泥中的磷酸铁变成磷酸亚铁而被溶解,成为溶解磷的重要来源。

在水生生态系统中,原生动物是细菌的一个重要消费者。在吞食细菌时,有些原生动物还有选择性,有的只吞食特定细菌。较大的纤毛虫每小时可吞食几千个细菌。滤食动物在滤食时,可同时吞食细菌、藻类和浮游动物,其吞食种类主要与其过滤器网孔的大小相关。许多细菌可在动物消化器官中生存,有的与动物形成共生关系,例如食草动物消化道内常生长各种微生物。

5.3　浮　游　动　物

浮游动物是指悬浮于水中的水生动物。它们或完全没有游泳能力,或游动能力微弱,主要随水流飘荡。种类繁多,数量很大,分布广泛,其结构十分复杂,包括无脊椎动物的大部分门类——从最低等原生动物到较高等尾索动物。在富营养化水体中,裸腹溞(*Moina*)、剑水蚤(*Cyclops*)、臂尾轮虫(*Brachionus*)等种类常形成优势种群。

5.3.1 原生动物

原生动物是单细胞的低等动物,或由其形成的简单群体。它们每一个体在生理上是独立的有机体,都具有多细胞动物所具有的一切主要特征,即以其各种特化的胞器(Organelles)或类器官,如伪足、鞭毛、纤毛、吸管、胞口、胞肛、伸缩泡等,来完成运动、摄食、新陈代谢、感应性、生长、发育、生殖以及对周围环境的适应性等。

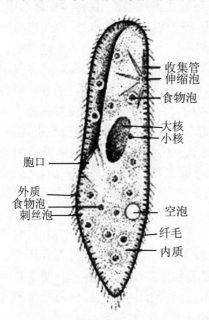

图 5.2　草履虫的形态结构

原生动物的主要特征包括:原生动物的体形各异,一般都很微小,最小的只有 2～3 μm,一般多在 10～200 μm 之间,但海洋中有孔虫的个别种类可达 10 cm。原生动物分布比较广泛,凡是有水存在的地方几乎都有其存在。原生动物体内分化出具有执行各种特殊生理机能的胞器如鞭毛、胞口、伸缩泡等,使原生动物的有机结构相当复杂,但仍保持着单细胞的特征。如图 5.2 所示的是草履虫的形态结构示意图。[2]

原生动物无所不在,从南极到北极的大部分土壤和水生栖地中都可发现其踪影。大部分肉眼看不到。许多种类与其他生物体共生,现存的原生动物中约 1/3 为寄生物。当遇到不良条件时,它们形成包囊,把自己同不良的外界环境隔开,使其新陈代谢的水平降得很低,处于休眠状态;等到有合适的环境条件,又会长出相应的结构,恢复正常的生活。原生动物的适应性很强,它们能生存在各种自然条件下,如淡水、咸水、温泉、冰雪以至于植物的浆液,动物和人类的血液、淋巴液和体液等。

1. 原生动物的分类

在原生动物门里,根据运动胞器、细胞核以及营养方式可以分成 4 个纲:

① 鞭毛虫纲。运动胞器是一根或多根鞭毛,例如绿眼虫、衣滴虫。

② 肉足虫纲。运动胞器是伪足。伪足兼有摄食功能,例如大变形虫。

③ 孢子虫纲。没有运动胞器,全部营寄生生活,例如间日疟原虫。

④ 纤毛虫纲。运动胞器是纤毛,有两种细胞核,即大核和小核。大核与营养有关,小核与生殖有关,例如尾草履虫。

2. 原生动物的繁殖

原生动物进行无性繁殖,不需要交配或性细胞器官。对大多数自由生活的物种而言,无性繁殖通过二分裂过程实现,即每次繁殖都是由一个母细胞分裂为两个完全相同的子细胞的。包括寄生物种在内的鞭毛虫都是纵向分裂的;而纤毛虫的分裂则通常是横向的,并且在细胞质分裂前其口部已经先分裂了;根足门、辐足门和粒网门的生物通常则没有固定的分裂方式。有壳物种的分裂由于需要复制其骨骼结构,因此过程更加复杂。变形虫的有壳物种如沙壳虫,将被分入子细胞的细胞质从母细胞外壳的小孔中挤出来,细胞质中预先形成的薄片就包裹在挤出的细胞质周围,形成新的壳质;这样就完成了整个分裂过程并形成两个单独的变形虫。

大多数自由生活的物种一般都在有利于无性繁殖的环境中生存。有性繁殖通常只是它们在不利环境中繁殖的一种手段而已,如在水的枯竭导致普通细胞无法生存的时候。在变形虫和鞭毛虫中,只有有限物种具有行有性繁殖的能力;有的物种在其进化史中可能从未行有性繁殖,而其他物种则可能已经丧失了交配能力。原生动物的有性繁殖既包括同配生殖(性细胞或配子相似),也包括更高级的异配生殖(性细胞或配子不同)。

有孔虫是自由生活的物种中少见的同时具有无性和有性繁殖后代的物种,它们的每个生物体通过无性繁殖产生许多变形虫状的生物体,这些生物体能分泌出围绕在其周围的壳质。当它们发育成熟时,又将许多同样的配子释放到海洋中,这些配子彼此成对结合,分泌出壳质并发育成熟,又重复上述过程。

几乎所有的纤毛虫都能进行有性繁殖,这个过程称为配对,但这种方式不能形成其数量的立即增加。配对有助于不同个体间遗传物质的交换。

3. 原生动物的食物

原生动物的食物包括细菌、藻类、其他原生动物、微小的后生动物或腐屑,以及溶解盐类和简单有机物。

(1) 营养方式

① 全动营养。肉足虫类和纤毛虫类的食物是细菌、藻类、其他原生动物、微小的后生动物或腐屑,这种直接摄取固体有机物为食的营养方式称全动营养。

② 腐生营养。通过质膜或表膜吸收周围环境中的溶解盐类和简单有机质,把

它们合成为自身的原生质物质称腐生营养,所有的原生动物都具有腐生营养。

③ 混合营养。很多肉足虫和纤毛虫具有以上两种营养方式,称为混合营养。

(2) 摄食方式

① 肉足虫类:用伪足捕捉食物。

② 纤毛虫类:用胞口、胞咽摄取食物。

4. 原生动物的消化、吸收、贮藏、呼吸和排泄

(1) 消化

全动营养的种类将获得的猎物送进食物泡后只需几秒钟就把它杀死,在食物泡中可停留 1 h 之久,此时周围的原生质分泌各种消化酶进入食物泡中把食物消化。

(2) 吸收

已被消化了的营养物质通过食物泡膜被周围的原生质吸收,此时食物泡逐渐变小。

(3) 贮藏

贮藏物质是肝糖或类似肝糖物质。

(4) 呼吸

大多数原生动物是好氧的,也有一些原生动物是厌氧的。

(5) 排泄

原生动物体内不消化的残渣由细胞膜开孔排出。肉足虫没有固定的开孔,纤毛虫和鞭毛虫有固定的开孔,此孔称为胞肛,专为排放残渣之用。大多数原生动物有专门的排泄器官——伸缩泡。伸缩泡由膜包围而成。伸缩泡不断伸缩,将其从细胞质中收集的体内多余的水分和水溶性代谢废物通过体表开孔排出体外。

5.3.2 轮虫

轮虫是轮形动物门的一群小形多细胞动物。一般体长 $100\sim500\ \mu m$。主要特征包括:

① 身体的前端扩大呈盘状,上面生有一定排列的纤毛,称头冠(Corona)。

② 消化道的咽喉特别膨大,变为肌肉发达的囊,称为咀嚼囊(Mastax),囊内具有咀嚼器(Trophi)。

③ 体腔的两旁有一对原肾管,原肾管末端有焰茎球。其结构如图 5.3 所示。

轮虫中多数种类是卵生,孤雌生殖所产的卵漂浮水中,或下沉水底,或黏附在母体后方,或依附在水生植物或其他动物身上。少数种类(许多蛭态目种类,晶囊轮虫、聚花轮虫、犀轮虫等)是卵胎生,它们的卵在输卵管或假体腔中发育孵化,幼体从泄殖腔释放出来或穿破体壁而出。轮虫都是直接发育,不经变态或脱壳,刚孵出的幼体只有成体的1/10~1/3,幼体生长十分迅速,孵化后几小时就可达到成体大小,以后生长缓慢或不生长。轮虫的寿命随种类和环境条件而异,常温条件下萼花臂尾轮虫为 6 天,矩形龟甲轮虫为 22 天,嗜食箱轮虫(*Cupelopagis uorax*)为 42 天。

多数轮虫主要借头冠纤毛的转动作旋转或螺旋式运动,另一些有附肢的种类如三肢轮虫、多肢轮虫、巨腕轮虫等则借此作跳跃式运动。轮虫的尾部可以辅助运动。当足腺分泌物黏着在基质上时,还会以此足作圆心转圈运动。三肢轮虫的后肢不能活动,但在运动中可起舵的作用。

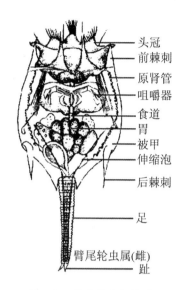

头冠
前棘刺
原肾管
咀嚼器
食道
胃
被甲
伸缩泡
后棘刺

足

臂尾轮虫属(雌)
趾

图 5.3　轮虫的外部构造

(1) 滤食性轮虫

多数轮虫靠轮盘纤毛环向同一方向的转动使水形成漩涡。其中适口的细菌、单胞藻和腐屑等便被沉入口中,过大的物体被口围纤毛拒之于外。实验表明,多数滤食性轮虫的适口食物<5 μm,最适 5~10 μm。

(2) 肉食性轮虫

一部分大型种类如晶囊轮虫用其特殊的头冠和砧型咀嚼器捕食原生动物、其他轮虫、小型甲壳动物等。此外,大型浮游植物、有机碎屑等也在取食之列。据观察,这类轮虫的咀嚼器平时横卧咀嚼囊中,在猎食时飞速旋转 90°至 180——伸出口外猎取食物后缩回晶囊。轮虫捕食其他小型浮游动物的效率极快。疣毛轮虫等的杖型咀嚼器的槌钩也能伸出口外摄取食物并吮吸其营养。此外,营固着生活的胶鞘轮虫,它们漏斗状的头冠形成一个捕食井,当各类小型浮游生物落入陷井时,头冠裂片上的刺毛便封住"井口"以防食物脱逃。

轮虫的基本生活方式有两类:

① 营浮游或兼性浮游生活,如臂尾轮属(*Brachionus*)、龟甲轮属(*Keratella*)、晶囊轮属(*Asplanchna*)、多肢轮属(*Polyarthra*)、疣毛轮属(*Synchaeta*)、三肢轮属(*Filinia*)等。

② 营底栖、附着或固着生活,如蛭态亚目的轮虫等。这类轮虫的饵料开发价

值大多不如浮游轮虫。

轮虫广泛分布于各类淡水水体中。在海洋、内陆咸水中也有其踪迹,但种量稀少。部分具一定耐盐性的种类可在河口、内陆盐水以及浅海沿岸带的混盐水水体中生活,甚至大量繁殖。湖泊、池塘、沼泽应是轮虫生活的理想水域。那里水体平静、有机质丰富还有大量适合休眠卵藏身的水底沉积物。在这些水体中,轮虫的种类或多或少,与各类水体的污染程度有关,如武汉东湖在20世纪60年代为82种,而80年代减少到57种。池塘因高度富营养化,又极少有水草,所以轮虫种类贫乏,常见的有臂尾轮属、水轮属、晶囊轮属、三肢轮属、多肢轮属、疣毛轮属、巨腕轮属和犀轮属的某些种类。但一些污生种类的数量可以极高。在同一水体中的轮虫,其水平和垂直分布受水流、光照、水温等多种生态因素的影响。特别是水流,当风浪激起水体的垂直环流时,轮虫不是随波逐流集中在水体的下风位,而是随着上升流从下层上升聚集在水体的上风位处。无风浪时,除边缘稍多外,轮虫数量的水平分布比较均匀;轮虫的垂直分布也与风浪有关,有风浪时大多数个体沉降至中下层,风平浪静时全池分布均匀或相对集中于中上层(白昼)。

大多数轮虫是滤食性的,以水体中微型藻类、细菌和有机碎屑为食,可减少微型藻浓度,但不能利用蓝藻。死亡的蓝藻在细菌水解酶作用下,被很快分解成为碎屑,它们可被轮虫利用。

5.3.3 枝角类

枝角类属于节肢动物门、甲壳纲、鳃足亚纲、双甲目、枝角亚目,俗称红虫或鱼虫。主要特点包括躯体包被于两壳瓣中,体不分节(薄皮溞例外)。头部具一个大复眼。第二触角强大,为双肢型。后腹部结构、功能复杂,胸肢4~6对兼具滤食、呼吸功能。枝角类大多生活于淡水中,仅少数产于海洋,一般营浮游生活。大小在0.2~3 mm范围内。如图5.4所示是枝角类的结构示意图。[2]

枝角类有两种生殖方式:孤雌生殖(单性生殖)与两性生殖。外界条件比较适宜时进行孤雌生殖,环境条件恶化时进行两性生殖。

枝角类的生长是不连续的,每脱一次壳就生长一次。只有在新甲壳未硬化时才能生长,其时间极短,如大型溞每次不到1 min。幼龄数随种类而异。但同一种类的幼龄数常随水温的不同而变化,成龄数随外界因子的不同而变化更大。枝角类的生长受食物、温度和溶氧的影响。食物丰足能促进生长,而饥饿能加长龄期,延缓生长。在一定范围内高温能促进生长,而低温则延缓生长。溶氧下降会使枝角类的生长受到一定的阻碍。

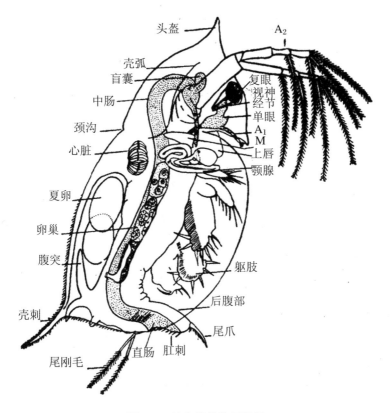

图 5.4　枝角类结构示意图

　　枝角类的绝大多数种类栖息于淡水水域。江河中,枝角类的种类和数量都相当贫乏,常见的一般是长额象鼻溞和长刺溞等几个种类,平均每升水中常不足 1 个。在废旧的河道和闭塞的支流处其种量要多许多,甚至可与湖泊相比。湖泊是枝角类的主要分布水域,尤其是蔓生水草的沿岸区,种量特别丰富。池塘环境与湖泊沿岸区近似,枝角类组成也大至相同。但某些在湖泊中数量不多的种类,如大型溞和蚤状溞等,在池塘中往往大量繁殖。池塘中数量最多的要首推多刺裸腹溞和隆线溞。该两种枝角类在施肥池塘中经常形成极大种群。其数量有时可达每升水数百个,且持续时间相当长。pH 与枝角类的代谢、生殖与发育有密切关系。如圆形盘肠溞发育的最适 pH 为 5.0 和 9.0,分布较广;大型溞在碱性水(pH = 8.7～9.9)中更为适应;而透明薄皮水蚤和短尾秀体溞、长刺溞等则喜生于各类酸性水体中。枝角类广布于淡水水体,也分布于内陆盐水水体。真正的海洋枝角类不过十来种。许多淡水种类如大型溞、透明薄皮溞等也出现于低盐水体中;另外一些种类可出现于盐度相当高的内陆盐水中($S‰>40$),如蒙古裸腹溞等,可见枝角类对盐度的适应范围是十分广泛的。

在水生生态系统中,枝角类在水域中数量多,运动缓慢,营养丰富,是许多鱼类和甲壳动物的优质饵料,主要化学组成参见表5.1。特别是一些水产经济动物的幼体,在取食轮虫和人工(颗粒)饵料的过渡阶段,枝角类更是其难以代替的适口饵料。另一方面,滤食性枝角类以水中细小实物为食,包括细菌、藻、原生动物、有机碎屑,对藻类浓度有很大影响。

表5.1　两种枝角类的化学组成(干重百分比%)

种　类	化　学　组　成				
	蛋白质	脂肪	碳水化合物	灰分	其他
大型溞	44.61	5.15	16.75	33.49	0
蚤状溞	46.56	3.90	9.02	25.85	14.67

5.3.4　桡足类

桡足类隶属于节肢动物门、甲壳纲、桡足亚纲,为小型甲壳动物,体长<3 mm,营浮游与寄生生活,分布于海洋、淡水或半咸水中。桡足类活动迅速、世代周期相对较长,在水产养殖上的饵料意义不如轮虫和枝角类。

桡足类的基本特征:

① 体纵长且分节,体节数不超过11节,头部1节、胸部5节、腹部5节。

② 头部有1眼点、2对触角、3对口器。

③ 胸部具5对胸足,前4对构造相同,双肢型,第5对常退化,两性有异。

④ 腹部无附肢,末端具1对尾叉,其后具数根羽状刚毛。雌性腹部常带卵囊。

⑤ 变态发育。既有无节幼体又有桡足幼体。

分布水体包括海洋、湖泊、水库、池塘、稻田沼泽、内陆盐水,井水、泉水、岩洞等地下水,以及苔藓植物丛中。河流等流水水域桡足类的数量十分贫乏;而在湖泊、池塘等静水水域,特别是富养型水体中桡足类的数量十分丰富。

哲水蚤的分布——营浮游性生活,通常生活于湖泊的敞水带、河口及塘堰中。

猛水蚤的分布——营底栖生活,它们栖息于除敞水带以外的各类水域中,如湖泊、塘堰、沼泽的沿岸带,河流的泥沙间等。

剑水蚤的分布——介乎于上述两大类之间,栖息环境亦多种多样。

同一地区的桡足类的体长冬季大于夏季,同一种桡足类分布在北方的个体有时较分布在南方的长大。如在广东的鉴江口的球状许水蚤(*Schmacreia forbesi*)平均体长夏季(～1.15 mm)小于冬季(～1.19 mm);比较江苏和新疆两地的标本,白色大剑水蚤的长度,在新疆的为 1.70～1.87 mm,而在江苏的仅为 1.28 mm。

桡足类中不少种类可以休眠度过不利环境,但以桡足幼体(通常是第 1 期至第 5 期)和雌、雄成体休眠的种类更为普遍。如剑水蚤目的许多种类,在春夏之交或秋季开始夏眠或冬眠,或在湿土中度过水域的干涸期。

桡足类幼体和成体的休眠的方式:在夏眠或冬眠期,它们的身体藏在一个包囊中,包囊由特殊的分泌物粘住一些泥块的植物块组成。有的成熟的雌性剑水蚤带着卵囊,在包囊中的卵囊也一并度过不利的环境条件。也有的种类在水域底部的淤泥中越冬,如广布中剑水蚤。

桡足类可滤食、掠食或兼而有之。滤食桡足类能利用水中藻类、细菌、原生动物及有机碎屑。掠食桡足类或可利用轮虫和浮游甲壳动物。

5.4　其他滤食生物

5.4.1　底栖动物

底栖动物(Zoobenthos 或 Benthic Animal)是生活在水体底部的肉眼可见的动物群落,指生活史的全部或大部分时间生活于水体底部的水生动物群。除定居和活动生活的以外,栖息的形式多为固着于岩石等坚硬的基体上和埋没于泥沙等松软的基底中。此外还有附着于植物或其他底栖动物的体表的,以及栖息在潮间带的底栖种类。底栖动物是一个庞杂的生态类群,其所包括的种类及其生活方式较浮游动物复杂得多,常见的底栖动物有水蚯蚓、摇蚊幼虫、螺、蚌、河蚬、虾、蟹和水蛭等。主要包括水栖寡毛类、软体动物和水生昆虫幼虫等。多数底栖动物长期生活在底泥中,具有区域性强、迁移能力弱等特点,对于环境污染及变化通常少有回避能力,其群落的破坏和重建需要相对较长的时间;且多数种类个体较大,易于辨认。同时,不同种类底栖动物对环境条件的适应性及对污染等不利因素的耐受力和敏感程度不同。

在摄食方法上,以悬浮物摄食(Suspension Feeding)和沉积物摄食(Deposit

Deeding)居多。也有很多是滤食性的。很多软体动物,如糠虾、蚌、蚬类主要滤食碎屑、细菌和藻类。水生昆虫中也有很多是滤食性的。滤食性底栖动物能够除去藻类,降低水华发生几率,一些滤食性底栖动物会减少湖底生长的藻类。但是,很多研究发现,底栖动物在湖底活动,会加大底泥中磷的释放,加大表层水中磷的供应,从而促进水华发生。

5.4.2 滤食鱼类

鲢、鳙是典型的滤食性鱼类,对水中藻类浓度的影响是直接的[3]。滤食器官主要靠鳃耙。在生活时,每个鳃弧的内外两列鳃耙不断张开和合拢。张开时和水一起进入口腔中的食物,通过鳃耙、鳃耙两侧的侧突起和鳃耙网,把一定大小的浮游生物等滤积在鳃耙沟中,被水流不断向后冲去,加上口腔顶端的黏膜突出形成的腭褶的波动,使其沿鳃耙沟向咽喉移动。食物到了腭褶变低处靠近咽喉底时,鳃上的鳃耙管壁肌肉收缩,从管中压出水流把食物驱集一起而进入咽底。

鲢、鳙在同一水域中生活,摄取食物却相对不同,鲢主要吃浮游植物,鳙主要吃浮游动物,食性上的这种差别,主要由于两者滤食器官的形态结构不同之故。鳙鱼的鳃耙间距为 $57\sim103\ \mu m$,侧突起间距为 $33\sim41\ \mu m$;鲢鱼的鳃耙间距为 $33\sim56\ \mu m$,侧突起间距为 $11\sim19\ \mu m$。鲢、鳙的鳃耙就好像一片滤取浮游生物的筛子,但鲢比鳙约密一倍。许多浮游植物的体积小于 $57\times33\ \mu m$,而大多数浮游动物的体积则大于 $103\times41\ \mu m$。因此,浮游植物和浮游动物同水一起进入鳙鱼的滤食器官中,大多数浮游植物则通过该器官排出体外,而大多数浮游动物则被滤积在滤食器官中。所以,鳙鱼肠管中的食物组成主要是浮游动物(浮游植物与浮游动物个数比值约为 4.5∶1,但两者的体积则是浮游动物的较大)。同水一起进入鲢鱼口腔的浮游动、植物都被滤积在鳃耙沟中。由于一般水体中的浮游植物个数多于浮游动物,且鲢鱼鳃耙更致密,对水流阻力相应增大,滤水速度比鳙鱼慢,故滤取水中的浮游动物相对数量比鳙少,在鲢鱼肠管中的食物以浮游植物为主(浮游植物与浮游动物个数比为 248∶1,体积比也是浮游植物大)。

鲢、鳙除滤食水中的浮游生物外,并且滤食有机碎屑和其上的细菌。在饲养条件下也取食于人工投放的饲料,如饼渣、麸皮、豆浆颗粒等。鲢、鳙不能消化纤维质、果胶质和几丁质等物质,因而对具有这些物质的浮游生物外壳很难利用,如大部分蓝藻、细胞衰老的绿藻、裸藻和具几丁质的浮游动物及卵等。对不具上述物质构成的壳、膜,或壳、膜上有孔、缝者则能较好地消化利用,如金藻、硅藻、部分甲藻、蓝藻、绿藻及浮游动物、细菌等。鲢、鳙对食物的选择性不像靠吞食方式进食的鱼类那样明显,但也有时表现出对食物的选择性,如集群在适宜的水层或水域中滤食、抢食人工投放的豆浆颗粒等。

研究发现,大型浮游植物被大量滤食后,导致浮游植物趋于小型化,使浮游植物的总生物量也因此而增加。鲢鳙等滤食鱼类有较大的鳃孔,可有效滤食形成水华的群体蓝藻,但一般不能有效降低 10～20 μm 以下的小型浮游植物。进入鱼胃的藻类并没有全部死亡,部分会活着排泄出来,一般占 30% 左右。

5.4　放养滤食性鱼类

非经典生物操纵理论认为直接投加滤食性鱼类也能起到很好的效果。因为滤食性鱼类不仅滤食浮游动物,有的也能滤食浮游植物。谢平等在对武汉东湖的围隔实验表明[3],滤食性鱼类鲢、鳙鱼对微囊藻的水华有强烈的控制作用,同时也滤食了不少的如桡足类、枝角类等大型浮游甲壳动物。目前,这项研究成果已在滇池、巢湖水污染治理中得到应用。Crisman 和 Beaver 认为,在热带和亚热带地区枝角类种类较少,而且体型较小,浮游植物食性鱼是更为合适的生物操纵工具。但是也有研究发现,随着滤食性鱼类的滤食活动及其生理代谢的增加,促进氮磷的释放,有利于浮游植物的大量繁殖;Matya 研究更指出引入鲢鱼不能完全地控制浮游植物:浮游植物组成有了显著的改变,可是生物量只稍微地减少一点。虽然鲢鱼的生物操纵适合于终止蓝藻水华,但是减少浮游生物食性鱼类是比引入滤食性鱼类更适合增加水体透明度的方法。

5.5　其他鱼类对生态系统的影响

过去研究淡水生态系统的目的大都是提高渔业产量,常常研究的是低等生物和水体初级生产力对高等生物鱼类产量的影响,参见表 5.2。人们在研究过程中,注意到鱼类等高级生物对藻类等低级生物也有很大影响。通常将这种效应称为下行效应。

表 5.2　淡水鱼类主要过程对生态系统的影响

过程	被影响的湖沼学因子	机制与结果
直接摄食	透明度	寻找食物时搅动底泥，降低透明度 反效应也可能存在，取决于藻类大小
	营养盐释放	寻找底栖食物时增加营养物质释放 摄食着生植物，加快营养物质循化
	浮游植物	通透明度 高强度摄食增加鱼类产量
	周丛生物	湖泊溪流中摄食影响生物量
	大型植物	同上
	浮游动物	丰度变化 产量增加
	底栖动物	丰度变化 产量增加
选择性摄食	浮游植物	大小和组成变化
	浮游动物	物质丰度变化，降低摄食藻类效率，水透明度 产卵数量和时间变化
	底栖动物	影响其活动形式、繁殖行为和活动场所
	营养元素释放	增加
排泄	营养元素释放	液体排泄物提供溶解性营养盐 粪便提供了生物性营养盐
分解	营养元素释放	尸体分解释放营养盐
洄游	营养元素释放	鱼类洄游将营养盐从低营养区转移到高营养区

　　大量养殖草鱼，可能导致水生植物群落严重破坏，造成附着于水草的底栖动物和产卵于草上的鱼类种群的减少。严重的是，草类消失以后，浮游植物过度繁殖，形成水华。如武汉东湖一度形成的水华可能与此相关。

5.6　大型水生植物对水华的影响

大型水生植物是天然水体中依附于水环境,除小型藻类以外的主要植物。主要包括沉水植物、浮叶植物、挺水植物和漂浮植物。沉水植物在大部分时间内生活在水下。浮叶植物茎叶浮在水面。根部固定在池底的植物是挺水植物,根长在池底,茎挺立到水上的植物。漂浮植物是漂浮在水面的植物。这些植物在生长过程中会消耗营养盐,使水中营养盐减少。通常植物体内营养盐含量分别为 13 mg/g N 和 1.8 mg/g P(Atkonson 等,1983)左右。植物生长量与光照和气温等因素相关,通常沉水植物为 $100\sim700$ g 干固体/m^2/年,挺水植物可达到 4 000$\sim$7 500 g 干固体/(m^2·y),而漂浮植物水葫芦可达到 10 000$\sim$30 000 g 干固体/(m^2·y)(Wetzel,1983)。对覆盖沉水植物的浅水湖泊,磷的固定量可达到 0.9 t/(km^2·y)(按照沉水植物年生长量为 500 g 干固体/m^2),但是,人们需要及时清理水生植物,以防它们腐烂,使固定的营养盐又重新进入湖水。

水生植物还会分泌克制藻类生长的物质。很多研究工作报道了水生植物分泌的多种克藻物质,包括多酚类、有机酸类、芳香脂类、萜类等有机物。这些物质对藻类生长有很大影响。水生植物本身也会受藻类分泌的物质,如微囊藻毒素的抑制。

漂浮植物会遮盖水面,减少光线进入水体,使藻类没有阳光进行光合作用,从而抑制藻类生长。漂浮植物生长快,覆盖在水面,不但影响景观,而且容易受风力作用而扩散,需要及时打捞。采用漂浮植物控制水华,主要用于严重富营养化的水域。自 2003 年以来,我国云南星云湖大面积养殖水葫芦等水生漂浮植物,通过植物吸收减少湖水中营养盐,抑制藻类生长。

浮叶植物中莲等是我国常见的水生经济作物,在我国各地养殖面积很大,一般只能在浅水区生长。挺水植物芦苇等也是主要水生经济作物之一,主要用作造纸原料,只能生长在浅水区,由于对水中悬浮物有良好的促进沉降的效果,挺水植物大量生长,通常加快了湖泊淤积和老化。

沉水植物覆盖在湖底,不仅能够吸收营养盐,而且能够很好地防止底泥泛起,减少底泥中磷释放,是湖泊水环境非常重要的有机组成。在美国伊利诺伊州 Chautauqua 湖,春季水生植物还没有生长时,风浪会卷起未受保护的底泥,使浊度升高;而在夏季,水生植物覆盖水底,浊度不受大风影响(图 5.5[4])。在春季天然水体中,藻类和沉水植物往往会相互竞争。

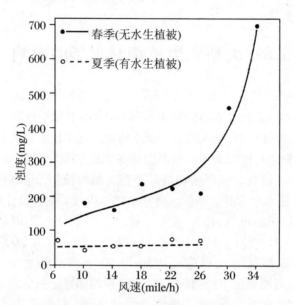

**图 5.5　美国伊利诺伊州 Chautauqua 湖春季和
夏季不同风速下湖水浊度变化**

由于营养盐含量不同和湖泊自然条件和演化过程,决定了藻类或水生高等植物成为优势物种。Scheffer 将湖泊中营养盐浓度、浊度、沉水植物和藻类数量联系起来,提出 3 点假设[5]:

① 浊度随营养盐浓度增加而增加;

② 沉水植物降低浊度;

③ 当浊度高于临界水平时,沉水植物消失。

假设①成立的主要情况是湖泊主要悬浮物是藻类,底泥较少被泛起。营养盐越高,藻类浓度越高,则浊度也越高。如图 5.6 所示,沉水植物能够吸收营养盐,同时分泌克藻物质,降低藻类生长速率,从而降低藻类浓度。当浊度升高时,湖底能接受到的阳光减少,沉水植物生长速率下降,当下降到呼吸作用速率时,沉水植物就停止长大,浊度继续增加,导致沉水植物逐渐消亡。

在这 3 条规律作用下,我们可以看到湖泊的两种状态:草型湖泊和藻型湖泊,它们可以相互转换。如图 5.7 所示,当湖泊营养盐含量很低时,这时湖水清澈,湖底通常会生长大量沉水植物。此后,人类活动不断向湖泊排入营养盐,开始排入量较小时,水生植物吸收营养盐,生长旺盛,同时抑制藻类生长;继续增加,导致营养盐浓度很高,藻类开始生长起来,使浊度增加,等浊度增加到临界值以上时,沉水植物能接受到的阳光很少,开始逐渐减少,直至消失。[5]

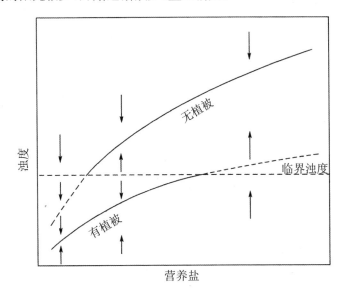

图 5.6 两种湖底植被情况下,湖水浊度与营养盐浓度之间关系

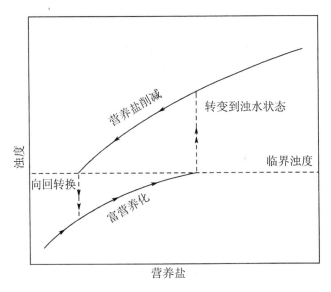

图 5.7 两个稳定状态之间的转换,湖泊状态对营养盐负荷的相应出现滞后现象

良好的沉水植物系统,对湖泊水华控制是非常重要的。在沉水植物完全破坏的湖泊,在对流期内,沉积在湖底的磷会被水流带到水面,加速藻类生长。这种湖泊往往沉积大量污泥,不适合沉水植物生长,因此,为了治理湖泊水华,提高湖泊环境容量,必须先清理沉积淤泥,同时控制入湖水的含磷量和悬浮物,使浮游植物显著下降,澄清水体,从而能够恢复沉水植物。由于浅水湖泊受风浪影响,考虑到恢复成本,需要依靠沉水植物自身生长,恢复过程需要很长时间。收获和放养草食性鱼类牧食是控制水生植物的主要方法。我国草食性鱼类主要包括团头鲂、草鱼等。草食性鱼类摄食以后,大部分没有吸收,随粪便排出,加速了氮、磷营养盐的循环。放养过多的草食性鱼类,会导致沉水植物消亡,因此,为了控制水华,我们需要对草食性鱼类数量进行控制,通常用肉食性鱼类进行控制。机械收获和草食性鱼类牧食会对植物产生损伤,影响植物生长。此外,鱼类牧食会选择某些植物物种,从而改变沉水植物系统组成。

利用水生植物控制藻类需要加强管理,控制其不利影响。通常漂浮植物易受风力作用而移动,在湖泊生态系统中,不是稳定因素。挺水植物往往阻挡泥沙,加快湖泊淤积和沼泽化。只有沉水植物,能够大面积生长,不影响湖泊功能。水生植物本身是一种资源,但需要消耗人力去利用,过去水生植物作为饲料、绿肥等,得到很好利用。现在人们广泛使用配合饲料、化肥,很少有人愿意使用水生植物,使水生植物废弃在天然水体中,往往成为污染源:吸收的营养盐又释放出来,同时腐烂产生沼气和大量有害物质。发达国家常由政府或政府制定法规强制业主及时清理水生植物。

参 考 文 献

[1] 周永欣,王士达,夏宜琤.水生生物与环境保护[M].北京:科学出版社,1983.

[2] 刘建康.高级水生生物学[M]. 北京:科学出版社,2000.

[3] 谢平.鲢鳙与藻类水华控制[M]. 北京:科学出版社,2003.

[4] Jackson H O, Starret W C. Turbidity and Sedimentation at Lake Chautauqua, Illinois [J]. Journal of Wildlife Management,1959(23):157-168.

[5] Scheffer M. Alternative Attractors of Shallow Lakes[J].The Scientific World ,2001(1): 254-263.

第6章 藻类生长动力学

本章近似认为藻类和营养盐在湖水中均匀分布,忽略流动、传质和传热过程的影响,讨论藻类生长动力学。考虑各种物质在湖水中分布的模型很复杂,计算量大,可参考相关专著[1]。本章模型假设湖水中各种物质是均匀的,或者说模型中所使用的各种参量是平均值,在一些专著中称为单箱模型,主要考虑动力学过程。例如藻类生长和死亡过程,分析各种因素对藻类生长和死亡的影响,主要理论基础是化学动力学[2-3],将藻类生长和死亡都看成是生化反应。

从热力学观点来看,湖泊与周围环境不断进行着物质和能量交换,是一个开放系统。例如,向湖泊不断排入污水,雨水径流,湖面上不断进行的蒸发等。在模型中,通常将物质和能量的交换作为输入和输出。

在模型中,以藻类生长动力学为主线,将各种其他因素的影响与藻类生长速率系数联系起来,从而定量分析不同因素影响,以便了解它们对湖水中藻类数量影响的规律。[4]磷是绝大多数湖泊的主要限制性因子,分析磷对藻类生长影响,通过实验测定湖泊相关必要的性质,建立湖泊富营养化水质模型,有助于人们了解湖泊富营养化形成规律,是本章主要内容之一。

6.1 化学计量学

在模型分析工作中,质量平衡可能是最重要的概念之一。根据测定的细胞元素质量组成,可以估算细胞的化学计量或者说元素的摩尔组成。质量平衡可以用于确定为满足藻类生长所需要的各种物质的量,包括氮、磷营养盐的量,也可以用于估算产物,例如藻类数量。在化学计量学基础上,我们根据基本的化学知识,就可以建立化学反应平衡方程式,确定各种反应物和产物之间的摩尔关系。描述细胞生长的生化反应,由于细胞组成复杂,实际发生的过程包括细胞合成以及为获得能量而进行的代谢过程,使化学计量式和化学反应平衡方程式都非常复杂。在模型分析中,一般都采用和细胞平均组成相一致的总化学反应平衡式来简化问题。这种方法综合考虑了所有控制细胞生长的因素及所消耗的反应物之间的定量关系。

通常藻类元素组成可用藻类分子式 $C_{106}H_{263}O_{110}N_{16}P$[5](代表了氮、磷比例)来表示,对不同藻类会略有些变化,一般来说,其含碳量和元素组成的变化相对较小[6-8]。根据上述分子式,就可以确定藻类生长量与氮磷营养盐需求量的关系,用化学反应式表达如下:

$$106CO_2 + H_3PO_4 + 16NH_3 + 106H_2O \longrightarrow C_{106}H_{263}O_{110}N_{16}P + 106O_2$$

上式表明,每生成含 1 mol C 的藻细胞,需要消耗 1 mol P 和 16 mol NH_3。换算成质量,则是生成 3 550 g 藻类有机物,需要消耗 31 g 磷和 224 g 氨氮。藻类也可以利用硝态氮生长,则其化学反应式为

$$106CO_2 + H_3PO_4 + 16HNO_3 + 122H_2O \longrightarrow C_{106}H_{263}O_{110}N_{16}P + 138O_2$$

对一些能固氮的蓝藻来说,能够利用空气中的氮气生长,其化学反应式为

$$106CO_2 + H_3PO_4 + 8N_2 + 130H_2O \longrightarrow C_{106}H_{263}O_{110}N_{16}P + 128O_2$$

最近的研究包括了痕量金属元素,其组成为[9]

$$(C_{124}N_{16}P_1S_{1.3}K_{1.7}Mg_{0.56}Ca_{0.5})_{1\,000}Sr_{5.0}Fe_{7.5}Zn_{0.8}Cu_{0.38}Co_{0.19}Cd_{0.21}Mo_{0.03}$$

硅藻细胞中硅的含量很高,常常需要考虑环境中硅的来源的影响,这时需要的分子组成应包括硅,碳硅摩尔比可选用 0.2[10]。

6.2 藻类生长和死亡动力学

天然水体藻类增殖包括细胞数量的增长和体积的增大。通常测定藻类质量是测总有机碳或藻类叶绿素含量,考虑到应用化学动力学理论的要求和习惯,我们用总藻类有机碳浓度来表示藻类数量(单位:mol C/L,后面各种浓度单位都是 mol/L)。考虑到藻类碳主要在碳水化合物中,碳和氧的摩尔比是 1:1,主要变化是碳、氮、磷的比例。根据上述分子式,我们可以将环境监测中常用的单位换算到摩尔单位,1 mg 藻类有机物/L = 2.986×10^{-5} mol C/L。在生态学上,一般分析细胞数量

变化,这种方法不考虑细胞质量的变化,本书进行模型分析和数值模拟时,用单位体积水中藻类有机 C 摩尔量来表示,从而主要分析细胞质量变化。考虑到目前报道的很多数据还是以细胞计数的,实际例子也采用细胞数量做单位。在一定环境条件下,藻类净生长速率 r 与藻类浓度成正比,数学表达式为

$$r_{生长} = dC/dt = \mu C \tag{6.1}$$

式中:C 是藻类浓度(mol C/L 或细胞数/L),μ 是生长速率常数(s^{-1}),可从湖泊中取藻类样本,在实验室人工模拟湖泊环境进行培养再测定得到,在一定条件下是常数,但会受到很多因素影响。湖水中藻类质量减少包括呼吸作用和死亡,死亡包括藻类自然死亡、浮游动物和滤食动物猎食而死亡,呼吸作用和死亡导致藻类减少速率可表示为

$$r_{呼吸} = b_{呼吸} C \tag{6.2}$$
$$r_{死亡} = b_{死亡} C \tag{6.3}$$

也可将呼吸导致的死亡速率常数加到死亡速率常数上。

藻类遭遇猎食而死亡的速率还与猎食者浓度成正比,一般可忽略,某些情况下,需要加以考虑时,可表示为

$$r_{猎食} = k \cdot C \cdot C_{猎食者} \tag{6.4}$$

式中:$C_{猎食者}$ 是猎食生物的浓度,k 是猎食速率系数。猎食是其他生物以藻类和细菌为食物。主要猎食者有轮虫、甲壳类。有些浮游动物也猎食细菌,甚至藻,如原生动物。轮虫是滤食者,也有少数捕食大型藻类。甲壳类由滤食网眼大小和藻类细胞大小决定。通常滤食网眼大小为 $0.16 \sim 4.2\ \mu m$。有细小网孔的水蚤能滤食各种藻,但滤食网眼较大的水蚤不能滤食微小藻类(直径为 $0.5 \sim 2\ \mu m$),桡足类能捕食直径达 $50\ \mu m$ 的藻类细胞。细胞大小是藻类细胞释放被猎食的主要因素之一。

猎食是藻类细胞损失的重要原因。在一些富营养和中营养湖泊中,晚春和初夏时,湖水会因藻类细胞被猎食而形成澄清的水体。

藻类沉降作用使某些藻类有沉降的趋势。通常藻类死亡以后都会沉降到水底。活的藻类沉降到水底,难以接受阳光,从而不能进行光合作用而生长,这实际上等同于死亡。但是,沉降的藻类可能在悬浮时重新生长。对深水湖泊,非运动藻类沉降到湖底,在非对流期内,就等同藻类死亡了。当湖泊平均深度为 h,藻类平均沉降速度为 v 时,有

$$b_{沉降} = v/h$$

藻类净生长速率是生长速率减去死亡速率。很多文献里都有藻类沉降速率的报道,范围为 $0.02 \sim 13.6\ m/d$。[4]

6.3 光强对藻类生长速率的影响

藻类生长速率与光强的关系如图 6.1[11] 所示,在低光强下,当光合速率等于呼吸速率时,称为光补偿点。光强大于光补偿点时,藻类生长速率大于呼吸速率,净生长速率大于 0。当藻类在低光强下长时间生活时,它们将通过调整叶绿素来适应。这时光合作用随光强增加而增加,增加比例可用参数 a 表示。当光强继续增加时,光合作用速率增加量开始减缓,直至 0,此时光合作用速率最大,此后,光强增加,光合作用速率反而下降。不同藻类的最佳光强也不同。硅藻在较低光强下,光合效率较高,在春季和秋季的温带湖泊和海洋成为优势种群。

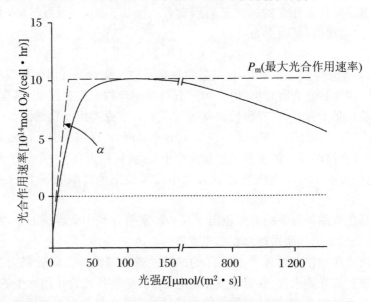

图 6.1 *Chlamydomonas reinhardtii* 藻光合作用速率与光强关系

光阻效应是光强增加、藻类生长速率下降的现象。一个可能的原因是高光强下,细胞光合作用器官受到损伤,导致光合作用速率下降;也可能是光合速率保持不变,但呼吸作用增强,导致净生长速率下降。

表层水常处在湍流状态下,湍流混合导致藻类细胞可能会下降到水深 10 m

处,一段时间后,如 30 分钟后,又回到表面,经历光强不足到光强过剩。

很多人提出了光合作用速率与光强关系函数,常用的有两个:

$$P = P_m[1 - \exp(a \times E/P_m)] \tag{6.5}$$

$$P = P_m \tanh(a \times E/P_m) \tag{6.6}$$

式中:E 是光强,a 和 P_m 是参数,P_m 是光合作用的最大速率。a 是在低光强下,光合作用速率随光强线形增长时的斜率。

在富营养化模型中,藻类实际生长速率系数 μ 与光强关系可表示为

$$\mu = k\mu_{max} \times I/(K_I + I + K \times I \times I) \tag{6.7}$$

$$dC/dt = C \times \mu_{max} \times I/(K_I + I + K \times I \times I) \tag{6.8}$$

式中:I 为光强,K_I 为半饱和光常数,通常取值为 $10 \sim 100$ W/m^2,K 为光抑制常数,某些情况下,也可以忽略光的抑制作用,此时,$K = 0$。晴天时,水面光强在一天内随时间变化可表示为[12]

$$I = I_0 \times P^{(1/\sin\theta x)} \sin\theta x \tag{6.9}$$

式中:I_0 是太阳常数,约为 1 393.3 W/m^2,P 为当地大气透明度,与空气质量相关,通常 P 为 $0.6 \sim 0.85$,在没有实验数据时,在我国城市环境条件下,可取 0.65。θx 为太阳高度角,根据球面三角[12]关系计算:

$$\sin\theta x = \sin\varphi\sin\delta + \cos\varphi\cos\delta\cos\Omega \tag{6.10}$$

式中:φ 为地面纬度,由当地地理位置决定;δ 为太阳纬度;Ω 为时角;$\Omega = 2 \cdot \pi \cdot t/24$;$t$ 为以小时表示的时间,以夏至日正午 12 时为 0。

由于太阳纬度在周年运动中任何时刻的具体值都是严格已知的,所以它也可以用经验表达式表述,即

$$\delta = 0.372\,3 + 23.256\,7\sin\theta + 0.114\,9\sin2\theta - 0.171\,2\sin3\theta$$
$$- 0.758\cos\theta + 0.365\,6\cos2\theta + 0.020\,1\cos3\theta \tag{6.11}$$

式中,θ 称日角,即 $\theta = 2\pi t_1/365.242\,2$。这里 t_1 又由两部分组成,即 $t_1 = N - N_0$,式中 N 为积日,所谓积日,就是日期在年内的顺序号。N_0 为

$$N_0 = 79.676\,4 + 0.242\,2 \times (年份 - 1\,985) - INT[(年份 - 1\,985)/4] \tag{6.12}$$

根据以上各式,采用数值算法,可以得到一段时间内藻类浓度增值倍数 C/C_0。

在考虑深度方向分布的模型时,应计算水对光线的吸收和散射等作用,计算水下实际光强。计算方法参见本书第 3 章。也可以根据透明度计算。透明度受悬浮物或/和藻类等物质作用,大幅度下降,悬浮物和藻类等物质对光线有吸收和反射

作用,减少进入水下的光强,从而影响藻类生长速率。水面以下光强随水深衰减,则

$$I = I_s \times \exp(-kz) \tag{6.13}$$

式中:I_s 为表面入射光强度;z 为水深,k 为衰减系数,k 主要受透明度 H 影响,可用下式估算[13]:

$$k = 0.15/H \tag{6.14}$$

透明度 H 可通过白色圆盘测出的透明深度(白色圆盘在水中刚好能看见的深度)。

6.4　营养盐与藻类生长

藻类生长所需要的元素中,主要元素有 C、N、P、S。其中 C 来自空气中二氧化碳,S 的需求量小,水中不缺,其他元素需求量很小,很少会影响藻类的生长速率。藻类生长的限制元素主要是 N 和 P。营养盐对藻类生长速率影响主要体现在影响生长速率常数,可以用下式表示:

$$\mu = \mu_{\max} \times C_N/(K_N + C_N) \times C_P/(K_P + C_P) \tag{6.15}$$

式中:C_N 和 C_P 分别代表水中氮磷浓度,K_N 和 K_P 分别是营养盐氮和磷的半饱和常数。很多蓝藻能固定空气中氮气,使它们能适应低含营养盐氮的水,能在含营养盐氮很低的水中生长,这时可忽略氮的影响,生长速率系数可用下式表示:

$$\mu = \mu_{\max} \times C_P/(K_P + C_P) \tag{6.16}$$

天然水体增加氮浓度时,藻类生长速率常会增大,从而增加水华时的浓度,这是因为水中通常不缺氮,固氮蓝藻很少。从营养盐对藻类生长速率系数的影响可以看出,当氮磷营养盐浓度很低时,藻类生长速率与氮磷营养盐浓度成正比;当氮磷浓度很大时,藻类生长速率达到饱和生长速率,与氮磷浓度无关。少数情况下,磷很充足,而氮不足,如果不是固氮蓝藻,则其生长速度将会受到氮浓度影响,生长速率系数可用下式表示:

$$\mu = \mu_{\max} \times C_N/(K_P + C_N) \tag{6.17}$$

营养盐被消耗的速率为

$$dS/dt = -u \times X/Y$$

式中:S 是营养盐浓度,X 是藻类浓度,Y 是将营养盐转化为藻细胞的产率,单位可用 mol/mol 或 g/g。

6.4.1 细胞吸收营养盐速率

藻类可分为 r 型和 K 型两个极端情况,它们对环境的适应特性不同[14]。r 型能利用一次暴雨带来的营养盐,迅速增殖,建立庞大的群体。产生的水华也易被水流驱散。K 型藻类生长缓慢,但能吸收储存营养盐,在营养盐较少时也能增长。这些特性表明,r 型适合高度混合的春季和秋季水体,而 K 型适合稳定分层的夏季水体。介于两者之间的还有一系列藻类,它们适合不同的营养盐和湍流环境。对于 K 型藻类,在模拟分析藻类生长规律时,需要考虑藻类对营养盐的吸收过程。一般可用米-门模型来描述营养盐吸收速率与营养盐浓度的关系[11]。米-门模型基于酶促动力学。一般表达式为

$$\frac{\mathrm{d}C}{\mathrm{d}t} = \frac{v_{\max} C}{(K_a + C) \times C} = \frac{v_{\max}}{(K_a + C)} \tag{6.18}$$

式中:$v_{\max}$ 表示最大吸收速率系数,C 是营养盐浓度,K_a 是半饱和常数,当营养盐浓度 $= K_a$ 时,吸收速率是饱和速率的一半。在营养盐浓度较低时,吸收速率随营养盐浓度的增加而线性增加,在接近饱和速率时,增长速率开始下降,直至达到饱和速率后,不再增加,如图 6.2 所示。

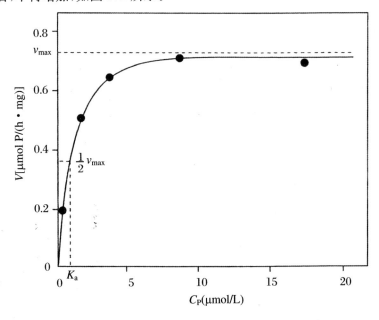

图 6.2 *Anabaena* 藻吸收磷速率与水中磷浓度的关系(Lampert 和 Sommer,1997)

6.4.2 胞内存储营养盐对生长影响

藻类细胞吸取营养盐后储备在细胞内,胞内储存的营养盐量用 Q 表示。假设 Q 在最高水平 Q_{max} 和最低水平 Q_{min} 之间变化,藻类生长时,利用胞内储存的营养盐[15],Droop 提出藻类生长速率与胞内营养盐储存量关系:

$$u = u_{max}(1 - Q_{min}/Q) \tag{6.19}$$

实测 Q_{min} 和 Q_{max} 见表 6.1,Q_{max} 比 Q_{min} 大得多,Q_{min}/Q_{max} 在 3%～9.5% 之间。细胞体积越大,Q_{max} 越大。

表 6.1 受储存磷影响的金藻生长和磷吸收模型中的参数

	样本	细胞体积 (μm^3)	μ_{max} (d^{-1})	K_s ($\mu mol/L$)	v_{max} [$10^{-9} \mu mol/$ (cell·min)]	K_a ($\mu mol/L$)	Q_{max} ($10^{-9} \mu mol/$ cell)	Q_{min} ($10^{-9} \mu mol/$ cell)
圆筒锥囊藻	1	—	0.90	—			—	2.40
	5	272	0.51	0.014			18.5	1.77
	7	—	0.58	—			—	2.15
	13	290	0.75	0.021			21.0	1.87
黄色鞭毛藻		80			0.34	0.72		
					0.10	0.11		
					0.22	0.01		
群聚锥囊藻					2.39	0.39		
分枝锥囊藻						0.10 ～0.27		
彼得森黄群藻	2b	374	0.51	0.003	5.1	1.19	90.0	3.04
	7c	431	0.76	0.001	21.8	1.35	55.2	1.96
鱼鳞藻		1 516	0.55	0.001	14.2	0.36	152.0	7.90
具尾鱼鳞藻		10 625	0.30					

6.5 其他因素影响

6.5.1 温度影响

所有反应速率常数都与温度相关,通常生物反应是在酶催化作用下发生的,有最佳反应温度。反应速率常数 u 与温度关系如下:

$$u = u_0 \times \exp(-\mid T - T_0 \mid / K) \tag{6.20}$$

式中:u_0 是最佳温度下速率常数,T_0 是最佳温度,K 是常数,通常这些系数是根据实验结果拟合得到的,由于最佳温度两侧温度所对应的速率常数常不对称,在模型中,人们也可以分别拟合得到不同常数 K。实际使用时,温度通常在最佳温度以下,常用下式计算:

$$u = u_0 \times \theta^{T-T_0}$$

参数 θ 的经验值:藻类生长时,$\theta = 1.066$;有机物分解时,$\theta = 1.047$;充氧时,$\theta = 1.024$[4]。

6.5.2 水解过程

水解是死亡藻类等有机物在微生物作用下反应,形成藻类和其他微生物能够利用的小分子物质,特别是营养盐。在海洋和很多富营养化不严重的湖泊,水解过程非常重要。很多时候,天然水体中营养盐含量降低,这时藻类死亡后水解产生的各种物质的利用,成为营养盐主要来源。水解是由微生物分泌的胞外酶催化产生的。在湖泊水华模拟中,常将水解看成是一级反应。反应速率:

$$r = kC_{\text{solid}} \tag{6.21}$$

式中:C_{solid} 是颗粒物浓度,k 是反应速率常数。

6.5.3 抑制效应

很多物质能阻碍藻类生长。对防治水华来说,重要的是水生植物生长过程中分泌的克藻物质或者说藻类生长的抑制剂,常见的有水生漂浮植物水葫芦、水浮莲等,沉水植物金鱼藻等分泌的克藻物质。例如,俞子文等报道了水花生、水浮莲、满江红、紫萍、浮萍和西洋菜对雷氏衣藻[16]，张庭廷等研究了5种高等水生植物（黑藻、金鱼藻、水花生、茭白、空心菜）对蛋白核小球藻、斜生栅藻生长的抑制作用[17]。

抑制剂的作用或是改变了细胞或细胞中酶的渗透性，或是使细胞中酶的聚集体发生解离，或是影响酶的合成，或是影响细胞的获取功能等。抑制剂进入细胞内部与某些关键酶的作用，是抑制剂发生抑制作用的主要原因。很多情况下，虽然抑制机理不清楚，但仍可采用酶促动力学发展的一些动力学表达式来表示其抑制动力学。常见的抑制作用有竞争性抑制作用和非竞争性抑制作用，还有反竞争性抑制作用[3]。基质竞争性抑制作用是抑制剂与酶结合，从而减少了可以用来作用的酶数量，其对藻类生长的影响计算为

$$\mu = \mu_{max} \times \frac{C_P}{K_P(1 + C_I/K_I) + C_P}$$

这里假设藻类生长的关键过程与 P 的利用有关，C_I 是抑制剂浓度，K_I 是抵制剂的半饱和常数。

通常酶与基质形成络合物，络合物再分解形成产物。当抑制剂还可与络合物结合不再分解时，就会产生抑制作用，称为非竞争性抑制作用，其对藻类生长的影响计算为

$$u = \frac{u_{max} \times C_P}{(1 + C_I/K_I)/(K_P + C_P)}$$

当抑制剂只与酶基质络合物结合形成稳定化合物时，叫作反竞争性抑制作用，其动力学影响为

$$u = u_{max} \times \frac{C_P}{K_P + C_P(1 + C_I/K_I)}$$

它们还可以同时发生，所以，抑制作用的一般表达式为

$$u = u_{max} \times \frac{C_P}{K_P(1 + C_I/K_{IS}) + P(1 + C_I/K_{SI})}$$

这里，K_{IS} 和 K_{SI} 分别是抑制剂、酶络合物、基质三者作用以及基质酶络合物与抑制剂作用形成的产物的解离常数。当 $K_{IS} = K_{SI}$ 时，为非竞争性抑制；当 K_{SI} 无穷大时，为竞争性抑制；当 K_{IS} 无穷大时，为反竞争性抑制；当 $K_{IS} \neq K_{SI}$，且都为常数时，为混合竞争性抑制。

若水生植物分泌的克藻物质在水中浓度为 C_1，则藻类生长速率与 C_1 的关系为

$$\frac{dC}{dt} = \frac{u_{max} \times C \times K}{K + C_1}$$

式中：K 是常数。C_1 的增加速率与水生植物生长速率系数 u_P 和产率系数 Y 相

关,如下式:

$$\mathrm{d}C_1/\mathrm{d}t = Y \times u_P \times C_2$$

$$\mathrm{d}C_2/\mathrm{d}t = u_P \cdot C_2$$

式中:C_2 是水生植物在水中的数量,C_1 和 C_2 的单位均为 mol C/L。精心设计实验,可估算上述参数。

6.6　湖泊藻类的生长与竞争

假设湖水体积为 V,流入量为 Q_i,流出量为 Q_o,入湖水中藻类浓度假设为零,湖水中藻类浓度为 C,这里主要考虑磷对藻类生长影响,忽略光强强度变化、藻类死亡等其他各种因素影响,设入湖湖水磷浓度为 P_i,湖水磷浓度 P 是唯一限制性因子,则根据质量平衡,可以得到

$$\frac{V\mathrm{d}C}{\mathrm{d}t} = -Q_o C + \frac{u_{max} C \cdot V \cdot P}{P + KP} - bCV$$

$$\frac{V\mathrm{d}P}{\mathrm{d}t} = Q_o \cdot P_i - Q_o \cdot P - \frac{Y u_{max} C \cdot V \cdot P}{P + KP} + Yb' CV$$

根据藻类分子式,$Y = 1/106$,是生成 1 mol 有机碳消耗的磷酸盐摩尔数,b 是藻类死亡速率常数,包括沉降带来的死亡,b' 是非沉降死亡速率常数,当忽略沉降带来的藻类死亡时,$b = b'$。忽略湖面蒸发和渗漏时,$Q_i = Q_o = Q$。令 $D = Q/V$,代表洗脱速率,则两式可以简化为

$$\frac{\mathrm{d}C}{\mathrm{d}t} = \left(\frac{u_{max} \cdot P}{P + K_P} - b - D \right) C \tag{6.22}$$

$$\frac{\mathrm{d}P}{\mathrm{d}t} = D \cdot (P_i - P) - \frac{Y u_{max} C \cdot P}{P + K_P} + Yb' C \tag{6.23}$$

根据式(6.22),可以得到平衡时磷的平衡浓度:

$$P = \frac{K_P(b + D)}{u_{max} - b - D} \tag{6.24}$$

$$C = \frac{D(P_i - P) \cdot (P + K_P)}{Y(u_{max} P - b'P - b'K_P)} \tag{6.25}$$

需要注意的是,在水力停留时间较短,洗脱速率较大时,计算得到的 C 为 0 或负数时,表明藻类被水冲洗出湖了,这时就不能用上述模型进行计算了。这里 u_{max}

应对昼夜进行平均。上式说明,其他因素不影响藻类生长时,藻类浓度主要由进水总磷浓度和停留时间决定。藻类生存的两个基本条件:

$$\mu_{max} > b + D$$

$$P_i > \frac{K_P(b + D)}{\mu_{max} - b - D}$$

非稳态不能得到解析解,需要使用数值方法求解。

藻类生长是在竞争的环境下进行的。在藻类生态系统中,竞争的关键作用来源于早期生态学原理。达尔文自然选择原理认为,物种数量增加,直到耗尽供应它们生长的资源。20 世纪 30 年代,Gause 的研究表明,两个物种竞争的结果,就是耗尽资源,导致其中一个物种被消灭。这就是后来形成的竞争性排除原理和生态位理论,它是控制自然界的主要理论基础。但是 Hatchinson 认为[18],将其应用到藻类生态系统中,产生的图像是矛盾的。如果藻类形成的群体都接近环境容量所能容许的极限,而竞争是藻类生态结构形成的主要作用,如何解释:实际形成的藻类生态系统能在 1 mL 的水中发现 50～100 种藻共存。这种与理论相矛盾的结果,促使人们进一步研究竞争性排除原理,分析一个单一的环境为什么会允许如此多的物种生存。

Tilman 应用 Monod 方程对营养盐限制的两种藻类竞争进行动力学分析[19]。在连续进水的反应器中培养两种硅藻,当限制营养盐只存在一种时,忽略死亡影响,可建立动力学方程如下:

$$\frac{dS}{dt} = D(S_0 - S) - \frac{\mu_{m1} X_1 \cdot \dfrac{S}{(S + K_{S1})}}{Y_1} - \frac{\mu_{m2} X_2 \cdot \dfrac{S}{(S + K_{S2})}}{Y_2} \tag{6.26}$$

$$\frac{dX_1}{dt} = \mu_{m1} X_1 \cdot \frac{S}{S + K_{S1}} - DX_1 \tag{6.27}$$

$$\frac{dX_2}{dt} = \mu_{m2} X_2 \cdot \frac{S}{S + K_{S2}} - DX_2 \tag{6.28}$$

这里 S 代表限制性营养盐浓度;S_0 是进水中营养盐浓度;$D = Q/V$,是洗脱速率;X_1 和 X_2 代表两种硅藻浓度;K_{S1} 和 K_{S2} 分别是两种硅藻对限制性营养盐的半饱和常数;Y_1 和 Y_2 是生成每摩尔藻细胞碳所消耗的限制性营养盐摩尔数。假定进水中不含藻。

根据式(6.24),我们可以计算一种藻类生存时的限制性营养盐平衡浓度,该浓度也是一定洗脱速率下的进水营养盐最低浓度,简称为洗脱平衡浓度。如果反应器中只有一种藻类,则在稳态条件下,营养盐被藻类持续利用,浓度将不断下降,最终将会达到 $\mu X = DX$,对应图中横向虚线与藻类生长曲线相交的位置,这时的营养盐浓度是在一定的洗脱速度下的营养盐平衡浓度 R^*。

图 6.3 是硅藻 *Cyclotella menegbiniana* 和 *Asterionella formosa* 在硅限制下的生长速率系数与 SiO_2 浓度之间的关系[19]。由图可知连续培养硅藻 *Cyclotella menegbiniana*(Cm)和 *Asterionella formosa*(Af)在硅限制下的生长速率系数与 SiO_2 浓度之间的关系,Cm 在不同冲刷速率 D 下,都成为唯一的藻类,Af 被洗出反应器。对 *Cyclotella menegbiniana* 来说,在洗脱速度为 $1.1\ d^{-1}$ 时,Si 的洗脱平衡浓度 $R_{1c}^*=2.4\ \mu mol/L$;当洗脱速度为 $0.4\ d^{-1}$ 时,Si 的洗脱平衡浓度为 $R_{2c}^*=0.3\ \mu mol/L$。对 *Asterionella formosa* 来说,在洗脱速度为 $1.1\ d^{-1}$ 时,Si 的洗脱平衡浓度 $R_{1a}^*=9\ \mu mol/L$;当洗脱速度为 $0.4\ d^{-1}$ 时,Si 的洗脱平衡浓度为 $R_{2a}^*=1.3\ \mu mol/L$。

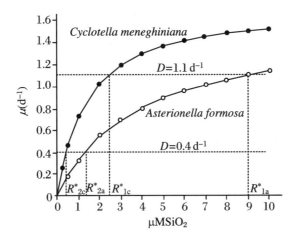

图6.3 硅藻 *Cyclotella menegbiniana*(Cm)和 *Asterionella formosa*(Af)在硅限制下的生长速率系数与 SiO_2 浓度的关系

Cm 在不同冲刷速率 D 下,却成为唯一的藻类,Af 被洗出反应器

当有两种藻时,生长较快的藻类将达到生长和洗脱平衡。在这个例子中,不管洗脱速度取较大的 $D=1.1\ d^{-1}$,还是较小的 $0.4\ d^{-1}$,其最终结果都是 *Asterionella formosa* 生长速度低于洗脱速度,从而在反应器中消失。如果进水营养盐浓度较低,对应该营养盐浓度的藻类生长速度低于洗脱速度,则藻类将被洗脱。上述结果与实验是一致的。

在另外一个例子中,两个竞争生长的藻是 *Volvox aureus* 和 *Microcystis aeruginosa*,限制性营养盐是磷,生长速率系数与 PO_4 浓度之间的关系如图 6.4 所示[11]。由图可知连续培养 *Volvox aureus*(Va)和 *Microcystis aeruginosa*(Ma)在

磷限制下生长速率系数与 PO_4 浓度之间的关系。与上述例子不同的是,在较高营养盐浓度下,*Volvox aureus* 生长速度系数较大;在营养盐浓度较低时,则是 *Microcystis aeruginosa* 生长速率系数较大。当洗脱速度为 0.2,并且进水磷浓度足够大时,竞争的胜者将是 *Volvox aureus*;而当洗脱速度降低到 0.1 时,竞争的胜者将是 *Microcystis aeruginosa*,这与它们到达平衡时的磷酸盐浓度有关。该结果与实验结果一致,说明用动力学方法应用 Monod 方程可以预测藻类竞争动力学行为。

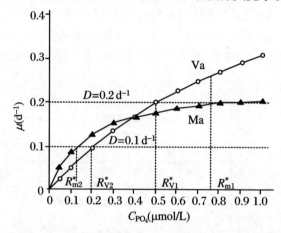

图 6.4 *Volvox aureus*(Va)和 *Microcystis aeruginosa*(Ma)在磷限制下的生长速率系数与 PO_4 浓度之间的关系

Va 在冲刷速率高于两条曲线交点时成为唯一生存的藻类,而 Ma 则在冲刷速率低于交点是成为唯一生存的藻类[11]

当多种营养盐同时限制藻类生长时,多种藻类竞争的行为就变得复杂了。Tilman 通过实验和动力学分析表明,在一定条件下,多种藻类可以同时共存[20-21]。对两种藻类的质量平衡,分别建立的动力学方程如下:

$$\frac{\mathrm{d}X_1}{\mathrm{d}t} = u_{\mathrm{m1}} X_1 \cdot \frac{S}{S + K_{\mathrm{S1}}} \cdot \frac{P}{P + K_{\mathrm{P1}}} - DX_1 \tag{6.29}$$

$$\frac{\mathrm{d}X_2}{\mathrm{d}t} = u_{\mathrm{m2}} X_2 \cdot \frac{S}{S + K_{\mathrm{S2}}} \cdot \frac{P}{P + K_{\mathrm{P2}}} - DX_2 \tag{6.30}$$

$$\frac{\mathrm{d}S}{\mathrm{d}t} = D(S_0 - S) - \frac{u_{\mathrm{m1}} X_1 \cdot \frac{S}{S + K_{\mathrm{S1}}} \cdot \frac{P}{P + K_{\mathrm{P1}}}}{Y_{\mathrm{S1}}} - \frac{u_{\mathrm{m2}} X_2 \cdot \frac{S}{S + K_{\mathrm{S2}}} \cdot \frac{P}{P + K_{\mathrm{P2}}}}{Y_{\mathrm{S2}}}$$

$$\tag{6.31}$$

$$\frac{\mathrm{d}P}{\mathrm{d}t} = D(P_0 - P) - \frac{u_{\mathrm{m1}} X_1 \cdot \dfrac{S}{S + K_{\mathrm{S1}}} \cdot \dfrac{P}{P + K_{\mathrm{P1}}}}{Y_{\mathrm{P1}}} - \frac{u_{\mathrm{m2}} X_2 \cdot \dfrac{S}{S + K_{\mathrm{S2}}} \cdot \dfrac{P}{P + K_{\mathrm{P2}}}}{Y_{\mathrm{P2}}}$$

$$(6.32)$$

式中：S 和 P 是两种营养盐的浓度，X_1 和 X_2 分别代表两种藻类浓度，K 是半饱和常数，u_{max} 是最大生长速率，Y 是细胞生长需要营养盐量，Tilmann 研究的 *Cyclotella menegbiniana* 和 *Asterionella formosa* 的主要参数如表 6.2 所示。

表 6.2　Tilman 实验使用的两种藻类生长的参数

	营养盐	K (μmol/L)	$\mu_{\mathrm{max}}{}^+$ (d^{-1})	Y (cells/μmol)	R^* (μmol/L)
Cyclotella menegbiniana	PO_4	0.02	0.788 5	2.18×10^8	0.009 3
	SiO_2	3.94		2.51×10^6	1.829 2
Asterionella formosa	PO_4	0.25	0.955 5	2.59×10^7	0.088 6
	SiO_2	1.44		4.20×10^6	0.510 3

根据 Tilman 给出的最大速度计算平衡时，方程式(6.29)和(6.30)简化为

$$\mu_{\mathrm{m1}} \cdot \frac{S}{S + K_{\mathrm{S1}}} \cdot \frac{P}{P + K_{\mathrm{P1}}} - D = 0 \qquad (6.33)$$

$$\mu_{\mathrm{m2}} \cdot \frac{S}{S + K_{\mathrm{S2}}} \cdot \frac{P}{P + K_{\mathrm{P2}}} - D = 0 \qquad (6.34)$$

它们是两条双曲线，当两条双曲线相交时，方程有解，其解是两种藻共存时的两种营养盐平衡浓度，表明两种藻类可共存，方程(6.33)所表示的双曲线的两条渐近线分别是

$$R_{\mathrm{S1}}^* = \frac{K_{\mathrm{S1}}}{\mu_{\mathrm{max1}}/D - 1}$$

$$R_{\mathrm{P1}}^* = \frac{K_{\mathrm{P1}}}{\mu_{\mathrm{max1}}/D - 1}$$

方程(6.34)所表示的双曲线的两条渐近线分别是

$$R_{\mathrm{S2}}^* = \frac{K_{\mathrm{S2}}}{\mu_{\mathrm{max2}}/D - 1}$$

$$R_{\mathrm{P2}}^* = \frac{K_{\mathrm{P2}}}{\mu_{\mathrm{max2}}/D - 1}$$

它们就是一种营养盐为限制因素下的洗脱平衡浓度。两条双曲线相交的条件是

$$(R_{S1}^* - R_{S2}^*) \cdot (R_{P1}^* - R_{P2}^*) < 0$$

也就是说,在一定洗脱速率下,两种藻类本身需要满足该式,才有可能共存。根据式(6.31)和(6.32),可解析得到唯一的有物理意义的解,也就是两种藻共存时的两种营养盐平衡浓度(这里省略复杂的表达式)。对 Tilman 实验的两种藻类,其平衡浓度为

$$C(PO_4) = 0.196\,2\,\mu mol/L$$

$$C(SiO_2) = 2.115\,7\,\mu mol/L$$

系统要到达这个平衡点,还需要对进水中两种营养盐浓度提出要求,可以简要分析如下。要使两种藻类在系统中共存,必须使平衡时系统中存在两种藻类,也就是说:

$$X_1 > 0, \quad X_2 > 0$$

平衡时,方程式(6.31)和(6.32)简化为

$$S_0 - S = \frac{X_1}{Y_{S1}} + \frac{X_2}{Y_{S2}}$$

$$P_0 - P = \frac{X_1}{Y_{P1}} + \frac{X_2}{Y_{P2}}$$

我们得到

$$X_1 = [(S_0 - S)/Y_{P2} - (P_0 - P)/Y_{S2}]/(1/Y_{S1}/Y_{P2} - 1/Y_{P1}/Y_{S2}) > 0$$

$$X_2 = [(S_0 - S)/Y_{P1} - (P_0 - P)/Y_{S1}]/(1/Y_{S1}/Y_{P2} - 1/Y_{P1}/Y_{S2}) > 0$$

交点是两种藻共存时的平衡浓度,两条直线分别是两种藻的营养盐消耗线,两条直线之间是两种藻的共存区[21]。

如图 6.5 所示,这是两条过平衡点(S, P)的直线(图中实线和虚线),斜率分别是 $Y_{S1}/Y_{P1} = 0.011\,51$ 和 $Y_{S2}/Y_{P2} = 0.162\,2$,它们是两种藻的营养盐消耗线,同一条线上任意两点之间的两种营养盐差别,都是该藻生长所同时消耗的。两条直线之间的区域是两种藻类共存区域,进水中两种营养盐浓度在这个区域时,两种藻类共存。直线和曲线之间的区域则是一种藻类生存的区域,其中上部是 Af 生存区,下部是 Cm 生存区。

当洗脱存在两种以上藻类时,仍然可以在两种限制性营养盐为坐标轴的平面图上作每种营养盐平衡浓度线,显然,两种以上藻类是不可能在两种限制性因素下共存的,除非 3 种藻有共同的平衡点。在图上画出所有的两藻共存区,单一藻类生存区和两种进水营养盐浓度,就可以得出竞争的胜利者,它可能是一种藻,也可能是两种藻,也可能都被洗出。实际环境中多种藻类共存的主要原因,可能与多变的环境有关,影响藻类生长速率的光强、温度、各种物质等都在不断变化,很多藻类细

胞和孢子还随风传播。

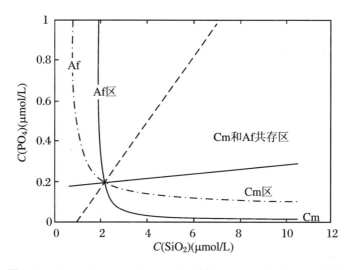

图 6.5　*Cyclotella menegbiniana*（Cm）和 *Asterionella formosa*（Af）
藻速度受两种营养盐影响下的洗脱速率 $D = 0.25 \ d^{-1}$ 下的
营养盐平衡浓度线

6.7　扩散对藻类生长影响

下面根据一维模型考虑扩散影响。溶解性磷容易被藻类利用,但数量有限。被污染的湖泊底部的底泥中通常含有很高浓度的磷酸盐,在水中通常会形成溶解平衡,在湖底附近的水中通常含有饱和的磷酸盐,浓度为 P_s,对于浅水湖泊,由于风浪作用波及到池底,整个湖水中磷的分布是很均匀的。这里注意考虑深水湖泊非对流期,此时风力作用通常只能在一定的表水层厚度下,形成湍流和很好的混合效果,底部的磷是通过分子扩散补充到表水层的,假定湖泊在深度方向上很均匀,形成湍流的表水层厚度为 H,分子扩散层深度为 h,保持不流动状态,扩散系数为 D,湖面面积 $S = V/H$,则从底部扩散到湍流层的磷酸盐量[22]为

$$j = \frac{S \cdot (P_s - P) \cdot D}{h}$$

分子扩散层也可处于流动状态,若流动速度为 $v^{[22]}$,则

$$j = S(P_s - P)\sqrt{\frac{Dv}{\pi x}}$$

式中:x 是流动方向上湖面平均长度。

根据质量平衡,我们有

$$\frac{V\mathrm{d}P}{\mathrm{d}t} = Q(P_i - P) + j - Y\mu_{max}C \cdot V \cdot \frac{P}{P + KP} + YbCV$$

$$C = (\frac{j}{Q} + P_i - P)/[\mu_{max} \cdot \frac{P}{P + KP} - b]/(Y\tau)$$

在湖底部水层处于静止状态时,有

$$\frac{j}{Q} = \frac{\tau(P_s - P) \cdot D}{hH}$$

通常溶质在水中扩散系数 $D = 1 \times 10^9$ m²/s,假设 $\tau = 10$ 天 $= 864\,000$ s,$h = 1$ m,$H = 10$ m,则 $j/Q = (P_s - P) \cdot 0.864 \times 10^{-5}$,相比前一项 $P_i - P$,显然很小。

如果低层湖水处于流动状态,这时不仅本身由于对流的传输作用,而且流动处于湍流状态时,扩散系数可增大数个数量级,从而从湖底输送较多的磷酸盐。

参 考 文 献

[1] Hutter K, Wang Y, Chubarenko I P. Physics of Lakes[M]. New York:Springer, 2011:344.

[2] 韩德刚,高盘良.化学动力学基础[M].北京:北京大学出版社,1987.

[3] 戚以政,汪叔雄.生化反应动力学与反应器[M].2版.北京:化学工业出版社,1999.

[4] Bendoricchio G, Jorgensen S E. Fundamentals of Ecological Modelling[M].3rd ed. Elsevier,2005.

[5] Redfield A C, Ketchum B H, Richards F A. The Influence of Organisms on the Composition of Sea-water[M]. New York:Wiley,1963.

[6] Ebeling J,Timmons M, Bisogni J. Engineering Analysis of the Stoichiometry of Photoautotrophic, Autotrophic, and Heterotrophic Removal of Ammonia-nitrogen in Aquaculture Systems[J]. Aquaculture ,2006 ,257:346‒358.

[7] Jones C G , Lawton J H. Elemental Stoichiometry o/Species in Ecosystems. Linking Species and Ecosystems[M]. New York : Chapman & Hall, 1995.

[8] Sardans J, Rivas-Ubach A, Penuelas J. The Elemental Stoichiometry of Aquatic and Terrestrial Ecosystems and Its Relationships with Organismic Lifestyle and Ecosystem Structure and Function: A Review and Perspectives [J]. Biogeochemistry, 2012,

111：1～39.

［9］ Ho T-Y，Quigg A，Finkel Z V，et al. The Elemental Composition of some Marine Phytoplankton［J］. Journal of Phycology ,2003,39(6):1145－1159.

［10］ Marchetti A. Coupled Changes in the Cell Morphology and the Elemental (C，N and Si) Composition of the Pennate Diatom Pseudo-nitzschia Due to Iron Deficiency［J］. Limnol. Oceanogr ,2007, 52(5):2270－2284.

［11］ Graham L F，Wilcox L W. Algae［M］. NJ：Prentice Hall,2000.

［12］ 李申生.太阳能物理学［M］.北京：首都师范大学出版社,1996.

［13］ 扎依科夫·В Д. 湖泊学概论［M］.秦忠夏,译.北京：商务印书馆, 1963:108.

［14］ Sigee D C. Freshwater Microbiology：Biodiversity and Dynamic Interactions of Microorganisms in the Aquatic Environment［M］. John Wiley & Sons，Ltd. ,2005.

［15］ Droop M. Vitamin B12 and Marine Ecology IV:the Kinetics of Uptake，Growth and Inhibition in Monochrysis lutheri［J］. J. Mar. Biol. Assoc. , 1968, 48:689－733.

［16］ 俞子文,孙文浩,郭克勤,等. 几种高等水生植物的克藻效应［J］. 水生生物学报, 1992 (1):1－7.

［17］ 张庭廷,陈传平,何梅,等.几种高等水生植物的克藻效应研究［J］.生物学杂志,2007,24 (4):32－36.

［18］ Hutchinson G E. The Paradox of the Plankton［J］. Am. Nat. ,1961,95:13745.

［19］ Tilman D. Ecological Competition Between Algae：Experimental Confirmation of Resource-based Competition Theory［J］. Science,1976, 192:463－465.

［20］ Tilman D，Kilham S，Kilham P. Phytoplankton Community Ecology：the Role of Limiting Nutrients［J］. Ann. Rev. Ecol. System, 1982, 13:349－372.

［21］ Tilman D. Resource Competition Between Planktonic Algae：An Experimental and Theoretical Approach［J］. Ecology, 1977,58:338－348.

［22］ Cussler E L.扩散:流体系统中的传质［M］.北京：化学工业出版社,2002.

第 7 章　水华控制原理与湖泊类型

7.1　治理水华的对策:控氮还是控磷?

人们经过长期研究,逐渐认识到,在湖泊本身相对稳定的前提下,湖泊的光照、温度、降水、形态、地质构造等没有发生明显变化,湖水中藻类生长的变化,与外来物质的进入有关。

1840 年,Liebig 提出植物生长最小限制因子定律,认为:每一种植物都需要一定种类和一定数量的营养元素,植物生长量取决于环境提供的营养元素中形成最少量植物量的营养元素。例如,对于陆生植物,当土壤中的氮可维持 250 kg 产量,钾可维持 350 kg,磷可维持 500 kg,则实际产量只有 250 kg。如多施 1 倍的氮,产量将停留在 350 kg,因这时的产量为钾的含量所限制。藻类同样遵从该定律。我们只需要控制一种营养盐,就能够控制藻类生长量,防止水华发生,同时控制两种营养盐是不必要的。简单说来,如果藻细胞无法获得氮或磷,就无法合成蛋白质或ATP,从而保持细胞的正常生理活动,当氮或磷枯竭时,藻类就停止生长。

藻类在生长过程中,通过光合作用合成单糖,同时将自身所需要的养料,例如无机盐等摄入体内,合成新的物质,用于细胞生长和增值。藻类组成通常可表示为$C_{106}H_{263}O_{110}N_{16}P$[1],主要组成元素是碳、氢、氧、氮、磷 5 种元素,最近的研究包括了痕量金属元素,其组成为[2]

$$(C_{124}N_{16}P_1S_{1.3}K_{1.7}Mg_{0.56}Ca_{0.5})_{1\,000}Sr_{5.0}Fe_{7.5}Zn_{0.80}Cu_{0.38}Co_{0.19}Cd_{0.21}Mo_{0.03}$$

参考表 2.2 列出的植物元素组成可以看出,藻类生长所需要的其他元素都很少。表 7.1 是天然水体中其他常量和微量元素的浓度[1]。由于藻类对微量元素的需求量很低,天然水体中,这些元素的含量通常满足藻类生长需要,不会限制藻类生长。某些特殊藻类需要较多的某种元素,如硅藻生长需要较多的硅,在一些海域会限制硅藻的生物量。钼是能固氮的藻类利用大气氮合成蛋白质所必需的元素,有研究表明,钼限制了美国加州 Castle 湖的藻类光合作用速率。[3]

表7.1 河水和海水中几种元素的平均浓度[3]

元素	河水(μmol/L)	海水(μmol/L)
硼	1.67	416
钙	332	10 300
氯	226	546 000
铜	0.003	0.000 02
钴	0.024	0.004
铁	0.716	0.001
钾	38	10 200
镁	128	53 200
锰	0.149	0.000 5
钼	0.005	0.11
钠	391	46 800
硫	116	28 200
硅	178	100
钒	0.02	0.03
锌	0.459	0.006

虽然碳、氢、氧的需求量最大,但它们容易从水和空气中获得。天然水体水非常丰富,大气中含有约万分之四的二氧化碳。二氧化碳可溶解在水中,标准条件下(一个大气压和 25 ℃),二氧化碳在水中溶解度为 0.04%,此外,水中溶解的碳酸盐也能被藻类利用。国外研究表明,二氧化碳溶解速度很快,足以保证水中含有足够的二氧化碳浓度,不会影响藻类生长速率。这与光合作用主要发生在表水层,而表水层常受风力作用处于湍流状态,溶解二氧化碳速度较快有关。此外,湖水其他区域有机物的氧化,还会产生二氧化碳,在对流期内会补充水中溶解二氧化碳。

氮、磷是藻类生长需求量较大的营养元素,但它们在海洋中含量分别为20~

40 μmol/L和1~3 μmol/L，在没有污染的天然湖泊中含量还低很多。在天然水体透光层中，由于藻类生长消耗，氮磷浓度通常在0.05~0.1 μmol/L，比其他常量营养元素如钾、钙等低数倍。通常藻类对氮、磷的需求远远大于其他常量元素，因此，氮、磷是限制藻类生长速率的主要营养元素。这是因为在海水中固氮蓝藻不能生长，而藻类对氮的需求量远大于对磷的需求量，所以在海水中常表现为氮是主要限制元素；而在淡水中，固氮蓝藻可固氮，供应藻类生长需要，氮的供应充足，所以，常表现为磷是生长限制元素。

水中能够被藻类利用的氮以氨和硝酸盐的形式存在。氨在溶解氧充足时，易被氧化生成硝酸盐。在缺氧条件下，硝态氮会被细菌用作氧化剂，发生反硝化作用，变成不能被藻类利用的氮气。

在淡水水域，蓝藻门中很多藻具有利用大气中氮合成氨的能力，补偿了水体中氨氮的不足。因此，即使限制向天然水体排放溶解性氮包括氨氮和硝态氮，如果水中磷充足，藻类生长也不一定受影响，特别是经过较长时间缺氮后，能固氮的蓝藻会繁殖生长，成为优势藻种，从而不受缺氮限制。虽然限制向淡水湖泊排放溶解性氮在短时间内会产生明显的效果，藻类生长量会明显下降，但是，如果不控制磷的排放，时间一长，固氮蓝藻会大量繁殖，补充溶解性氮，产生严重的水华现象。

在海洋中，藻类固氮量很小，不能满足藻类生长需要。这是由于海水中缺少固氮作用中必须的元素铁和钼，它们在海水中含量比淡水低一个数量级以上。也就是说，在海洋中控制氮也能防止水华。由于藻类对氮的需求量远大于磷，控制海水氮的浓度可以到比磷高得多的浓度，就能控制海水中的水华浓度，因此，控制海水水华，有时也选择控氮。

水中溶解性磷以正磷酸盐形式存在，在淡水中容易与钙、铁、铝离子反应生成沉淀，沉到水底，使水体缺磷，从而限制藻类生长。水底缺氧时，沉积在水底的磷酸铁易被还原成溶解度较大的磷酸亚铁，从而释放到水中。在浅水湖泊中，磷酸盐沉淀易被泛起，而藻类能够利用极低浓度的溶解磷，从而打破磷酸盐沉淀的溶解沉淀平衡，使磷酸盐沉淀不断溶解。

海水平均深度达到2 500 m，在大部分海洋，海水从底部上升到表面的速度很慢，来自底部的营养盐很少。氮磷营养盐主要来源于表层水中动物的排泄和死亡生物的释放。研究表明，磷释放速率快，而氮释放速率慢，成为藻类生长限制因素，这是因为死亡生物释放磷酸盐是磷脂水解，水解速度快，而氮的释放是酰胺键水解，水解速度慢。

7.1.1　严格控磷能控制水华

大量研究证明,磷是淡水湖泊水华发生的关键因子。图 7.1 是 Schindler 在加拿大试验湖泊著名的试验结果,添加碳氮的湖区水质良好,而添加碳、氮和磷的湖区发生严重的蓝藻水华。[4]2008 年 8 月,加拿大和美国的科学家在《美国科学院院刊》上联合发表文章,总结了 37 年的实验湖沼学研究,论证富营养化治理无需控氮,必须控磷。[5-6]他们发现:削减氮的输入可大大促进固氮蓝藻的生长;只要磷充足且有足够的时间,固氮过程就可使藻类总量达到较高水平,从而使湖泊保持高度富营养状态。我国学者王洪铸等对长江流域 40 多个湖泊进行了多年的比较研究,发现无论总氮浓度是高还是低,湖水总磷浓度都是限制浮游藻类生长的最重要因素,藻类总量决定于总磷而不是总氮[7],从而证明在野外条件下控氮不能减少藻类总量。

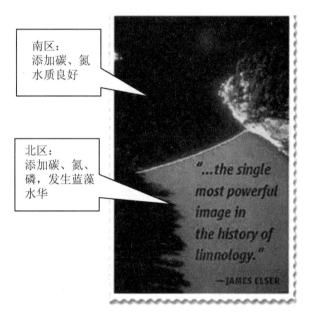

南区:
添加碳、氮
水质良好

北区:
添加碳、氮、
磷,发生蓝藻
水华

"...the single
most powerful
image in
the history of
limnology."
—JAMES ELSER

图 7.1　向加拿大 226 试验湖南北两区中添加营养盐的变化

7.1.2　西方国家使用控磷法治理水华

1. 西方国家采用控磷法治理水华的政府文件

世界经济合作与发展组织(OECD)是西方国家政府间组织,该组织发布的报告实际代表了西方国家政府的观点。1982 年 OECD 发布的报告《水体富营养化监测、评价与防治》，明确提出治理湖泊富营养化应控磷，提出贫营养湖泊的总磷浓度应低于 0.01 mg/L，中营养范围是 0.01～0.035 mg/L，大于 0.035 mg/L 是富。[8]

　　世界经济合作与发展组织报告指出，大多数湖泊生产力是受磷控制的，而不受氮控制。报告指出，这是世界经济合作与发展组织研究中取得的最重要结论之一，报告中的所有分析都是从这一点出发的（中文版第 60 页）。氮的浓度与生产力也正相关，其原因是通常进入天然污水的废水中氮磷比例相近。报告总结了多种根据湖水总磷浓度预测生产力的经验方程，给出了推荐方程。报告建议根据经验方程来确定达到预期水质目标时磷的削减量，从而制定湖泊水华治理规划。在富营养化防治对策一章里，只详细阐述了磷防治对策，控制程序和技术，没有提及总氮的除去方法。

2. 美国政府采用控磷来治理淡水湖泊水华

　　根据美国湖泊与水库营养物基准技术指南[9]，湖泊水库的水质富营养化基准指标有 4 项，包括引起富营养化的两项指标——氮磷营养盐和两项生物反应变量——藻类叶绿素含量和塞氏透明度或藻类浊度。总氮和总磷是引起富营养化的原因变量，叶绿素和透明度是初始反应变量。反应变量可以清楚地表明问题的存在。但是有时候水很清澈，却含有过高氮磷，对下游形成危害。天然水体富营养化的原因，在很大程度上是太多的氮或太多的磷或两者组合引起的。氮对大多数淡水湖泊来说，不是主要的影响因素，但对河口和近海水域非常重要。

　　该指南认为，根据 Liebig 最小因子定律，植物的生长取决于那些处于最少量状态的营养元素。氮和磷是湖泊中藻类植物生长所必须的营养盐。通常认为磷是调节湖泊藻类生长速度的营养盐，也是最易被控制的。因此，磷是涉及湖泊和水库富营养化问题的主要变量。同藻类叶绿素含量和塞氏透明度一样，用于估计湖泊和水库富营养状态。Vollenweider（1968）和 Sawyer（1947）均根据磷浓度划分湖泊营养状态。通常认为总磷浓度低于 10 μg/L 属于贫营养，在 10～20 μg/L 之间属于中营养，高于 20 μg/L 属于富营养。但是，湖泊营养状态还受其他很多因素影响，包括环境条件和温度等，因此，美国环保局根据地理和湖泊特征分类，将美国大陆分成 14 个生态区，分别制定了推荐的水质富营养化基准。

　　氮也是藻类生长的基本营养成分。但是，该指南明确指出，与磷相比，控制氮的来源更加困难，因为氮能被湖泊内几种类型的生物直接从空气中吸收，这些生物包括蓝藻门中的某些物种。此外，氮常常不是限制植物生长的限制因素。因此，世界上大多数湖泊富营养化治理的重点是控制磷。

　　然而，影响湖泊藻类生长因素复杂而多变，常常随季节或时间而改变，随上游流域土地利用状况而改变,随地理位置而变化。少数湖泊受氮控制,主要包括位于亚热带、高纬度或高海拔地区,含有较多污水处理厂排放的废水。其原因还不清楚,研究数据暗示,磷比氮能更有效地循环,在没有外来营养盐输入时,夏末时氮可能成为限制性因素。这些结果并不意味着在湖泊富营养化治理上,持续控制磷是不能保证治理效果的。但是,我们需要更好地了解氮限制的频率和范围,以辨别湖泊的功能。因此,该指南认为,需要制定氮的基准。

适量的营养物质对于一个良好的水生系统及其功能维持来说是必需的。但是过量的营养物质会导致大型水生植物和藻类以及有毒藻类的异常增长。这可能导致以下后果:溶解氧减少、水生物种比例失调、公共健康风险增加以及水资源质量下降和减少。藻类本身也是水生生态系统不可缺少的环节。在经济上完全控制营养盐或藻的存在也是难以承受的,同时也是错误和不必要的。

贫营养水体中同样生长一些藻类,如绿藻和硅藻,但是藻类浓度相对较低,对水体功能影响小,将淡水湖泊治理到贫营养或接近贫营养,就达到了治理水华、保护水资源的目的。由于藻类主要生长在表水层,它们易在风力作用下,聚集在局部形成较高数量的水华,即使是贫营养水体,有时在局部区域大量聚集也会产生水华现象,使局部水质在短期内恶化。这是很多贫营养湖泊在局部区域观察到较高浓度藻类水华的主要原因。美国环保局制定的指南采用国际经济合作与发展组织(OECD)利用统计方法得到的富营养化状态指数,认为湖泊营养状态与总磷浓度之间关系是一种概率关系,低总磷浓度下,也有可能处于富营养状态,或者说产生高浓度藻导致的水华问题。

另一方面,美国环保局充分考虑到现实情况和治理的可能性,确定营养盐基准浓度,同时强制要求所有水库和湖泊都不允许恶化到低于现有水质。通常采用两个方法确定湖泊参照营养盐浓度。一个方法是在同类湖泊中污染较少的高质量湖泊,选取营养盐浓度处于较高25%个点的浓度作为营养盐参照浓度;如果同类湖泊多数被污染,另一个方法是选取同类所有湖泊中,营养盐浓度处于较低25%个点的浓度作为营养盐参照浓度;同时得到这两个浓度,可使用它们的平均值,再进行校准,根据当地实际治理达到该水质浓度的可行性分析对参照浓度进行调整,最终确定富营养化基准。

在美国环保局发布的湖泊和水库管理指南中,同样指出,湖泊藻类生长是由湖水中磷的供应决定的。[10]即使氮成为藻类生长限制因素,水华仍然随磷浓度增加而增加。降低天然水体磷是控制水华的关键。因此,治理湖泊水库水华,应控制进入湖泊的磷。该指南详细阐述了如何确定防止湖泊水华发生的阈值磷浓度和负荷。在水华治理技术方面,主要介绍控磷方法。

7.1.3 美国污水处理厂主要去除总磷和氨氮,不要求总氮

通常人类活动是天然水体中营养盐增加的主要原因,其中城市污水是营养盐的主要来源。因此,在污水处理厂削减污水中营养盐是减小天然水体富营养化的关键工作之一。美国污水处理厂通常主要去除总磷和氨氮,不要求总氮。去除氨氮的目的是防止氨氮过多,影响鱼类生长。虽然硝态氮也是水中的污染物,是潜在的致癌物,但是,控制硝态氮浓度,不是控制富营养化的必要条件。

美国环保局于 2007 年 4 月发布了污水处理厂经高级处理获得低浓度磷水的运行状况报告[11],披露了 21 个污水处理厂的运行情况,这些厂进行了高级去磷工艺改造,大部分于 2003 年投产,稳定运行 3 年左右。主要除去总磷和氨氮,不要求总氮。这些污水处理厂出水总磷浓度大都低于 0.1 mg/L,其中两个厂出水总磷浓度低于 0.01 mg/L。不同污水处理厂采用不同标准,主要原因是不同地区水体控制要求不一样。

7.1.4 美加两国五大湖水质协议采用控磷法治理水华

北美五大湖是世界上最大的淡水水体,位于美加两国边界附近。随着美加两国经济的发展,五大湖受到污染,产生水华。1972 年,美加两国签署五大湖水质协议[12],主要目的是恢复和维护五大湖水质和生态系统,为了达到这个目的,必须加强研究,了解五大湖生态系统,消除和减少排入五大湖的污染物。主要包括:

① 消除持久性有毒污染物排放。

② 建设污染物处理设施。

③ 控制所有来源的污染。

针对富营养化治理目的,两国在协议中提出的具体措施是减少磷和其他营养盐输入。

控磷项目的目的是减少富营养化问题,及其带来的水质下降。控制磷的目的具体包括:

① 恢复伊利湖中部湖区水底全年好氧条件。

② 大幅度降低伊利湖藻类浓度到无害水平。

③ 降低安大略湖藻类浓度到无害水平。

④ 维持苏必利尔湖和休伦湖贫营养水平。

⑤ 消除海湾或其他区域的藻类危害问题。

通过建设以下项目,减少输入到五大湖的磷。具体措施包括:

① 升级大型污水处理厂（规模大于 1 百万加仑/天＝3 780 m³/d），使苏必利尔湖和休伦湖流域污水处理厂出水总磷低于 1 mg/L，伊利湖和安大略湖流域污水处理厂出水低于 0.5 mg/L。

② 要求工业污水处理达到最低标准。

③ 要求减少排入苏必利尔湖、密执安湖、休伦湖的面源污染，要求减少排入伊利湖和安大略湖面源污染中 30%磷，从而达到协议规定的负荷治理目标。

④ 家用洗涤剂含磷量降低到 0.5%以下。

⑤ 增加研究，提高控制磷的效率和有效性。

表 7.2 是基准年（1976 年）和未来五大湖流域水体磷负荷治理目标。

表 7.2　五大湖流域水体磷负荷治理目标

湖泊	1976 年磷负荷(t/y)	未来磷负荷(t/y)	总磷浓度(μg/L)
苏必利尔湖	3 600	3 400*	5
密执安湖	6 700	5 600*	7
休伦湖主湖区	3 000	2 800	5
Georgian Ban	630	600*	
North Channel	550	520*	
Saginaw Bay	870	440*	
伊利湖	20 000	11 000**	
西部			15
中部			10
东部			10
安大略湖	11 000	7 000**	10

*　该目标负荷将在大型污水处理厂出水达到 1 mg/L 磷时达到。

**　该目标负荷将在大型污水处理厂出水达到 0.5 mg/L 磷时达到。

表 7.2 中总磷目标浓度项来自 State of the great lakes 2007（US EPA and Environment Canada）。

1978 年和 1987 年补充协议对负荷分配等作了具体要求，对农业和城市面源污染治理要求，也作了具体规定。要求控制土壤侵蚀，农村和城市雨水径流和合流污水应经过天然或人工沉降处理，减少磷排放。

应当指出，在五大湖水质协议中，富营养化治理占有非常重要的地位，是五大治理目标之一。治理方案是控制磷排入五大湖量,削减总磷也是协议中唯一一个确定削减排入量的污染物。本书实践篇还介绍了美国通过控磷法治理五大湖等湖泊的实际情况。

7.1.5 固氮作用与固氮机理

1. 固氮作用

固氮作用是生物体以氮气为氮的来源,合成可利用的氨和胺类物质。氮气占大气成分的78%,非常丰富,但是,氮气很稳定,人类要将氮气转变成一般生物能直接利用合成蛋白质的氨,需要在500℃、200个大气压和催化剂存在条件下才能进行。在生物体内进行的氮气转化为氨的过程是在常温常压下进行的。常见的固氮生物有大豆菌、三叶草、紫花苜蓿等上生长的固氮根瘤菌等。很多蓝藻也能固氮。地球表面每年因生物固氮作用获得的氨态氮为 $1.0 \sim 1.8 \times 10^8$ t,其中蓝藻是主要的固氮生物。

对生物固氮作用的研究始于19世纪。1838年,法国的 J.B.布森戈通过田间试验和化学分析,最先确认三叶草和豌豆可从空气中取得氮素。此后俄国的M.C.沃罗宁和德国的 H.黑尔里格尔相继证明了豆科植物与根瘤菌之间的共生关系。1888年,荷兰的 M.W.拜耶林克首次从根瘤中分离出固氮微生物的纯培养体,后曾被其他研究者用作接种剂。此后,研究领域从豆科植物拓宽到非豆科植物,从共生固氮发展到非共生固氮以至联合固氮。20世纪初欧洲和美国已有根瘤菌剂的商品生产。中国从50年代起开始应用根瘤菌于花生、大豆等的生产,取得增产效果。

迄今,已确认有固氮作用的微生物约有50个属、90多种,包括细菌、放线菌和蓝藻,都属原核生物。其中有的是好氧的,有的是厌氧的,有的是兼性的。按固氮微生物与高等植物或其他生物之间的关系,可分为3种类型。

(1) 共生固氮作用

固氮微生物与另一种能营光合作用的高等植物或其他生物紧密地生活在一起,彼此间形成单独生活时所没有的共生固氮体系:固氮微生物依靠与之共生的生物为其提供生活必需的能源和碳源,而固氮微生物则将固定的氮素供给共生生物作为合成氨基酸和蛋白质的氮源。共生固氮作用又可分为:① 豆科植物与微生物的共生固氮。其中最重要的是豆科植物与根瘤菌的共生。土壤中的根瘤菌侵入根部后形成根瘤,固氮即在根瘤中进行。可营这种共生固氮作用的豆科植物约有600多属。② 非豆科植物与微生物的共生固氮。营这种共生固氮作用的微生物主要是放线菌和蓝藻。能与放线菌共生固氮的植物约有 21 属、200 多种,常见的有木麻黄属、桤木属、沙棘属、胡颓子属、杨梅属等。中国经鉴定的非豆科结瘤固氮树木已有 40 余种,大多数属于对不利环境有较强抗逆性的植物。蓝藻与非豆科植物的共生固氮,可以鱼腥藻与蕨类植物满江红形成的共生体为代表。在这类共生体中,能固氮的蓝藻生活在满江红小叶鳞片腹面充满粘质的小腔内,构成共生关系,其固氮率可达 313~670 kg/(公顷·年)。满江红分布广泛,尤以在热带和亚热带地区生长繁茂,是中国南方湖泊的优良绿肥。

(2) 非共生固氮作用

非共生固氮作用又称自生固氮作用,是指固氮微生物不与其他生物发生特异关系,而能独立地生长繁殖,并将大气中的氮分子还原为氨分子。这类固氮作用的全过程均在其自身细胞中进行,所固定的氮素常在细胞死亡腐败后释放到土壤中。属于这类的微生物主要有细菌、蓝藻和放线菌,常见于温带中性土壤的有固氮菌属(*Azotobacter*)中的圆褐固氮菌(*A. chroococcum*),常见于热带和亚热带酸性土壤中的有贝氏固氮菌属(*Beijerinckia*)。广泛分布于各类土壤中的有巴斯德芽孢梭菌(*Clostridium pasteurianum*)和许多微嗜氧菌,后者包括极毛杆菌属(*Pseudomonas*)、无色杆菌属(*Achromobacter*)、克氏杆菌属(*Klebsiella*)和分枝杆菌属(*Mycobacterium*)等。上述固氮菌在固氮过程中必须依靠外源能量,且对能量的利用效率较低,通常每固定 1 分子氮所消耗的能量要比根瘤菌大 10 倍。此外,当土壤含有机化合态氮时,其固氮作用的进行还会受到抑制,因此自生固氮作用在农业上的应用一直是个难题。

(3) 联合固氮作用

某些固氮微生物可生长在植物根系中的黏质鞘套内或皮层细胞之间,虽对植物有一定的专一性,但不形成密切的共生关系,也不形成特殊的形态结构,是一种松散的共生现象。现已确认的联合固氮体系有:甘蔗和贝氏固氮菌(*Beijerinckia*)、雀稗和雀稗固氮菌(*Azotobacter paspali*)、小麦和芽孢细菌(*Bacillus*)、水稻和无色杆菌(*Achromobacter*)等。属于此类的固氮体系的植物多属高光效的 C4 植物,比 C3 植物能分泌更多的碳水化合物,有利于根系中微生物的生长和固氮,其固氮效率比在土壤中单独生活时要高。

2. 固氮机理

氮气分子是两个氮原子通过三价键结合,有很高的键能,使之还原必须消耗大量能量解离。在工业上,用化学固氮方法制造氮肥要在铁催化剂作用下,用 500 ℃的高温及 200 个大气压的高压才能将氮气还原为氨。但固氮微生物则可在常温常压下完成这一过程。因固氮微生物体内存在一种复杂的固氮酶系统,它能催化氮气的还原。固氮酶由 2 种蛋白质组成：一种为含有钼和铁的钼铁蛋白,分子量为 200 000;另一种为含铁的铁蛋白,分子量为 65 000。铁蛋白具有很强的还原力,它提供电子给钼铁蛋白。钼铁蛋白能与氮气分子络合,然后使之还原为氨。在这个过程中,需要腺苷三磷酸（ATP）提供能量和铁氧还蛋白充当强还原剂。氮气还原为氨的化学反应式如下：

$$N_2 + 6e^- + 12ATP + 12H_2O \longrightarrow 2NH_3 + 12ADP + 12Pi + 4H^+$$

式中：ADP 为腺苷二磷酸,Pi 代表无机磷酸。固氮酶除能还原氮气外,还能将乙炔（C_2H_2）还原为乙烯（C_2H_4）。由于这个反应可用气相色谱法测定,现已广泛应用于田间实验室测定固氮微生物的固氮酶活性。

固氮酶有强烈的还原作用,必须在严格厌氧条件下才能合成氨。氧有很强氧化性,很容易使固氮酶失活。通常固氮蓝藻通过变异成为异形胞,具有防氧和除氧作用。防止氧气进入细胞,保护固氮酶。

蓝藻是唯一可以独立固定分子氮的藻类。固氮反应需要消耗较多能量,需要很强的还原性物质。提供还原物质的酶容易被氧气氧化而失活,因此,固氮蓝藻采取特殊的膜结构屏蔽氧气,有的异化形成异型细胞。研究表明,湖水氮浓度下降时（低于 0.3 mg/L）,一些蓝藻如鱼腥藻和束丝藻等能增加固氮细胞固氮,使蓝藻细胞生长不受氮的限制。一些情况下,蓝藻的固氮作用能贡献湖泊总氮输入的 50%。[13]

7.1.6　氮循环简介

氮素在自然界中有多种存在形式,其中,数量最多的是大气中的氮气,总量约为 3.9×10^{15} t。除了少数原核生物以外,其他所有的生物都不能直接利用氮气。目前,陆地上生物体内储存的有机氮的总量达 $1.1 \times 10^{10} \sim 1.4 \times 10^{10}$ t。这部分氮素的数量尽管不算多,但是能够迅速地再循环,从而可以反复地供植物吸收利用。存在于土壤中的有机氮总量约为 3.0×10^{11} t,这部分氮素可以逐年分解成氨氮供植物吸收利用。海洋中的有机氮约为 5.0×10^{11} t,这部分氮素可以被海洋生物循环利用。

构成氮循环的主要环节是：固氮作用、有机氮的合成、氨化作用、硝化作用和反硝化作用。

植物吸收土壤中的铵盐和硝酸盐,进而将这些无机氮同化成植物体内的蛋白质等有机氮。动物直接或间接以植物为食物,将植物体内的有机氮同化成动物体内的有机氮,这一过程叫作生物体内有机氮的合成。动植物的遗体、排出物和残落物中的有机氮被微生物分解后形成氨,这一过程叫作氨化作用。在有氧的条件下,土壤中的氨或铵盐在硝化细菌的作用下最终氧化成硝酸盐,这一过程叫作硝化作用。氨化作用和硝化作用产生的无机氮,都能被植物吸收利用。在氧气不足的条件下,土壤中的硝酸盐被反硝化细菌等多种微生物还原成亚硝酸盐,并且进一步还原成分子态氮,分子态氮则返回到大气中,这一过程叫作反硝化作用。

大气中的分子态氮被还原成氨,这一过程叫作固氮作用。没有固氮作用,大气中的分子态氮就不能被植物吸收利用。地球上固氮作用的途径有 3 种:生物固氮、工业固氮(用高温、高压和化学催化的方法,将氮转化成氨)和高能固氮(如闪电等高空瞬间放电所产生的高能,可以使空气中的氮与水中的氢结合,形成氨和硝酸,氨和硝酸则由雨水带到地面)。据人们估算,在工业化革命之前,每年生物固氮的总量占地球上自然固氮总量的 90% 左右。可见,生物固氮在地球的氮循环中具有十分重要的作用。

人类活动对氮循环的影响同样巨大,而且变化速率更大。对氮循环影响最大的因素是合成氮肥和燃料燃烧生成的氧化氮,分别占人类活动所改变的氮循环的50%。氮肥制造工艺是在第一次世界大战期间发明的,直到 20 世纪 50 年代才大规模应用,20 世纪 80 年代末又大幅度下降,原因是前苏联崩溃,导致俄罗斯及东欧农业和化肥下滑。此后几年全球氮肥生产量略有下降。到 1995 年,全球使用氮肥量重新快速增加,主要是中国增加用量,到 1996 年,约 83 Tg N/年(1 Tg = 1 × 10^{12} g)。过去 15 年使用的氮肥约占世界有史以来用量的一半。

制造氮肥是人类活动改变氮流动的最重要过程。然而,除去其他人类控制的过程,如化石燃料燃烧、农业上生产固氮作物等,将大气中氮气转化为可被生物吸收的氮。1960~1990 年间,人类固氮包括生产肥料、燃烧化石燃料和固氮作物种植等活动,增加全球可被生物利用的氮 2~3 倍,目前还在持续增长。到 90 年代中期,人类固氮量与地球陆地表面生物自然固氮数量相近。因此,人类对氮的改变远远超过人类对碳循环的改变。

人类在地球表面氮循环的改变是不均匀的。最大的改变集中在人口密集区域和农业发达区。某些区域对氮和磷的贡献非常小,而另外一些区域非常巨大。人类活动在美国西北部增加的磷较小,在 Chesapeake 湾增加了 6~8 倍。在美国西北部,大气沉降甚至带来更多氮。人类活动对氮循环的扰动在不同地区不同。例如,全球使用氮肥量持续增加,但是美国自 1985 年以来,变化较小。

美国在 21 世纪也许会增加氮肥用量,用于生产玉米酒精。在过去 30 年内我国氮肥用量增加很快。目前氮肥用量非常高,年施用量超过 2 500 万 t(折算成纯氮计算),几乎是美国的 2 倍,而耕地面积仅相当于美国的 60%。

7.1.7　海洋中蓝藻不能固氮

经过 20 世纪 70 年代早期的深入研究,人们大都同意,磷是淡水湖泊富营养化的主要营养元素。控制和减轻淡水湖泊富营养化的主要方法是减少排入磷。与此相反,研究表明,在温带河口和附近海域,氮是藻类生长的主要限制元素,输入氮是富营养化加速的主要原因。营养盐限制是指控制初级生产力的因素,会导致生态系统组成变化,如果营养盐加入到系统中,引起初级生产力净增加,这种营养盐就是限制因子。

通常氮是限制因子,但是也有例外。例如,在某些温带海域,例如佛罗里达海域的 Apalachicola 和北海荷兰附近海域,磷是限制因子。在北海海域,磷是限制因素的主要原因是排入海的废水严格控磷,导致极高的氮磷比,在 Apalachicola,磷限制的主要原因是当地流域较高的氮磷比,人类活动影响较小。

对热带近岸海域,通常认为磷是主要限制因子。对热带含有较多碳酸盐的珊瑚礁海域,人类活动较少。当富营养化以后,这些珊瑚礁海域常常变成氮限制。离海较远的海域,在贫营养时,也会是氮限制,例如,加勒比海离岸较远区域就是氮限制的。

在河口,氮和磷限制会季节性变化,例如,在 Chesapeake 海湾,墨西哥湾部分海域,包括死区。在这些系统中,氮往往是富营养化的主要原因。大部分生物产生以后,会沉降到海底形成低氧区,常常是由氮控制,而不是磷。初级生产力是磷控制时,通常沉降到水底的量较小。

在海域控制氮比在淡水水体控制磷,人们接受得更晚。许多海域科学家数十年前就认识到氮问题,在 20 世纪 80 年代,人们激烈争论是否需要控制氮。在某些海域,例如波罗的海,争论还在继续。通过控制氮输入来限制海域富营养化的观点远远落后通过控制磷来治理湖泊富营养化。

7.1.8　海域生态系统氮限制的证据

Howarth 等综述了海域生态系统氮限制的机理问题。藻类初级生产力是氮限制还是磷限制,是由水中氮、磷的相对含量决定的。藻类生长需要 1 mol 磷和 16 mol 氮。如果氮磷比低于 16,生产力倾向于受氮控制;如果大于 16,倾向于磷限制。

氮、磷营养盐对浮游生物的供应由 3 个因素决定:

① 进入生态系统的氮磷比;

② 在生态系统中,这些营养盐的储存、循环和损失;

③ 生物固氮数量。

根据这些因素,氮在海域中比在湖泊中容易成为限制因素。在湖泊中,营养盐来源于上游流域和大气沉降,而容易发生赤潮的近海海域的营养盐,在未受污染的海域主要是远洋海水。在美国大陆北部海域,海水中氮磷比低于最佳比,这是由于大陆架上反硝化强烈的缘故。如果来自陆地上氮磷比相同,海洋比湖泊更倾向氮限制。

另外一个因素是陆地上人类活动对氮磷比的影响。当土地上森林变成农田和工厂,氮、磷营养盐排放量会增加,但是,往往磷增加得更多,氮磷比下降,这是氮成为主要限制因子的原因之一。Apalachicola 河口的磷限制是该流域人类活动很少的缘故。因此,人类活动增强以后,河口富营养化倾向于氮限制。还有一种原因可能是有机磷比有机氮更容易水解,使得磷在海洋中循环加快,从而及时供应藻类生长需要。

水生生态系统中的生物地球化学过程常常影响营养盐的有效含量。在这些过程中,反硝化和磷酸盐沉降是影响氮磷营养盐含量和成为限制因子的主要过程。其他过程,例如浮游动物对磷的储存作用,仅在短期内起作用。反硝化是氮减少的主要因素,它导致氮成为限制因素,除非磷储存和沉降得更多。在河口和淡水水体中,更易发生反硝化,这也许是更多氮进入河口的原因。从反硝化脱氮比例来看,河口和淡水水体的差别很小。因此,反硝化是河口和湖泊生态系统倾向氮限制的主要过程。通常湖泊中水力停留时间长,会导致更多的反硝化和氮损失,更容易形成氮限制,但是蓝藻可以固氮,其生长不受少氮影响。

磷的沉降会导致相反的结果。水底沉淀物可储存大量磷,使水中缺少磷,从而导致磷限制。这个过程变化很大。在美国 Narragansett 海湾几乎所有沉降到水底磷都释放进入水柱。因此,该海湾的反硝化过程,使得氮限制成为主要因素。Caraco 等研究指出,湖泊沉淀比河口更倾向于储存磷,减少水中分散的磷,这将使湖泊容易变成磷限制。然而,湖泊和海洋沉淀对磷的作用的差别还没有建立起来。在富营养化区域,由于缺氧区存在,导致硝化和反硝化过程不能持续进行,反硝化减少。

河口沉淀物吸收磷变化很大。在 Narragansett 海湾几乎没有磷吸收,在其他一些海域,能够完全吸收磷,如在荷兰海湾。美国 Chesapeake 海湾沉淀物吸收磷介于两者之间。某些沉淀分解时,会释放一些无机磷,它们会进入表层水中,其原因还没有了解清楚。当系统富营养化增加时,不论是在热带还是在温带海洋中,磷的吸收和储存都会下降。例如,在荷兰的一些河口地区。在温带,富营养化导致氧化态铁减少,硫化铁增加,减少了沉淀中的磷固定。在热带富碳酸盐区域,当沉淀物中磷含量增加时,磷酸盐固定速率降低。这些变化导致富营养化水体磷增加,加强了氮限制,使藻类生长需要大量磷。

在淡水水域,氮固定导致营养盐限制因素改变。如果一个中等生产力的湖泊趋向氮限制,一些能够固氮的蓝藻会固定足够数量的氮,减少氮短期。湖泊生产力仍然受磷限制。这是通过在一个湖中持续几年添加一定数量磷进行试验得到的。开始几年,同样增加氮肥,使氮磷比为 16,这时湖泊中不存在氮固定。但是,当添加的氮减少,而磷保持不变,添加的氮磷比低于最佳氮磷比时,固氮生物就会很快出现,补充了氮。这个响应是中营养和富营养湖泊磷限制的主要原因。河口和富营养化近岸海域提供了强烈对比。世界上只有很少几个例外,在近岸海域富营养化或中营养化海域,蓝藻固氮非常低,从而产生氮限制。湖泊和河口过程的不同,导致氮限制发生在河口。

很多研究试图回答,河口和湖泊在氮固定行为上不同的主要原因,他们常常用单一原因来解释,包括短停留时间、湍流状态、铁限制、钼限制和磷限制等。越来越多的统计资料表明,海域氮固定是由复杂的化学、生物和物理因素决定的。在河口和近岸海域,最近的证据表明,固氮所需要的痕量金属铁和钼缺乏,浮游动物牧食行为等联合作用,使固氮蓝藻难以生长。

在少数海域,同样发生蓝藻的固氮作用,例如,在波罗的海和澳大利亚 Peel-Harvey 海湾。在波罗的海,氮固定速率不足以抵消氮限制。但是模型显示,与大部分河口区域不同,氮固定是因该河口海水中痕量金属元素丰富。在澳大利亚的海湾,原因还不清楚。有假设认为极度富营养化区域缺氧,增加了痕量金属浓度,降低了浮游动物的捕食。上述两个海域,正是最近变得极度富营养化后,河口的氮固定才开始的。

海洋科学家长期以来相信磷是整个海洋生产力的主要调节因子。根据这个观点,氮限制主要发生在海域表面,但是,对于地质时间尺度来说,氮短缺是短期事件。最近,Tyrrell 建立了一个 6 变量氮循环和海洋生产力模型,虽然还没有被证明,但很有吸引力,它能解释海域深度方向的溶解氮、磷浓度的相关性。

根据地质时间尺度上的氮、磷相互作用,Tyrrell 认为海域富营养化主要是磷问题。除去河流中氮会导致氮固定增加,对最终氮浓度没有影响,对富营养化也没有影响。海洋富营养化原因和控制委员会不同意这种观点。如果几千年来,海水中发生的氮固定会减轻氮缺乏,河口等就不会发生氮短缺。因此,减少氮输入到河流,不会导致氮固定增加。Tyrell 模型可以应用到大时间尺度的整个海洋,但不能用于停留时间仅有几天到几年的河口和近岸海洋。氮固定在波罗的海发生,其停留时间为几十年,远远低于 Tyrrell 模型中氮固氮的时间尺度。人们还在争论,在波罗的海,氮固定是否完全补充了氮短缺。很多证据表明,氮限制仍是波罗的海的主要限制因素。

7.2 湖泊水华治理原理:严格控磷

所谓严格控磷,是指控制湖水中磷浓度低于水华泛滥的水平。从原理上分析,在天然水体如湖泊内控制任意一种藻类生长所必须的元素或物质,使其明显低于藻类水华发生时所需要的浓度,或通过物理措施降低藻类生长速率,或通过藻类捕食者减少水中藻类浓度,都能达到水华治理目的。实际应用时,由于产生水华的藻类多达数万种,它们生长条件各不相同,捕食者也有很大差异,天然水体与自然环境存在良好的物质和能量交换,寻找一种能够控制所有藻类生产速率、防止水华发生的方法是相当困难的。由于人类活动是湖泊和海洋产生水华和赤潮的主要原因,人类活动主要增加了氮、磷营养盐的浓度,因此,人们将治理水华和赤潮对准氮磷营养盐是很自然的。

到目前为止,普遍有效的淡水湖泊水华治理方法是控制水体总磷浓度。由于磷是生物细胞不可缺少的元素,将天然水体总磷浓度控制到限制藻类生长的阈值含量通常认为是 $10\sim20$ ppt(1 ppt $= 10^{-12}$),藻类生长速率就会受到抑制,藻类浓度会被控制到较低水平,不会对天然水体产生明显危害。进一步降低水体含磷量,是不必要的,不仅增加了治理费用,而且也对水体本身的功能有害。控制氮是另外一种选择,由于很多蓝藻能利用空气中氮气合成所必需的氨,我们难以控制水体中藻类利用空气中氮,因此,单纯控制天然水体中氮难以达到永久控制水华目的。

由于藻类在海水中固氮能力弱,所以控制海水富营养化,可以控制氮也可以控制磷。由于采用控制磷来治理淡水湖泊富营养化,在一些河流中,磷的浓度可能受到限制,使其下游海水中磷的浓度较小,因此,在这样的流域,控制海水富营养化的对策,采用控磷法可能更经济。另一方面,氮在水体中可通过硝化反硝化而减少,控制上游流域氮对很多海域来说可能更经济。控氮不利的地方在于,一方面脱氮费用较大;另一方面,能源燃烧带来大量面源氮,已经成为发达国家主要氮来源,其控制费用很大。因此,采用控氮可能比控磷费用更大。

要控制淡水水体中总磷浓度,就需要控制通过各种渠道进入淡水水体的磷。

通常磷是通过排水进入淡水水体的,主要包括工业和生活污水、雨水等。未经处理的生活污水含磷量为 5~10 ppm,经污水处理厂生物除磷工艺处理,约减少 90%。工业废水中含磷量可达到万分之一水平,通常根据国家要求按污水处理厂二级处理,可达到 1 ppm 排放标准。城市雨水含磷量约为百万分之一,在未开发的区域,雨水总磷含量可低于亿分之一。我国农业生产大量使用化肥,目前农田雨水径流总磷含量普遍达到亿分之十水平,已成为天然水体总磷的主要来源之一。此外,空气中灰尘也含有约千分之一浓度的磷,每年灰尘降落到湖内量很大,它们也是淡水水体中磷的主要来源之一。根据实际测量的大气降尘数据估算,目前我国很多湖泊的大气降尘带来的总磷浓度就超过湖泊水华治理要求。天然水体底泥中含有类似浓度的总磷,某些污染底泥含磷量更高,成为水体磷的主要来源之一。在典型的浅水湖泊中,风浪容易使底泥泛起,使水中磷浓度增加。

在天然水体的水华控制中,控制磷是相对比较容易实现的。由于雨水不断冲刷,通常天然水体比较缺乏磷。只有某些下游湖泊、火山湖泊和以地下水为主要水源的湖泊可能含磷较多。人类活动是磷增加的主要原因,为了控制藻类浓度不超过水华发生的水平,我们必须控制湖水中磷的峰值浓度不超过限制藻类生长的阈值含量(10~20 ppt)。湖泊生态系统能够对藻类生长产生影响,滤食动物如滤食鱼类等,水生植物如沉水植物等,都能够抑制藻类生长,从而可以适当降低对营养盐的要求。

湖泊中磷的循环

磷在自然界主要以无机状态的磷酸盐和有机状态的磷酸脂形式存在,磷酸盐主要以正磷酸盐、多聚磷酸盐为主,还有微量还原性的偏磷酸盐,如痕量磷化氢。常见的磷酸脂是三磷酸腺苷(ATP),DNA 中的核苷酸、磷酸肌醇等。磷仅有一种具有环境稳定性的形态——磷酸盐。所有磷酸盐或脂均是非挥发性的,在大气中主要存在于灰尘中,随降雨下落到地面和湖泊中。磷在地球上主要存在于水底和陆上岩石泥土中,土壤中磷含量约为 0.1%,陆地表面磷被雨水转移到水底。在湖泊中,磷存在于水中和湖底底泥中。未受污染的湖泊,除形成时间很短的湖泊外,在低含磷雨水多年冲刷作用下,湖水和湖底表层土壤中磷的含量很低,处于贫营养状态。磷在湖泊中主要存在状态包括溶解性正磷酸根离子、溶解性磷酸脂、无机磷酸盐沉淀、死亡和活着生物体内磷酸脂。而藻类只能利用正磷酸盐离子。磷酸盐沉淀主要包括钙、铁和铝离子沉淀,其中羟基磷灰石和氟磷灰石溶解度极低,是自然界磷的主要存在形式。溶解性磷酸盐和沉淀之间转换是非常迅速的,可以看成是一个快速平衡过程。实际的溶解速度常受沉淀颗粒内部扩散和表面溶解离子的扩散过程控制,在静止状态下,只能通过分子扩散使溶解速率降低;在湍流状态下,通过湍流扩散使速率大大增加。

　　人类活动向湖泊排放了大量含磷较多的污泥,它们沉积在湖底,使湖泊底泥含磷量大幅度增加。磷酸铁在厌氧状态下,特别是在微生物作用下,易被还原为溶解度较大的磷酸亚铁,从而从沉淀中释放出来。与磷酸盐沉淀相平衡的正磷酸根浓度,例如,在土壤水分中磷酸盐浓度一般为 $10^{-5} \sim 10^{-6} mol/L(=0.3 \sim 0.03 mg/L$ TP),在藻类生长的最佳浓度范围以内。在深水湖泊非对流期内,磷酸盐通过分子扩散传输到表层水速率低,是藻类生长形成水华的主要限制因素;而在对流期内,湖底释放的磷会随流动升到水面,导致表层水磷浓度增加。图 7.2 为美国明尼苏达州 Shagawa 湖总磷浓度随季节变化图[14],从图中我们可以看出,每年春秋季对流期内,湖水总磷浓度都会有明显升高。

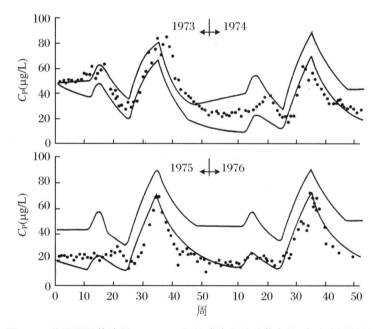

图 7.2　美国明尼苏达州 Shagawa 湖总磷浓度随季节变化(点为实测结果)

　　通常所说的磷的自净作用主要是磷在水中形成磷酸盐沉淀,沉积到水底,以及水生植物对磷的吸收。磷沉积过程是可逆的,有些藻类细胞生长时,能够利用很低浓度的溶解性磷酸盐,从而减少水中溶解性磷酸盐浓度,使沉降的固体磷酸盐溶解。湖水表面降温引起的自然对流,会不断输送湖底溶解的磷酸盐;在浅水湖泊中,风生流动产生的湍流扩散也会高速传送湖底溶解的磷酸盐;在深水湖泊中,风生流动主要发生在同温层,只能传送同温层内的磷,通常水生植物主要是水底的沉水植物。因此,在湖底沉水植物生态系统遭到破坏的情况下,必须严格控制入湖水中磷的浓度,不能考虑磷的自净作用。同样,在河流沉水植物生态系统遭到破坏的情况下,我们也不能考虑磷的自净作用,必须同样要控制入河水中磷的浓度。因为沉降到湖底和河底的固体磷酸盐会在水力作用下,传输到湖内表层水中,促进藻类生长。

这说明在湖泊河流沉水生态系统被污染物破坏的情况下,治理要求首先清理淤泥,同时降低水中污染物和营养盐,防止浮游植物大量生长,使水体澄清,从而能够开始恢复沉水植物。在此过程中,可能需要长达几年时间。为了防止新的污泥沉积带来的营养盐,需要严格控制水中悬浮固体含量,从而控制磷浓度。通常磷浓度较高,水中磷多以固体形式存在。因此,在湖泊水华治理工作中,我们需要控制入湖水含磷量不超过限制藻类生长的阈值含量(10~20 ppt)。当河流沉水植物生态系统遭到破坏时,我们需要控制排入河流的水含不超过限制藻类生长的阈值浓度。对沉水植物没有被破坏的湖泊和河流,可以根据沉水植物生长情况,利用沉水植物对磷的吸收作用,适当放宽排水的除磷要求。此外,增加养殖滤食动物,如鲢鳙等,也能够控制藻类生长,降低除磷要求。

7.3　湖　泊　类　型

影响湖泊富营养化的主要因素是营养盐供给量、气候条件和湖泊深度。构成水华的藻类类型也很重要,人们通常根据湖泊营养盐浓度、湖水深度和地理位置决定的湖水温度、藻类类型等来划分湖泊类型。

7.3.1　根据湖水温度划分

湖水密度随温度变化,当湖水温度为 4 ℃时,密度最大。因此,当湖水表面受外界影响,向 4 ℃靠近时,密度加大,导致下沉,产生自然对流流动现象。典型情况下,在某些季节,例如温带湖泊,在夏季湖泊内部深度方向上会形成一个温度变化较大的区域,称为温跃层,在温跃层的上层和下层,温度比较均匀。但是,到了春季或秋季,会产生自然对流,导致湖水分层消失,温度均匀分布。由于自然对流,底部磷会被水流带到湖面,从而促进藻类生长和增殖,严重时会形成水华。根据温度分布和时间变化,深水湖泊可分为 6 种类型。

（1）永冻湖

永冻湖主要分布在南极洲或靠近北极的格陵兰等岛屿。终年冻结,阳光穿过冰层给湖水加热,形成夏季特殊的温度分布:底部水接近湖底陆地,温度较高,而上层受阳光加热,温度也上升,只有中间温度较低。到了寒冷的冬季,则形成逆向分布:底部温度高,冰盖下温度低。

（2）冷单季对流湖

在寒冷地区,湖水温度始终低于 4 ℃,在夏季,水温升高,向 4 ℃靠近,从而使密度增加,产生对流。

（3）双季对流湖

在温带和寒温带湖泊,水温可增加到 4 ℃以上。在秋季,湖水温度在高于 4 ℃条件下下降;而在春天,湖水温度在 4 ℃以下上升,从而都产生对流。在夏季,湖水温度呈正向分布:上层温度高,底部温度低;而在冬天,底部温度高,而上层温度低。

（4）暖单季对流湖

湖水温度始终高于 4 ℃,一年只有一次对流期,通常分布在暖温带海洋性气候和亚热带山区。

（5）多温层湖

多温层湖主要分布在风速大、风向变化大、日温变化大、季温变化小的区域,有频繁的流动,导致复杂的温度分布特征。

（6）单一水层湖

单一水层湖主要分布在热带,对流作用很弱,也不规则,水温较高,大大高于 4 ℃。

天然湖泊分层的条件包括湖泊有足够深度,在一段时间内,湖底静止。此外,湖泊形成的对流应有较大的范围,能输运污染严重的河口附近底泥释放的磷,从而影响水华生长。自然界有很多湖泊,对流范围有限,不能大量输运沉积底泥释放的磷,所以影响相对较小。

常见的富营养化湖泊多是温带湖泊,这是由于温带区域比较适宜人类居住。当前人类社会主要密集在温带区域,而且这个区域有更多的大城市和比较发达的工业,从而给湖泊带来更多营养盐。

温带湖泊比较容易发生水华,其原因是温带湖泊在一年里有很多时候,湖水温度都非常适合藻类生长,在很多地区包括亚热带和暖温带,从春末到秋天,湖水温度都很适宜藻类生长。通常营养盐磷容易沉降到湖底,对深水湖泊,在分层期内,深水湖泊湖水流动性差,磷多以固态存在,常沉降到湖底,使表层湖水含磷降低,藻类生产速度会受到影响。在对流期,对流湖水将湖底高含磷底层水传送到湖表层,从而增加藻类生长速度,导致水华发生。春季对流期末期,湖水温度和气温都逐步上升,使藻类生长加快,容易发生水华;秋季对流期末期,水温和气温均下降,水华发生概率反而较春季对流期小,浓度也较低。

寒带湖泊水温低,藻类生长速度慢。目前,寒带湖泊营养盐供应不足,寒带湖发生水华还很罕见。但是,某些藻类在低温下,同样也可以繁殖生长。

7.3.2 根据湖泊深度划分

根据深度划分,湖泊分为深水湖和浅水湖。对大型浅水湖泊,风浪常将湖底底泥掀起到湖面,湖水基本不分层,底泥释放的营养盐容易被输送到表水层,增加湖泊富营养化,因此,浅水湖泊容易发生水华。如果想要浅水湖泊有良好的沉水植物,首先要求湖泊没有受到强烈污染,这样才能保证沉水植物生存。而相对来说,沉积物释放的磷可被沉水植物部分吸收,从而减少了输送到表层水的磷。

湖泊深度对富营养化的影响表现有多个方面。因为深度不同,所以接受光照程度也就不同,水温也有高低差异,生产力水平也有高低悬殊之别。最深的湖泊,通常其生产力也最低;反之,浅水湖泊一般都具有较高的生产力。

在深水型湖泊,阳光穿射水体时逐渐衰减,越是水深处,越难接受阳光照射,温度也就越低,光合作用相应地也就减弱;反之,在浅水型湖泊,则光照强烈,温度亦高,光合作用充分,合成有机物质的量增多,湖泊生产力也就增高。

另一方面,湖泊深度在调节水体营养物浓度方面发挥着明显的作用。例如,假定两个湖泊的表面积相等,但平均深度不同,那么,同样的营养物质输入到这两个湖泊水体中时,在较深的湖泊,营养物质浓度将能得到更多的稀释,因而使营养物浓度降低。这意味着深水湖泊比浅水湖泊可以承纳更多的营养物负荷,对富营养化的"耐受能力"高于浅水湖泊。

实际上,对一个确定的区域一个确定的湖泊来说,气候条件通常是大体恒定的,也是无法控制的,湖水深度一般也是变化不大的。所以,在研究控制湖泊水体的富营养化过程时,目标主要集中在营养物质供给源的控制上。

对于深水湖泊来说,由于湖底光线很弱,沉水植物难以生长,这使湖底底泥磷容易释放,此外,在分层期内,深水湖泊容易缺氧,导致磷释放增加。也有观点认为,很多植物根部延伸到地下,吸取地下深处营养盐磷等,因此,沉水植物对减少底泥磷释放影响较小。

7.3.3　根据富营养状态划分

根据营养盐排入量和营养状态,湖泊可分为贫营养湖泊、中营养湖泊和富营养湖泊。在营养盐非常低的湖泊中,通常不会发生水华。但是,如前所述,即使温度合适,含磷量处于上限的贫营养湖泊也可能发生水华,而富营养湖泊也可能不发生水华。这主要与湖泊生态系统相关。湖内大量生长的植物和动物可能在一段时间内限制藻类生长。但是,在高营养盐状态下湖泊容易发生水华,因为高营养盐来自高污染水,湖泊生态系统本身很脆弱,容易失去平衡,导致生态系统破坏,水生植物和动物大量死亡,从而藻类大量生长,发生水华。通常沉水植物等生长良好的湖泊,能够吸收利用较多的营养盐,防止底泥磷释放,从而在入湖营养盐较多情况下,防止水华发生。

此外,通常根据含盐量,分为淡水湖(盐含量低于 1%),半咸水湖(1%～24.7%)和咸水湖(24.7%)。由于盐湖周围通常居民较少,工业不发达,排入的营养盐较少,一般不易发生富营养化和水华。

7.3.4　根据优势藻类划分

按藻类的优势种类划分,常见水华类型有 15 种。

(1) 隐藻水华

这是我国养鱼池塘常见的一种水华,其出现频率在各地富营养水体中可达到 80%～100%,次优势种常为小环藻($Cyclotella$)、蓝隐藻($Chroomonas$)和绿球藻的一些种类。水色呈褐、红褐、褐绿和褐青。全年都可出现。

(2) 膝口藻水华

这是无锡鱼池夏季肥水期最常见的水华,在生长期中出现的频率近 60%。优势种为扁型膝口藻($Gonyostomum\ depressum$),次优势种为隐藻和裸甲藻($Gymnodinium$),有时绿球藻类也较多,水色呈褐青或褐绿。

(3) 裸甲藻水华

这是由蓝绿甲藻($G.\ cyaneum$)大量繁殖引起的,在江浙和广东富营养水体中较常见,夏秋两季出现较多。夏季长与扁型膝口藻共存。水色呈褐绿、褐青或铁灰,水面长有云雾状蓝绿色斑团,渔农称为"转水"。

(4) 角藻水华

在养鲤池中有时见到角藻水华,优势种为飞燕角藻($Ceratium\ hirndinella$),

水色呈不均匀的黄褐色,可见到飞燕藻集群形成的浓褐色斑块。

(5) 颤藻或席藻水华

颤藻或席藻水华是指由颤藻属或席藻属的某些种类形成的水华。水色从蓝绿到灰绿,但个别种类可引起特殊的水色,如孟氏颤藻(*Oscillatora moeegeotii*)水华常呈黄褐色,微红颤藻(*O. rubesens*)水华呈红色,泥褐席藻(*Phormidium luridum*)水华呈红褐色。多在夏季出现。

(6) 鱼腥藻或拟鱼腥藻水华

鱼腥藻或拟鱼腥藻水华是指由螺旋鱼腥藻(*Anabaena spiroides*)或其他鱼腥藻属种类以及拟鱼腥藻引起的水华。优势种极为突出,可占生物总量的 95% 以上,水色呈蓝绿或深绿,可见到翠绿色絮纱或蓝绿色浮膜。夏季出现。

(7) 微囊藻水华

该水华的优势种为铜绿微囊藻(*Mirocystis aeruginosa*)和粉状微囊藻(*M. pulverea*)的水华,水色呈蓝绿、深绿或黄绿发白。铜绿微囊藻水华水面常有蓝绿或黄绿色浮膜,主要在夏季出现。

(8) 尖头藻水华

水色呈蓝绿或黄绿,水面常有浮膜。夏季或初秋出现。

(9) 微型蓝球藻类水华

这是由蓝球藻目一些极微型种类引起的水华。优势种常为蓝球藻(*Chroococfus*)、棒条藻、蓝纤维藻、黏球藻和平裂藻等属的种类,水色呈深绿、蓝绿、褐绿、褐和黄褐。

(10) 团藻目水华

团藻目水华通常是由衣藻、四鞭藻、空球藻和实球藻等形成的水华,阴藻和其他鞭毛类的数量也较多。水色呈绿色,水面常有绿色浮膜。

(11) 绿球藻目水华

绿球藻目水华通常是由小球藻、栅藻、四角藻、十字藻、绿球藻或空心藻等形成的水华,阴藻等鞭毛藻类和小环藻占一定数量,水色呈绿或黄绿,透明度较大,通常在水浅和常施化肥的鱼池出现。

(12) 裸藻水华

裸藻水华主要是由红裸藻形成的水华,通常阴藻和其他鞭毛藻的数量也较多。水色为绿中发红、绿色或红褐色,水面通常有红色浮膜。

(13) 囊裸藻水华

囊裸藻水华通常是由棘刺囊裸藻和旋转囊裸藻等形成的水华,水面呈烟灰或红褐色。

（14）硅藻水华

硅藻水华主要是由小环藻、针杆藻、舟形藻和菱形藻等形成的水华,阴藻和绿球藻通常也有较多的数量。水色呈褐色,透明度较大。多在春秋出现。

（15）金藻水华

金藻水华常由棕鞭藻和单鞭金藻等形成水华,通常硅藻和阴藻的数量较多。水色金褐色,透明度较大。主要在早春出现。

7.4 藻类生长的季节变化和空间分布

7.4.1 藻类生长的季节变化

春季早期水温升高到4℃前产生对流,使营养盐从湖底输送到表层,产生春季水华。此后,水温虽然继续增加,但湖水整体温度高于4℃后,底部温度低,密度大,对流消失,营养盐输送终止。以水华藻类为食的动物消耗了营养盐,从而减少营养盐,使藻类生长速率下降。夏季虽然阳光充足,但是营养盐始终不足,导致藻类生长速率低。秋季水温开始下降,又产生强烈对流,带来营养盐,从而又产生水华,此后,光照和水温下降,使藻类生长速率下降。冬季光照不足,藻类生长速率低。水体中藻类生长速率受主要影响因素的变化情况如表7.3所示。

表7.3　水体藻类生长速率受主要影响因素的变化情况

季节	营养盐浓度	光照温度	藻类生长
夏季	低	充足、高	缺营养盐,速率低
秋季	增加	降低	水华,光照降低后,藻生长降低
冬季	高	不足、低	光照不足,藻生长慢
春季	降低	增加	发生水华,因营养盐被藻摄入而减少后,停止

对于浅水湖泊,风生流动常能够导致混合层到达湖底,使湖底营养盐传输到湖面。营养盐在一年里都能比较充分循环,同时整个水体光线充足,单位面积藻类产量较高。对于深度很浅的大型湖泊,夏季也会产生水华。对于深水湖泊和大海,通常对流不会扩展到水底,不能很好地循环底部营养盐,而且深处光线较弱,所以通

常单位面积藻类产量较低。

浮游藻类对环境要求变化较大。不同季节,藻类品种变化较大。浮游藻类的季节变化,主要受光强、营养盐、水温和摄食压力等因素影响。通常温带地区湖泊浮游藻类种属的变化非常相似。在冬季,即使营养盐丰富,由于水温和光照强度低,日照短,藻类数量少,生长缓慢,主要生长的是耐寒藻类。早春的水温仍然很低,但光强逐渐增大,促进了某些耐寒藻类生长。随着春天气温升高,使水体对流减弱,开始形成分层现象,使水温迅速增加,而浮游动物还很少,个体较小的硅藻生长迅速,成为春天水华的主要藻类。夏天浮游动物增多,则是个体较大,不易被摄食的蓝藻成为藻类的主要组分。对于营养不很丰富的水体来说,夏季之前浮游植物大增,消耗了营养盐,导致营养盐缺乏,从而降低了光合作用速率,同时高温提供了呼吸速率,使生物量反而减少。

7.4.2 浮游藻类空间分布

浮游藻类集中在局部空间,是产生水华问题的重要原因之一。浮游藻类生长速度快,在合适的环境中生长迅速,能很快繁殖大量个体,这是决定藻类空间分布的主导因素。另一方面,浮游藻类缺乏发达的游泳器官,只能随波逐流,其在空间分布易受水流影响。虽然也有认为藻类会根据环境调整自己的深度,也很难否定,很多浮游藻类还存在下沉倾向。因此,浮游藻类的分布主要受藻类品种和环境控制。

天然水体环境条件随时间和空间是不断变化的。从时间上看,最显著变动的因素包括温度、光照强度、水的流速、营养盐浓度等,在一天之内就会发生显著变化,不同季节变化更加明显。从空间上看,这些条件也是不断发生变化的,光照强度总是随深度不断下降。在不同季节,在垂直深度方向上,温度有时是不均匀分布的。营养盐磷容易形成固体向底部沉降,在深水湖泊,形成底泥及其间隙水分中含有较高浓度磷,而表层水中含量低,不利藻类生长。

在垂直方向上,深水湖泊环境受季节变化带来的对流控制。对流效应主导了温度和营养盐的深度分布。扶仙湖污染较轻、营养盐含量较低,是透明度较高的深水湖泊。国内有研究表明,1月份,湖水处于对流状态,水温和营养盐分布均匀,浮游藻类也均匀分布。4月份,对流减弱,水体开始出现分层,藻类主要分布在深度40 m以内。7月份,对流消失,表面较高温度区域深度降低,浮游植物集中在上层水中,下层数量很少。到了10月份,气温降低,开始产生对流,浮游藻类开始向下移动。

在水平方向上,藻类易受风力影响。通常漂浮在水表面的藻类会在风力作用下向下风向移动。由于风力作用,表面水向下风向运动,下层水会向相反方向移动,如果悬浮在水下的藻类遇到这股水流,会随其运动而聚集在上风向。在英国 Esthwaite Water 就能观察到这种现象,如图 7.3 和图 7.4 所示[15],这可能与湖岸地形有关,近岸地势高,导致该处风小,流速低,藻类容易聚集。在风力较小,湖水比较平静时,藻类分布主要由营养盐分布决定,在沿岸和河口,营养盐含量高,藻类数量多。藻类分布受风速影响的特性,也使得营养盐含量较低的湖泊,局部产生比较严重的水华。

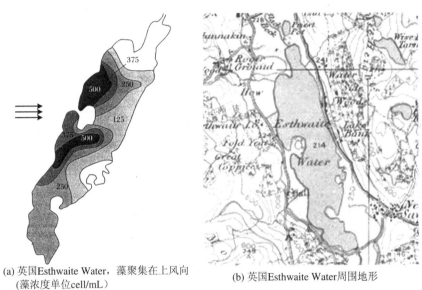

(a) 英国Esthwaite Water,藻聚集在上风向
(藻浓度单位cell/mL)

(b) 英国Esthwaite Water周围地形

图 7.3 英国 Esthwaite Water 藻聚集在风向

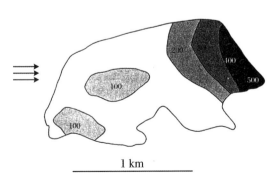

1 km

图 7.4 Eglwys Nynydd 水库藻聚集在下风向(单位:μmol cell/L)

参 考 文 献

［1］ Redfield A C，Ketchum BH，Richards F A. The Influence of Organisms on the Composition of Sea-water［M］. Wiley,1963.

［2］ Ho T-Y，Quigg A，Finkel Z V，et al. The Elemental Composition of some Marine Phytoplankton［J］. Journal of Phycology ,2003,39(6):1145－1159.

［3］ Laws E A.水污染导论［M］.余刚,张祖麟,译. 北京：科学出版社,2004.

［4］ Stokstad E. Canada's Experimental Lakes［J］. Science ,2008,322:1316－1319.

［5］ Schindler D W，Hecky R E，Findlay D L，et al. Eutrophication of Lakes cannot be Controlled by Reducing Nitrogen input：Results of a 37-year Whole-ecosystem Experiment［J］. Proc. Natl. Acad. Sci. ,2008, 105(32):11254－11258.

［6］ Schindler D W. The Dilemma of Controlling Cultural Eutrophication of Lakes［J］. Proc. R. Soc. ;B ,2012,279:4322－4333.

［7］ Wang H J，Liang X M，Jiang P H，et al. TN：TP Ratio and Planktivorous Fish do not Affect Nutrient-chlorophyll Relationships in Shallow Lakes［J］. Freshwat Biol. ,2008, 53:935－944.

［8］ 世界经济合作与发展组织. Eutrophication of Waters Monitoring, Assessment and Control,1989.

［9］ USEPA. Nutrient Criteria Technical Guidance Manual Lakes and Reservoirs［R］. Washington,2000 ;232.

［10］ Holden C，Jones B，Taggart J. Managing Lakes and Reservoirs［M］. 3rd ed. North American Lake Management Society,2001.

［11］ USEPA. Advanced Wastewater Treatment to Achieve Low Concentration of Phosphorus. Washington,2007.

［12］ The Great Lakes Water Quality Agreement,USA and Canada,1972.

［13］ 谢平. 论蓝藻水华的发生机制［M］.北京：科学出版社,2007.

［14］ Cooke G D，Welch E B，Peterson S A，et al. Restoration and Managemeng of Lakes and Reservoirs［M］. New York ;Taylor & Francis,2005.

［15］ Graham L F，Wilcox L W. Algae［M］. NJ:Prentice Hall,2000.

第 2 部分

湖泊水华治理与控制方法

第8章 湖泊水华治理规划

8.1 水华治理规划目的与原则

治理湖泊水华,首先应进行治理规划。治理湖泊水华是一项长期任务,没有治理规划,每年的治理措施就会脱节,相互不一致的治理措施会导致效率低。为了有效治理湖泊,我们必须进行系统规划,包括对湖泊周围的流域及湖泊本身进行规划和管理。

湖泊的流域规划是根据湖泊上游流域的自然条件、社会经济状况和国民经济发展的近期与长远需要,所制定的流域治理开发、主要水利工程布局及其实施程序。它可以防止各自为政、不顾全局的盲目治理开发,达到除害兴利、充分利用水资源的目的。主要内容为:查明流域的自然特性,确定治理开发的方针和任务,提出梯级布置方案、开发程序和近期工程项目,协调有关社会经济各方面的关系。按规划的主要对象进行划分,流域规划可分为两类:一类是以江河本身的治理开发为主,如较大河流的综合利用规划,多数偏重于干、支流梯级和水库群的布置以及防洪、发电、灌溉、航运等枢纽建筑物的配置;另一类是以流域的水利开发为目标,如某一地区水资源保护和利用规划,主要包括各种水资源的利用,水土资源的平衡以及农林和水土保持等规划措施。本书着重阐述与水华治理相关的湖泊及其上游流域的污染治理规划。

8.1.1 发展简况

流域规划始于19世纪,1879年美国成立密西西比河委员会,进行流域内的测量调查、防洪和改善航道等工作,1928 年提出了以防洪为主的全面治理方案。以后如美国的田纳西河、哥伦比亚河,苏联的伏尔加河,法国的罗纳河等河流,都进行了流域规划并获得成功,取得河流多目标开发的最大综合效益,促进了地区经济的发展。

我国自 20 世纪 50 年代开始,对黄河、长江、珠江、海河、淮河等大河和众多中小河流先后进行了流域规划。70 年代末以来,对一些河流又分别进行了流域规划复查修正或重新编制工作。

8.1.2　规划原则

江河流域规则的目标大致为:基本确定河流治理开发的方针和任务,基本选定梯级开发方案和近期工程,初步论证近期工程的建设必要性、技术可能性和经济合理性。各个国家不同时期的规划原则有所差别。中国水利电力部于 1982 年制定了《江河流域规划编制规程》规定:

① 贯彻国家的建设方针和政策。处理好需要与可能、近期与远景、除害与兴利、农业与工业交通、整体与局部、干流与支流、上游与下游、滞蓄与排洪、大型与中小型以及资源利用与保护等方面的关系。

② 贯彻综合利用原则。调查研究防洪、发电、灌溉、航运、过木、供水、渔业、旅游、环境保护等有关部门的现状和要求,分清主次,合理安排。

③ 重视基本资料。在广泛收集整理已有的普查资料基础上,通过必要的勘测手段和调查研究工作,掌握地质、地形、水文、气象、泥沙等自然条件,了解地区经济特点及发展趋势、用电和其他综合利用要求、水库环境本底情况等基本依据。

8.1.3　规划方法

以污染控制为主的规划方法可分为污染物总量控制和浓度控制两种方法。总量控制方法是控制排入湖泊的污染物总量,使其低于湖泊的环境容量。这种方法是发达国家在湖泊受污染早期,污染主要来源于局部或点源污染,大部分来水水质良好,有很大稀释能力时使用的一种方法。通常利用水质模型获得湖泊的纳污容量,也就是容许进入湖泊的污染物总量。再对流域内各控制单元进行调控,以满足污染物总量控制要求。这种方法也是我国现阶段实际使用的主要方法。但是,湖泊允许负荷受很多因素影响,变化巨大。通常湖泊允许负荷量与湖泊水质标准、湖泊自净能力及水量相关,其中与水量成正比。我国很多湖泊水量变化较大,枯水年和丰水年往往相差数十倍,如巢湖丰水年出流量为 108.1 亿方(1991 年),枯水年为 0.79 亿方(1978 年)。这使湖泊纳污容量在不同年份相差极大。我国很多湖泊,包括三湖的允许负荷,常以多年平均水量为基础制定,由于主要污染源为城市污水,包括处理厂出水,所携带的营养盐排放量变化较小,在温暖季节的枯水时期,氮、磷营养盐会严重超标,容易导致水华泛滥,如 2007 年无锡蓝藻爆发。由于农业上化肥使用量过大,农田径流污染严重,已经不是过去规划中可以忽略的污染源了。巢湖在 2004 年夏天,由于雨量少,水华也比较严重。此外,三湖是浅水湖泊,由于错误的观念,导致底部沉水植物基本消失,通过植物吸收营养盐产生的自净作用很小;而且多年来污染物沉积,在浅水湖泊中,沉积物受风浪作用产生的悬浮和污染释放现象,使沉降作用对总磷的去除作用已变得越来越小了,这与"九五"期间对三湖的允许负荷的计算时情况有了很大改变,目前三湖允许负荷量已大大降低。过去规划中确定的湖水总磷浓度目标也常常偏高,达不到水华治理的要求。因此,"九五"期间根据总量控制方法制定的实现三湖达标的治理规划和治理方案已不符合目前的实际情况,难以达到"九五"期间所设计的治理目标,更不能达到水华治理的目的,需要重新审视。

另外一种方法是控制入湖水质,使总磷浓度低于水华发生的危险浓度。由于农业面源污染,我国很多湖泊的主要入湖河流的营养盐浓度高于湖泊产生水华的危险浓度,目前已没有优质低含磷天然水来稀释城市污水处理厂处理后的污水;另一方面,流域农业面源污染治理工作才刚刚开始,工作量巨大,目前还难以预测治理投入和治理时间,主要入湖河流水质短期内难以改善。很多湖泊沉水植物遭到破坏,对营养盐的净化作用很小。大型浅水湖泊底泥容易受风浪作用而泛起。因此,对很多来水受到严重污染的湖泊,我们应对所有排水,包括城市污水、城市雨水、农田雨水等所含关键污染物,如总磷,进行浓度控制。建议排入流域水体的所有排水的总磷控制目标浓度应等于湖泊发生水华的阈值浓度减去湖面蒸发、底泥释放及大气降尘和地下水等带来的污染物使湖水增加的浓度。该目标浓度应低于产生湖泊富营养化危险的阈值浓度(0.01～0.02 mg/L)。为了达到入湖湖水水质的要求,应恢复湖泊沉水植物生态系统,以避免底泥释放带来的磷,同时搞好气体污染治理,控制大气降尘。国外也有一些湖泊的上游流域普遍受污染,采用控制入湖水质方法来治理,例如,美国纽约州 Onondaga 湖治理。

采用污染物浓度控制,使所有污染排放源的污染物浓度低于湖泊控制浓度,今后即使增加新的污染源,由于其浓度低于排放水体污染物控制浓度,虽然增加了污染物排放量,但同时增加了水量,提高了纳污容量,也不增加湖泊的污染物浓度,从而能很好地控制湖泊的水质。在不改变湖泊水质标准的前提下,污染治理要求不会发生变化,即使人口增加,经济发展,废水排放量随之增加,也不需要提高已建污染治理设施的治理效果,很好地维持了建成设施的运行稳定性。此外,流域气候变化对系统的影响也完全避免,从而能够很好地控制湖泊水华,还大大简化了流域污染控制的建设和管理工作,降低了湖泊水华控制和治理成本。

8.1.4 影响规划方案的主要因素

1. 技术方面

技术方面的主要影响因素包括流域水文学与污染两方面。它们与流域内土地、降雨、地面径流、河流和地下水等相关。流域的经济发展、人口变化等影响到土地用途。水华治理规划必须预测区域的人口和经济变化。它们对雨水径流水质水量有很大影响。规划人员需要根据土地用途和人口经济发展,来预测雨水径流水质水量、污水数量等关键数据。技术方面还应当估算不同方法的成本和收益。人们对生态保护的重视不断提高。流域生态影响也是一个重要因素。

2. 经济方面

水资源本身是人们生活和经济发展不可缺失的资源。治理水华的目的就是保护水资源,从而在使用水资源时获得收益,同时,治理过程中我们需要大量花费,包括治理设施的投入和运行。因此,治理的原则是确定合适的治理目标,提高污染物除去量,降低支出。过去我们常常将水看成是免费的资源,从而导致治理设施建设和运转方面的财务问题。随着水资源的日益短缺,人们逐渐认识到水资源的价值。我国很多城市缺水,常常修建长距离管道引水,从很远地方购买水资源,却不重视本地水资源的治理与利用,浪费了很多投入。例如,南水北调工程,到达北京的水的成本高达每方 2 元多,明显超过中水和雨水处理成本。

3. 政治方面

成功治理水华的关键之一是强大的政府支持和良好的政治环境,包括相关政策、法律的健全,从而能作出正确决策,很好地实施治理方案。政府的关键作用主要包括:水是公共资源,不是私有财产,人们有使用水的权利,但是,政府必须仲裁使用者之间的冲突。水资源有很多用途,需要巨大投入来维护。例如,水库可以有养鱼、娱乐、防洪和水资源等多种用途。

4. 系统组成

水华治理规划和管理包括 3 个子系统:

① 流域子系统,包括各种物理、化学和生物过程。

② 社会经济子系统,包括人类活动及其对流域子系统影响。

③ 政府管理子系统,包括法律法规和行政条例等,以及治理规划和管理措施等。

5. 规划管理的空间范围

规划管理的空间范围包括湖泊及其上游流域。上游流域的污染排放,会直接影响下游环境,包括湖泊环境。影响湖泊水华的主要因素——氮、磷营养盐的增加,主要来自流域内人类活动,包括地面水土流失加剧和地面污染物在雨水作用下进入流域河流。为了优化整个流域内的经济和社会效益,应当在流域内统筹考虑。此外,大气降尘可来自其他流域,我国当前大气降尘带来的总磷污染也超过了很多湖泊水华发生的阈值浓度。因此,进行全国性国土整治,减少水土流失带来的扬尘,是水华治理的关键工作之一。

6. 规划管理的时间尺度

应根据流域的未来发展,包括眼前的和长远的来发展规划。规划措施对未来影响,以及未来区域发展规划之间的相互作用是发展水华治理规划的关键因素。问题是我们需要根据多长时间以后的未来来做决定,目前的治理措施会如何影响未来环境。我们需要确定当前的规划和治理决定。人们可以根据不断发展的经济和环境,不断调整自己的规划。根据经济水平和经济发展,人们需要不断调整目标,提高环境质量,根据发展变化的环境和经济形势,周期性调整自己的规划。

可持续性要求规划方案能够很好地在现在和未来保持环境,从而为社会的可持续发展提供稳定的水环境和水资源。随着人口的增长和工业的发展,环境污染物排放的日益增多,人类面临的环境压力逐步增大,人们需要不断增加对环境的投入以保持环境的稳定。随着生产力的发展,生产效率的提高,人类用于自身生存所必需的产品的生产时间实际是在不断减少,人类应该更有信心,能够投入更多的力量来治理环境。发展可持续性的规划方案,是减少未来投入的良好方法,从而能够增加人类的福利。可持续性方案能够很好地适应未来,随着未来的发展变化,包括污染排放、水资源的变化,能够很好地保护环境,即使一时的失败,也能够很快恢复,不会产生额外的费用。

8.2　规　划　程　序

水华治理规划是水资源保护类流域规划的关键内容之一。这里主要参考美国环保局资料,主要程序包括:

① 召集相关人员,确定初步目标;

② 收集资料，了解流域；

③ 制定目标，确定方案；

④ 设计和规划治理项目；

⑤ 实施治理规划；

⑥ 监测治理效果，调整方案。

流域规划是一套策略，评价和管理流域信息，使用流域规划来治理湖泊是有益的，它从总体出发分析解决问题，所有相关人员均参与。通常包括以下 9 项基本要求：

① 识别湖泊污染原因和污染源，确定需要控制的污染源和污染负荷。应具体到治理的农田面积、牲畜类别数量与治理程度、点源污染治理要求等。

② 预测管理措施达到的负荷削减量。

③ 确定关键区域及其治理措施。

④ 估计治理费用，资金来源。

⑤ 准备宣传工作计划，让居民了解和参与治理。

⑥ 迅速制定执行计划。

⑦ 检查进度，通过设立里程碑来推进进度。

⑧ 设立一系列标准，确定负荷削减程度。

⑨ 监测评价治理效果。

规划程序主要包括以下步骤。

1. 目标制定

制定的目标是为流域的居民服务的，我们需要服务的那些居民，不仅要包括居住在湖边的人、居住在流域的人、下游的人和未来的居民，还要包括流域的植物和动物以及所有生物所依赖的空气、水和土壤。因为人类生存依赖生态系统，我们需要一个健康的生态系统。

我们还需要区分专家和居民对目标的不同认识。湖泊污染治理长期存在的问题，引起越来越多的人关注。专家们在治理湖泊时，需要听取居民的要求。随着居民对问题的关注和了解，他们越来越质疑和讨论专家提出的科学方法。但是，治理湖泊的复杂性，以及居民了解资料的有限性，使他们难以了解专家所提出方案的复杂原因。因此，在美国湖泊治理时，常常邀请一些居民参与到湖泊治理中，不仅参与制定目标，而且推荐治理过程，包括收集资料、筹集资金、监测水质、参加治理工程劳动等。

1974 年，美国西部水资源中心技术委员会提出一个很普通的问题，水是怎样对社会做贡献的？他们决定首先确定社会的主要需求，然后将水和这些需求关联起来。二十年过去了,美国 Wisconsin 大学 Stevens 总结了这些需求,见表 8.1。

表 8.1 社会需求

需求名称	需求内容
景观需求	自然风景,城市建筑景观,空间布置均衡
安全需求	国家和平,国家自卫能力,国内和平
文化需求	音乐、艺术,传统
经济需求	工作保障和收入保障、投资回报,有效生产
教育机会	正规学校,持续教育,睿智成人
情感需求	家庭、友谊和社会认可
环境安全	清洁的水、空气和良好的生态系统
个人自由和意志	个人财产权,消费选择,言论自由
个人安全	健康,安全保护和免于灾害
娱乐机会	户外运动,市内休闲,放松
精神方面	平等,敬畏自然和道德

湖泊对人们的很多需求做出了贡献。人们到湖泊游览,居住在湖边,是欣赏湖泊风景,满足人类的景观需求。

湖泊提供了人们生活生产活动所必需的水资源。自古以来,人们就选择在湖边居住生活,形成乡村和城市,使湖泊成为经济发展的中心。

湖泊还提供了环境教育方面的机会。学生不仅通过湖泊学习地质、化学和生物,而且通过参加湖泊管理学习政治和法律。

在美国,去别墅有许多含义,多数是情感上的。与家人和朋友在湖边度过一段时间,已经成为一代又一代人感情生活的重要方面。家人和朋友需要一种感情纽带,在湖边共同生活成为最好的经历。

环境安全要求清洁的湖泊和良好的生态系统。但是湖泊及其流域容易受到污染的侵害,人们经常会接触流域被污染的水。

人对自由和个人权利的追求,导致人们对如何使用土地和水产生冲突。我们珍爱可以自由使用的湖泊,但是自由同时导致湖泊的破坏。人们在湖面滑水,扩大了少数人的自由,但是破坏了很多其他人的自由。

湖泊的景观是重要因素,对人们的娱乐有巨大贡献,从传统的钓鱼、游泳、划船,到现代水生运动项目,如帆船、潜水和冲浪等。

· 137 ·

当人们理清自己的需求时,人们需要确定湖泊如何满足这些需求。例如,人们不需要在湖泊钓鱼或划船,但希望它是一个风景。因此,首先人们应调查对湖泊的期望。

2. 收集资料

通过专家和居民收集资料,包括社会需求、识别问题,了解现状,列出湖泊所有物理情况。如果了解的资料很少,人们需要投资大量时间和金钱来收集资料。

需求评价:收集当前居民的信息。

医生在诊断病人病情时,需要询问病人痛苦情况。在湖泊治理时,同样需要了解湖泊周围居民的需求和伤害。很多社会资料与此相关。人们应通过多种方式收集这些社会资料。

统计资料:政府会在十年左右,进行一次社会调查,了解本地各种资料,如人口,包括年龄结构、家庭组成、城市化面积、迁移情况、收入水平和教育水平等。

规划人口:在国外,常通过讨论确定未来区域人口。

通过提名需求委员会来评价居民需求。通常包括3步:宣传提议活动、讨论和投票决定。通过讨论来修改提议。这种方法还可以用来解决问题、优化用途和湖泊修复项目。

这种方法有很多形式,简单的包括请参与者各自写下自己的建议,然后收集每个人的建议,得到建议的集合。通过讨论让大家理解所有建议,协调者的责任是让大家关注理解这些建议,消除重复建议。接下来筛选建议,每个参加者都挑选几个自己认为重要的建议,阐述挑选理由并进行排序。然后,由参加者再来筛选最不重要的建议并同样进行排序。最后,由参加者打分。通常每个人可分配一个到几个建议,给每一个建议最多4分。然后,大家将注意力集中到峰值最高的几个建议上。

提名委员会法使每个参加者有同等权利,如果人数超过15人,则应分组进行,直到找出建议用于评分。

大型湖泊附近的居民多,不可能每个人都有机会参加,必须组建一个委员会来处理。居民通过参与这样的活动,不仅了解了湖泊治理,而且在其中决定了治理的重要方面,这使他们更加关心湖泊治理。

通过社会调查,了解居民的行为、态度和倾向。

社会调查在收集资料方面非常有用。调查可以了解人们一年使用别墅的时间长短。

调查在政策选择方面作用较小。通常政策作用复杂,难以简单描述,从而难以通过社会调查来了解其作用。因此,社会调查不能替代讨论。

通过社会调查,让居民参与整个事情。

社会调查有 4 种方式,包括信函、电话、直接单人会见和多人会见,它们的特点见表 8.2。

表 8.2　社会调查方法特点

	信函	电话	单人会见	多人会见
群体代表性	是	是	是	不
完成时间	中等	快	慢	快
费用	低	中等	高	低
区域大小对费用影响	低	低到中等	高	高
调查者影响	低	中等	高	高
处理复杂问题作用	中等	低到中等	高	高
响应速度	中等	中到高	中到高	

Delphi 技术是在个人知识不完整或存在偏见时使用的。由多个人共同提出问题的解决方案会比一个人的好。这个方法可以用于解决很多问题,例如设计湖泊研究项目、总结现有湖泊知识、推荐政策等,包括为新水库设计管理规划。

这个方法的第 1 阶段是获得与主题相关的问题、主意等。专家们简单列出所有合适的项目。第 2 阶段专家们根据某些标准给它们排序。某些情况下,需要深入讨论以达到一致。这个方法比较复杂,费用较大。第 3 阶段问题识别。需求评价给出人们关系的需求清单,包括社会需求和生态系统需求。问题是湖泊在美观、经济、教育、娱乐和运动等方面价值降低。常见问题包括杂草太多、藻类太多、水浑浊、有异味或鱼产量下降等。过去二十年来,湖泊用途被污染破坏越来越严重。

湖泊资料清单:主要包括水文学、水质、土地用途、鱼类和野生动物数量、敏感生态区资料等。

3. 提出治理建议

这一步主要由专家来进行,同时也提倡居民建议。

根据第 2 步获得的信息,可以拟定多种方法来治理修复湖泊。它们的成本不同。有些方法可以预测得到很好的结果。但是有些会产生一些副作用,或效果较小或成本非常昂贵或风险很大。例如,杂草问题可通过清淤、冬季清理、除草剂、收割、养食草鲤鱼等方法治理。

小心关注所有方法的本身含义。人们往往误解这些方法的效果。例如,许多专家将减少磷负荷看成是结果,而实际上它是治理的目标。

治理湖泊,通常有 11 个主要目标,同时每个目标下面都有子目标。

4. 作出正式决定

第 2 步和第 3 步应由专业人员与社区领导一起负责完成,到第 4 步,专业人员应做好参谋工作,而不是领导工作。应准备好总结各种方案的前景,解释方案和效果之间的关系。在当今社会,当专业人员负责管理社会资源时,不应向公众推荐技术方案。专业人员推荐方案,会降低居民参与的热情和责任。如果出现问题,公众会指责政府和专业人员。公众还会经常让专业人员替代他们做决定,使居民减少对湖泊的管理兴趣和参与兴趣,降低他们管理湖泊的能力。

如果湖泊属于政府机构管理,会常常依赖专业人员,这时应当吸收湖泊使用者参与管理和决定方案。

通常湖泊有多个所有者,常通过湖泊委员会来作决定。一个湖泊规划常包括多个方法,如水位控制、娱乐使用限制、沿岸区控制、植物收割、鱼类管理、湿地管理等。

5. 定义测量目标

我们需要为成功确定标准,需要确定具体目标和完成目标的时间。通常目标会包括多个部分,大型湖泊会延续很长时间。应将目标文件发给每一个居民。

6. 执行计划

执行计划是关键。通常需要筹集资金,雇用人员,实施工程。

7. 评价结果

根据时间和资金来评价项目。

8. 重复以上过程,改善治理效果

重复以上过程,以便改善治理效果。

8.3　水质目标制定

在发展有效策略减轻过量营养盐效应,从而控制湖泊水华时,我们必须了解营养盐过剩的原因和程度,与居民关注的目标之间的响应,物理过程与生态过程的关系。我们应根据居民的需求来决定治理目标和评价标准,从而确定营养盐控制水平。管理者必须预测和了解湖泊水质对营养盐水平的响应,从而正确选择合适的营养盐水平与治理对策。根据响应规律,制定水质目标,是水华治理的关键工作之一。主要包括 3 个步骤。

1. 水质目标确定

（1）确定对象

常见确定水质目标的方法是确定受体的营养盐等指标的浓度或保有量（如水下植物数量或动物数量）。营养盐浓度不是一个好的指标，因为它包含了营养盐输入和水体净化作用两个方面的综合结果。例如，在高度富营养化水体中，如果营养盐被大量水生植物吸收，浓度就会下降到很低水平。相反，在一个停留时间很短的水体，或者因为水浑浊而光线很难到达水底时，则营养盐浓度会较高。因此，国外常用初级生产力、叶绿素和藻类生物量等作为营养状态的指标。这样可以对富营养化进行测量。但是，我们在制定水质目标时，这些指标是污染产生的结果，我们必须将其转化为可以实现的目标。营养盐过剩是导致水华发生的根本原因。规划的关键工作是确定湖水营养盐目标浓度，主要是要确定总磷的目标浓度。

设置目标不仅包括选择指标，还包括设置指标水平。可以使用不同方法来确定指标水平。方法之一是增加或减少指标值，确定湖泊响应，选择恢复到目标的时间。

（2）水质基准

维持天然水体特定用途所要求的浓度、质量或条件。

（3）水质标准

基准关注的是污染效应，不是污染原因。因此，我们需要根据基准获得标准。水质标准是根据水质基准获得更加方便使用的指标，如排放量或出水浓度限值等。

2. 水质监测与基础数据收集

具体方法参见 8.4 节，主要作用是获得建模和水质预测所需要的水质数据。

3. 水质建模与预测，确定水质基准和标准

具体方法参见第 9 章。

8.4　监　　测

水环境监测包括生态系统监测和水质监测，从而了解环境系统特性和变化。监测有很多非常重要的用途。在研究工作中，常使用监测来检测变量变化之间关系，从而理解复杂的相互关系。通过监测获得的数据可以用来标定模型参数，校准和评价模型。在计划一个监测项目时，需要确定测量地点、时间、频率和监测方法。

监测在理解和减轻富营养化问题方面也非常重要，可以帮助查明问题的特点和内容。因为富营养化问题常常导致水华,管理上需要采取措施,首先必须监测。

在监测工作中,常常遇到的挑战是如何分配有限的资源。如果目标是了解整个湖泊的特点,需要使用统计技术来确定和估算不同监测方案。但是,很多关键区域需要特别对待,例如游泳区、垂钓区、饮用水取水区等,必须重点监测。

西方国家富营养化常发生在局部区域。与整个水体相比,面积很小,而且变化的范围也不大。由于通常水华发生区域是局部的,如果用于监测的资源有限,往往监测点由经济方面决定或是在政治上敏感区域,并不一定是易于发生水华的区域,从而难以发现水华问题。

典型的监测工作需要固定设备和取样计划。为了设计合适的取样计划,需要估计重要变量的变化范围。不需要覆盖所有变化范围,但是,必须考虑关键的变量范围,设计合适的测量设备,防止超出测量设备的测量范围。因此,小心设计监测方案,防止错误发生是非常重要的。

例如,在海湾监测工作中,存在日潮和半日潮。虽然如此,富营养化可能不受它们影响。通过平均潮汐周期数据,需要采集较多数据来获得重要参数。在很多位置,低温、低代谢速率、较低排放和风的搅动等消除了缺氧问题。如果监测缺氧是目标,则这样的季节可以减少取样。

监测提供了长期监测资料,可以用于验证和证误现有的、根据短期资料得到的结论。监测可以在时间和空间上给出变化范围特点,修改取样要求,减少资源消耗。

分析监测资料还可以获得生态系统内部不同因素之间新的关系,目前这种研究工作还较少。监测计划多用来回答环境问题,很少用于预测。今后,一旦建立长期的监测项目,可以用于识别污染事件原因,在预测方面,长期监测比短期监测有用得多。在污染修复方面,应进行长期监测,以验证修复效果。

长期监测是识别环境细微变化的必要手段。只有收集足够的资料,才能发展和验证与富营养化过程相关的假设。常常使用监测来收集资料,用于法律法规调整、模型验证、水环境变化趋势预测等。监测资料能够在以下方面扮演关键作用:

① 定义问题的深度和广度以及严重性;

② 通过研究和预测模型,进行决策;

③ 指导设置优先管理项目。

由于建立和运行监测项目常常花费巨大,所以充分利用监测数据非常重要。例如,美国国家污染物排放消除系统的审批过程常常收集大量资料,可以用于发展和评价雨水管理规划,确定局部雨水排放设计。使用这些资料还可以研究土地用途对污染削减的效果,从而可以评价流域管理。国家应制定规则,使相关人员能够接触这些数据。

使用电子方法储存资料,可以方便人们使用,还可以减少储存费用。所以在监测计划制定阶段就考虑使用电子方法发布和储存资料,是非常必要的。我国大量监测资料沉淀,造成大量浪费,是亟待解决的问题之一。

8.4.1　有效监测项目

有效监测项目的组成主要包括:定义清晰的目标,基于系统过程的技术设计,可以实验的问题,专业审查,基于统计学的方法和预测模型,将原始资料转化为可以使用形式的数据集。

监测项目常常费用很大,需要根据目标小心规划。监测项目一般是在公众压力下建立的,是政策上要求代替科学上公正的设计。行政命令常常导致浪费和重复工作以及数据不完整和错误。在最好的情况下,也只能使用正确方法监测有限的时间。如果资源使用不当,情况就很糟糕。

经常容易犯的错误是取样设计不当。如果问题提得不当,则只能得到很少有用的数据。过多取样也不会得到结果,只会浪费更多资源。在美国监测局部和国家环境变化的监测工作中,取样的空间和时间方案常常不当。

没有简单方法可以确保成功监测,这方面有大量文章讨论。在规划监测系统时,必须首先了解监测资料是如何用于决策的。天然湖泊等环境系统非常复杂,在时间上和空间上不断变化,追求无风险的决策是不可能的。

目前美国的监测项目不能在不同时间和空间尺度上整体考虑环境变化。未来成功的监测计划必须解决一系列问题,主要包括:

① 必须在制定监测计划时提供足够的资源,包括时间、资金和专业人员,以获得最大成功。必须根据科学原理,了解环境变化的原因和后果,考虑不确定性和变化的可能性,设计方案。

② 在设计方案时,必须确定目标,获得需要的资料。

③ 成功的监测项目需要努力收集足够长时间的数据,但是,也要足够灵活,安排有限资源,应该支持未来科学和技术的改进。

④ 必须小心设定目标,清楚地阐,让所有参与湖泊规划制定的人了解。还应设定优先顺序,因为如何使用有限资源常常是监测计划的关键因素之一。

在设计取样策略时,使用回归分析研究历史数据和预研究数据是没有价值的。规划者必须根据环境变化的期待水平,定义可测量数据。根据现有对生态系统理解和该环境条件下的信噪比,确定监测项目。

如果监测计划中还涉及管理和法规问题,规划项目还应考虑环境系统的规划功能。监测营养盐的策略常比其他污染物复杂。例如,监测某致癌物以控制其浓度低于某个水平,则需要监测它的浓度。但是,类似营养盐来源是多方面的,监测入湖河道中营养盐水平,不能保证目标。底泥会释放大量营养盐,导致富营养化。入湖河道不能反应湖泊内营养盐过剩水平。

监测常常用来研究富营养化特点,监测生态系统的健康状态。常常监测某个变量,相信使用这个变量可以了解大量生态过程的整体效应。例如,水生植物生长情况,水鸟憩息情况等。如果我们关心富营养化,需要确定富营养化程度与变量直接的联系。监测数据常常不能提供富营养化的经济和生态影响,因此,监测生物、物理和化学性质是非常必要的。

监测持续时间也非常重要。必须区分自然环境的变化趋势和人类活动影响产生的变化趋势。然而,政治上一般不允许监测足够长时间,以获得清晰的判断。美国地质调查局提供了多年河流水量和水质监测数据。这些数据提供的数十年间降雨的特点,可以用于发展降雨径流污染排放和负荷模型。最近,因资金压力而逐渐减少。由于这个监测不是设计用于富营养化监测的,还缺少很多数据,不能用于支持天然水体生态系统健康。该监测网在设置上没有过多考虑人口密集地区的影响,在营养盐监测方面也很缺乏。

监测和研究之间常常交织在一起。通常监测会用于多种目的,包括研究,以寻求环境问题的解决方案。必须小心控制监测质量,将监测数据转换为知识,包括数据分析、解释和建模,尽快传播数据和获得知识。

应当让独立研究人员来审查方案的可行性,这样的审查,可以充分使用最新监测技术和分析手段,帮助更好地设计监测方案,以回答关键问题。

美国进行了大量富营养化方面的监测,但是这些监测缺少内在一致性,这严重限制了富营养化效应和治理费用的评价。美国大气和海洋局对国家河流富营养化状况进行了评价,但由于数据不一致,这种评价结果存在着可信度问题。

美国的研究者建议未来应进行全国统一的监测计划,避免这种不一致。应考虑地区差异,考虑天然水体特点的类似性和差别性。

8.4.2　发展河流定量监测方法

富营养化的主要指标包括藻类组成、叶绿素 a 浓度、天然水体消光系数。由于监测藻类组成变化需要昂贵技术,如高级显微镜或光谱分析,常常很少使用。其他指标包括溶解氧、水生植物生长情况、有害藻类生长情况。

评价河流富营养化情况,需要长期监测。因此,需要简化监测方法,容易执行和定标,不需要消耗很多资源。对中营养状况,在症状最严重的 7 月或 8 月进行监测,通常能够得到最坏的情况。对富营养化和严重富营养化水体,必须多次取样,至少每年两次。每次应获得水面和水底光照、叶绿素 a、初级生产力、溶解氧等,至少一个月的数据。

虽然美国各级政府在全国监测获得了上千个位置数据,但是评价美国水体富营养化状况还很不够。美国环境和资源委员会建议新的三级监测框架,包括第一级现有监测站情况和遥感,第二级国家和地区监测,第三级包括密集监测、研究和建模分析。整个三级监测将能评价环境现状、趋势和未来状态。三级框架方案是收集和整合环境信息的良好方法,可以用于水体富营养化监测。

评价天然水体富营养化水平主要依据第一级监测资料。这些监测应能反应主要湖泊类型的情况,反应天然水体生态健康情况,以及存在富营养化问题。

在第二阶段,应通过监测增加对生态系统的科学理解,验证基于生态过程的预测模型。此时,需要收集食物链结构和数据,包括次级生产者、初级生产者、营养盐变化动力学、水动力学、外来负荷等。

在这样的监测计划中,仍然存在一些问题。如果水生植物统治了生态系统,上述监测方案就不能反应水体现状。需要增加监测营养盐影响,必须监测某个能够反应这些变化的参数,如水生植物的生长情况。但是监测工作复杂,还需要考虑空间位置变化。

8.4.3　发展监测流域方法

监测流域工作进行得更早。由于流域变化大,人们早就关注了流域,发展了很多定量测量流域状况的方法,但是,研究流域和生态关系的还很少。需要识别流域最重要的参数,以用于监测。

在以农业为主的流域,监测和管理有其自身特点。长期监测土壤和水的关键指标是了解营养盐状况对水体影响的基本要求。通过监测,可以了解土地用途变化对营养盐输入、系统响应及治理措施的可行性。有效的监测需要在空间上广泛监测有效变化。然而,在获得统计上的有效变化之前,常常需要长期监测。监测项目很昂贵,需要大量人力,需时数年。克服这些挑战,是完成流域监测的关键。

美国在流域监测方面有悠久历史,一些项目很成功,提供了有益的借鉴。未来应关注营养盐来源和对天然水体影响。不同地区土壤和水质指标可能不同,需要根据当地特点进行选择。

美国很多州和联邦机构采用测定土壤磷来了解土壤中磷释放到雨水中成为径流污染,制定了环境阈值标准,比农业阈值大 2~4 倍。大多数情况下,采用单一阈值来评价所有地区,但是,土壤磷水平不能作为单一指标来指导肥料和磷肥使用。例如,相邻两块土地含有相近的磷,但是由于侵蚀量不同,雨水径流污染变化很大。因此,通常土壤磷阈值很低,除非了解侵蚀量。

土壤中积累大量磷,需要限制使用磷肥。过去美国不适当地关联这些阈值与水质下降的关系,制定限制使用磷肥法律。美国环保局和农业部提出动物粪便管理测量,包括强制的和自愿的方法,所有动物粪便必须制定处理方案,包括粪便的储存、处理和利用。美国联邦政府要求各州制定水质标准,到 1998 年,美国有 22 个州制定了水质标准,仅有佛罗里达采用美国环保局标准。这些标准包括用途、保护这些用途的水质标准和反对水质下降的政策。水质不能达到标准的地方,根据1998 年清洁法案中的最大日负荷,执行最佳管理措施。

联合污染源监测和水质监测能够相互印证。监测土壤水质指数可以整合土壤肥沃程度测量和土地管理,减少营养盐输入到天然水体中。通过大量研究评价营养盐管理与传输。美国自然资源保护中心发展了简单营养盐指数筛选方法,帮助流域规划人员和农民减少营养盐损失。包括比较几种不同的控制营养盐损失的传输和来源因子,识别易于流失营养盐的位置。美国国家营养盐管理策略中应用了这个方法。

参 考 文 献

[1] 国家环境保护局,中国环境科学研究院. 总量控制技术手册[M]. 中国环境科学出版社,1990.

[2] USEPA. Managing Lakes and Reservoirs[M]. 3rd ed. North American Lake Management Society,2001.

[3] USEPA. Handbook for Developing Watershed Plans to Restore and Protect our Waters [R]. EPA841-B-05005. Washington,2005.

[4] James P,Heaney R P,Richard F. Innovative Urban Wet Weather Flow Management Systems,EPA 600/R-99/029,1999.

[5] Jorgensen S E,Vollenweider R A. Principles of Lake Management[R]. International Lake Environment Committee.

[6] Daniel P L. Water Resources Systems Planning and Management[M]. Paris:UNESCO Publishing,2005.

[7] USEPA. Combined Sewer Overflows,Guidance for Monitoring and Modeling,EPA 832B99002,Washingtong,1999.

第 9 章　湖泊水华模型与水质预测

9.1　模型的作用

数学模型可以定量分析控制湖泊水质的原因和效果,可以用于诊断湖泊问题,评价解决方案。[1]根据科学原理得到的模型公式可以用于现实湖泊分析,通常包括两个方面:

① 诊断湖泊未来变化趋势。目前湖泊的水质模型常常提供了解释湖泊及其流域的监测数据,可以告诉使用者,对于特定水文、流域和地形条件下的湖泊的水质情况。虽然预测不是非常准确,这是由于某些湖泊特征没有在模型中表达。但是,预测结果常能帮助人们分析原因和效应之间的关系。

② 预测湖泊水质变化。如果我们采用某个行动,湖泊会如何变化? 可以使用模型来预测湖泊水质变化对营养盐输入减少的影响。如果我们在一个湖泊对模型进行了校准和验证,就可以使用模型来模拟,代替在湖泊中进行大型试验来验证治理方案。

好的数学模型可以回答很多问题:在人类活动之前,湖泊水质如何? 当前湖泊水质如何? 未来湖泊水质会如何变化? 湖泊最重要的营养盐来源是什么? 发生水华的极限营养盐负荷是多少? 需要削减多少营养盐,才能避免水华发生? 一旦污染被控制,需要多长时间恢复湖泊? 湖泊恢复成功的可能性多大? 湖泊管理目标能实现吗? 费用多少?

你需要将问题表达为定量形式,然后用模型来评价。有些问题,如外来物种入侵、偶发污染事件影响、不寻常的天气等,都难以预测。模型是用来治理和管理湖泊的工具。人们应根据需要来决定使用何种模型,需要收集哪些资料,如何应用模型以及结果。

在理想情况下,模型应经过测试和验证,使用时严格限制在测试条件下。如果模型没有测试,或验证不太可能的话,使用模型就必须当心。湖泊管理者在为湖泊选择模型时,应考虑当地经验、湖泊知识和需要的预测结果。应尽量选择与湖泊特点相近的湖泊来验证模型。

湖泊模型有很多,在复杂性、假设和需要的数据及计算方法方面各不相同。大多基于质量平衡原理。复杂动力学模型,例如 CE-QUAL-ICM 模型能够预测多种污染物时间和空间变化,但是需要大量实测数据来校准和验证。

可以使用一些假设来简化复杂模型。在一些情况下,空间变化不重要,我们可以使用质量平衡模型。例如,Chapra 和 Canale 发展了空间均匀的、但是包括沉淀效应的模型,来分析湖中磷浓度变化。

还可以简化模型为稳态,就是说,营养盐浓度不随时间变化。这时可以简化模型为代数式,从而可以直接计算。在稳态假设下,可以比较不同方案效果,但是无法确定达到效果的时间。

模型复杂性应由目标来决定。过于复杂模型往往需要额外费用来验证模型。简单模型往往更易使用,常用稳态空间均匀模型来分析讨论问题。

模拟富营养化是湖泊水质模型的主要用途之一。富营养化与磷营养盐浓度相关,水华产生与磷浓度相关,还与鱼产量相关。因此,磷的增加或减少就代表了藻类和鱼类的增加或减少。我们可以根据现有资料来确定它们之间的关系,从而预测未来水质。但是湖泊和水库还有很多其他环境污染问题,所以,我们常常需要用模型来分析氮、悬浮物和其他污染物对湖泊水质的生态影响。

9.2　水华问题与建模步骤

9.2.1　水华问题

过剩营养盐会导致藻类过量生长。1998 年,美国 44% 的湖泊调查结果表明,湖泊面临的最严重问题是过多藻类产生水华现象。在被污染的湖泊中,有一半以上都是营养盐过多。我国湖泊富营养化问题更加突出,在长江和珠江等流域,大部分湖泊富营养化严重,水华频繁发生。因此,使用模型来分析富营养化问题,优化水华治理方案,是水华治理的关键工作之一。在温带湖泊和水库,选择模型主要根据以下因素:

① 藻类生长主要由磷供应量决定,即使其他因素,如氮和光等限制因素,藻类数量主要随水中磷浓度的增加而增加。

② 减少入湖水中磷数量,将减少湖水磷浓度,从而减少藻类浓度。

③ 湖泊磷的环境容量,即不会产生水华的最高磷负荷由湖泊的体积、深度、冲刷和沉积速度来决定。

换言之,藻类生长主要由磷控制。因此,湖水水质主要由入湖磷和出湖磷含量、稀释水量决定。大而深同时流量大的湖泊,环境容量较大。

实际使用的绝大多数水华模型简单总结它们的数学关系。常用的稳态磷质量平衡模型使用出、入湖磷和湖泊形态,预测长期水平上湖水磷浓度,再根据经验预测藻类浓度、水体透明度、缺氧情况、鱼类类别和产量。它们主要根据大量湖泊水库的磷平均浓度及相关统计数据得到。

水华建模步骤包括:

① 建立水量和营养盐负荷。通常根据积累数据,如果缺少数据,可以根据降雨数据和流域模型估算水量,还可以借用其他类似流域数据。

② 根据外来磷和内源磷负荷估算湖水磷浓度。使用稳态完全混合模型,可以估算湖水磷浓度。如果需要了解磷浓度在时间和空间上的变化,则需要使用复杂模型。

③ 根据磷浓度预测水质,特别是藻类浓度。通常使用经验公式估算水质参量。

④ 模型验证。如果可能,应根据监测资料评价模型的预测准确性。

⑤ 预测未来水质。一旦模型经过验证,我们就可以使用模型来预测未来。

磷负荷随季节、降雨、上游点源和土地用途等变化。例如,将森林变成城市,将大幅度增加 5~20 倍磷,来源于水量和营养盐浓度增加。评价土地用途变化带来的负荷变化和湖泊水质变化历史,将使我们了解湖泊是如何响应土地用途变化的。

详细质量平衡研究可以确定各种污染源对湖泊水质影响的重要性。例如,一条流量很小的含高浓度磷的河流对湖水水质影响可能很小。

每个污染源负荷会发生变化,要很好地测量出来,往往非常困难,耗费巨大,因为季节、降雨等不可预测因素对其影响很大。当监测系统出现问题时,最好使用与其他相似流域的数据进行分析。

1. 水量数据

首先要获得入湖水量。污染物随入湖湖水进入湖泊,我们必须了解入湖水量。水量数据与污染物浓度数据一样重要。我们需要使用这个数据来了解不同来源的负荷。入湖水主要来自流域河水、点源排放的废水、地下补给水。出湖水包括出湖河流、地下水流失、灌溉等,还包括湖面蒸发。应通过长期直接测定入湖和出湖水。如果只有短期数据,应结合长期降雨蒸发数据校准模型,获得长期水量数据。对小河可使用径流模型估算。一旦获得了所有数据,应检查数据平衡。差别较大则表明重要水量来源的估算错误。对渗流严重的河流,难以建立水量平衡,因为监测地下水比较困难。

2. 磷负荷数据

分析富营养化问题,必须了解不同磷来源。虽然估算磷负荷需要大量时间监测磷浓度,但估算方法很简单。估算公式如下:

外来负荷＝出水负荷＋沉淀－内源负荷＋储存变化

外来负荷是所有进入湖泊的外来磷数量。可来自流域、污水处理厂、大气沉降的灰尘、地下水排放、雨水径流等。估算这些负荷需要花费很长时间和很大费用。

通过大量监测可以获得可靠结果。同时监测湖泊水质数据,可以获得其对水质的影响情况。河流带来的负荷可通过水量和浓度监测资料来计算。降雨期间取样测量补充。大雨会带来含高浓度磷的雨水,增加负荷。如果不取样分析,就很难估算降雨带来的负荷。可以使用监测的水量数据同估算的磷浓度一起计算河流负荷。

由于监测费用大、费时长,可以根据流域特点估算。通常选择同一区域的不同流域,如果土地用途和土壤性质相近,则单位面积贡献的磷相近,可以通过监测一个流域来推算其他流域。这种方法依赖流域土地类型是否有输出磷数据。目前国外已收集了大量不同土壤类型数据。采用这种方法估算将大幅度降低费用和时间。我国最近几年也开展了这方面的工作。

出水负荷代表出水中带走的磷,包括灌溉、供水及地下水等。可以测量每一种方式带走的磷,但是,测定出水磷负荷有时是非常困难的,例如,地下水带走很多磷。

内源磷代表湖内产生的磷,主要来源是底泥释放,特别是缺氧状态下磷酸铁还原为溶解度较大的磷酸亚铁,导致很多磷释放。在深水湖泊夏季分层时,常常发生。为了确定缺氧底泥释放的磷,需要根据磷负荷数据,测定湖水磷浓度增加数据,估算或通过实验室测量缺氧底泥释放磷的情况。

在富营养化湖泊,当外源磷控制以后,内源负荷常常很大,这是历史积累的结果。它们主要来自过去沉积物和死亡沉降到湖底的藻类,溶解释放出来,湖底沉淀物在风力等作用下悬浮。其他一些因素,包括 pH 值变化,鱼类和大型底栖动物活动,也会加重内源磷污染。

　　储存变化代表湖水浓度变化带来的影响。如果湖水磷浓度增加,则储存量为正;否则为负。其数值与湖水体积和磷浓度变化有关。

　　根据水量和磷负荷数据可比较不同负荷来源的影响,从而确定湖泊治理方案,例如,加拿大安大略省 Wilcox 湖的磷负荷数据如图 9.1[2]所示,主要负荷来自内源磷,流域负荷很低,治理流域磷几乎没有效果。实际分析时需要注意,次要因素排放的磷也可能使湖泊含磷超过阈值。我国很多湖泊属于这种情况,需要治理多种污染源。

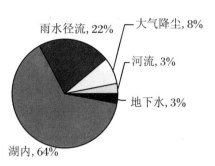

图 9.1　加拿大安大略省 Wilcox 湖的磷负荷来源分布比例

3. 预测磷浓度

　　一般通过稳态均匀混合模型来计算磷平衡浓度,主要变量包括水量、磷负荷、湖泊形态。需要注意的是,大型湖泊磷的分布实际上是不均匀的。

　　① 平均输入磷浓度代表总磷负荷除以出水量。当入湖水量等于出湖水量时,均匀混合假设下平均输入磷浓度等于入湖磷的平均浓度。如果不同,则代表有一些因素影响。通常根据一年的数据来计算平均值。测量入湖水质对确定点源和非点源对湖泊富营养化的影响非常重要。长期管理常常关注的是减少入湖湖水平均浓度。

　　② 平均水力停留时间是水在湖中停留的时间,等于湖水体积除以出水流量。通常出水流量是一年总量,如果入湖水量等于出湖水量,则水力停留时间等于置换湖水的时间。停留时间增加,水柱沉降增加,影响水质。对给定湖水磷浓度,磷沉降随停留时间增加而增加,湖水磷浓度也增加。在非常短的停留时间(1～2 周)内,如果入湖水不含藻,则藻类没有足够时间生长,也不会产生水华。

　　③ 平均深度是湖泊形态特征数据等于体积除以表面积。当其他因素相同时,浅水湖泊更容易产生富营养化问题。浅水湖泊中,光线可以穿透大部分深度,从而光合作用更强。

　　④ 磷滞留系数定义为入湖磷留在湖底沉降物的比例。直接测量非常困难。净滞留系数 R_n 代表沉淀磷减去内源释放量后与外源磷负荷比:

$$湖水平均磷浓度 = 平均入湖水磷浓度 \times (1 - R_n)$$

但是由于沉降和内源负荷都很难测量，R_n 很难获得。当水量和磷负荷已知时，可以根据外源磷负荷和输出负荷来估计 R_m：

$$R_m = (外源负荷 - 输出负荷)/外源负荷$$

因为：沉淀 - 内源负荷 = 外源负荷 - 输出负荷，所以使用 R_m 代替 R_n，可以计算出水磷浓度。如果出水量不知道，甚至 R_m 也不知道，可以使用经验模型计算 $R_p = 15/(18 + q_s)$，q_s 是单位面积水量负荷，$q_s = Z/\tau$（即平均湖水深度/水力停留时间）。

可以使用多种经验公式来预测湖水平均磷浓度，还可以计算分层湖泊的季节磷浓度。对于内源磷较大，能提供远大于表层水湖泊来说，应计算对应季节的磷浓度来预测湖水水质。例如，根据年平均磷浓度计算得到的叶绿素浓度远低于夏季。当负荷变化以后，需要一段时间达到新的稳定状态，时间长度有水力停留时间和湖泊深度决定。Wilcox 湖的情况就是这样，如图 9.2 所示。

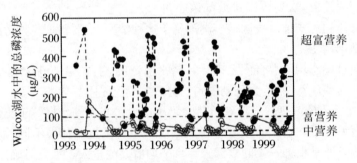

图 9.2　Wilcox 湖表层水和底层水总磷浓度

表层水总磷约 $0.03\,\mathrm{mg/L}$，秋季可升高到 $0.1\,\mathrm{mg/L}$

表 9.1　湖泊磷浓度估算模型

模型	分层湖		对流湖
	oxic	anoxic	
$Lext/q_s(1 - R_m)$	= Pa	= Pa	= Pann = Pe
$Lext/q_s(1 - R_p)$	= Pa	< Pa	≪ Pa
	> Pe	= Pe	≪ Pe
$Lext/q_s(1 - R_p) + netLint/q_s$	= Pa	= Pa	
$(Lext + Gross\ Lint)/q_s(1 - R_p)$	= Pa	= Pa	

续表

模型	分层湖		对流湖
	oxic	anoxic	
$\text{Lext}/q_s(1-R_p)+\text{grossLint}/q_s$	$>$Pf	$>$Pf	
$\text{Lext}/q_s(1-R_p)+\text{in-situ Lint}/q_s$			$>$Pa $>$Pe
$(\text{Lext}+\text{in-situ Lint})/q_s(1-R_p)$			$<$Pa $<$Pe

注:Pa 表示年平均总磷浓度;Pe 表示表层水;Pf 表示秋季;Lext 表示外源负荷,mg/(m² · y);Lint 表示内源负荷。in-situ 指本地,q_s 表示单位面积水量负荷。

我们这里也提出一个简单的模型来估算湖水平均总磷浓度 C,模型假设稳态和均匀混合,根据质量平衡:

$$Q_{in} \cdot C_{in} = Q_{out} \cdot C + kCV$$

所以,湖水平均总磷浓度

$$C = Q_{in} \cdot C_{in}/(Q_{out} + kV)$$

这里 Q_{in} 和 C_{in} 分别代表平均每天入湖水量(m³/d)和平均入湖总磷浓度(mg/L),Q_{out} 代表平均每天出湖水量(m³/d),V 是湖水体积,k 是磷沉降速率系数(d⁻¹),可以取湖水测定得到。假设开始测定时水样的总磷浓度为 C_0,静止放置水样 t 天后总磷浓度为 C_1,则 $k = \ln(C_1/C_0)/t$。如果湖水流动速度较大,需要模拟湖水流动测定 k,否则结果偏大,对浅水湖泊还需要考虑底泥上浮影响,如果上浮速度大于沉降速率,则 k 为负值。

4. 磷浓度和其他水质变量关系

当我们比较磷浓度与其他水质数据时,我们可以看到磷浓度对湖泊水质的决定作用。夏季表层水磷浓度与藻类浓度和湖水透明度高度相关,使用回归分析可以得到这种关系。其他水质指标,包括底层水溶解氧含量,也与磷浓度高度相关。一些模型使用磷或叶绿素来预测鱼类,例如,冷水鱼在贫营养湖泊比在富营养湖泊多。

为了简化湖泊水质评价,Carlson 提出了营养状态指数(Trophic State Index,TSI)。主要将磷和叶绿素浓度等与指数关联起来,实际等式来自 60~150 个天然湖泊数据统计,如图 9.3 所示,主要计算关系如下:

TSI = 60 − 14.41ln 透明度 (根据透明度计算)

TSI = 30.6 − 9.81ln 叶绿素 (根据叶绿素计算)

TSI = 4.15 − 14.42ln 总磷 (根据总磷浓度计算)

TSI = 4.45 − 14.43ln 总氮 (根据总氮浓度计算)

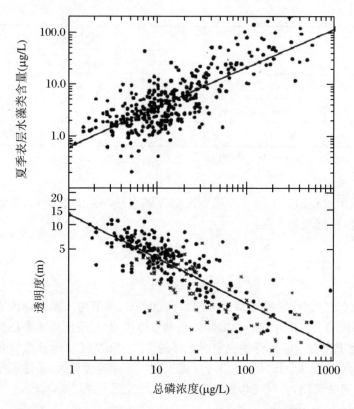

图 9.3　总磷浓度与夏季湖泊表层水藻类含量和透明度的关系[2]

直线是根据上述关系式利用最小二乘法得到的拟合结果，数据是多个湖泊数据的总结

5. 模型验证

必须根据实测湖泊水质数据对模型进行验证才能使用。由于简单湖泊模型是预测的是较长时间内湖水的平均水质，而实际湖泊水质在空间上和时间上都不断变化，所以，收集实测数据校准模型时，所得到的数据变化范围很大。

通常表层水质变化较小，但是，底部缺氧区往往磷含量较高，在计算平均磷浓度时需要考虑深度。

一个小的圆形湖泊会比较均匀，只需要一个取样站，但是，大型湖泊水质不均匀，需要设置多个取样站，测量结果会大不相同，这时平均值意义不大，应将湖泊分成多个区域来建模。

在时间上，湖泊水质变化也很大，如磷、透明度、叶绿素等，在生长季节尤其不同。有时浓度会变化，比季节平均值大 2～3 倍。

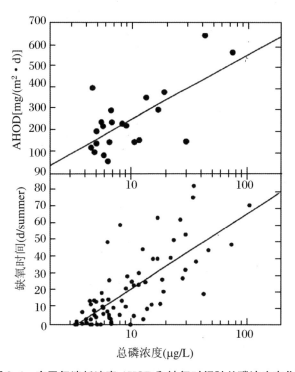

图 9.4 底层氧消耗速率 AHOD 和缺氧时间随总磷浓度变化[2]

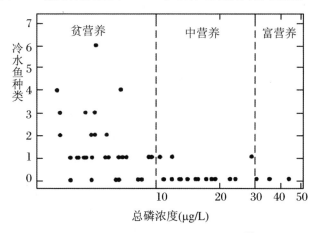

图 9.5 冷水鱼种类随总磷浓度变化[2]

内源磷比较大的湖泊,磷浓度变化也很大,通常表层水中磷在早春比较低,在秋季会升高。可以使用特殊模型来分析。

　　年平均降水量同样会发生波动,这是气候变化,包括控制热分层的流动因素等影响的结果。在美国,与干旱年份相比,多雨的夏季会带来更多的径流和外来营养盐,从而产生水华。我国点源污染严重,反而是雨水多时,对点源污染稀释,减轻了水华污染。但是我国水华发生频率和严重程度远远超过美国湖泊。我们应当监测径流对湖泊水质的影响,诊断湖泊状况。

　　此外,分析错误和自然变化都会导致测量水质波动,我们应小心估算湖泊水质,通常选择置信度为 90% 或 95%。水质在较小变化时难以检测,但是变化较大时,从实测水质的统计分析上就能够看出来。

　　类似水质的模型预测也有置信度问题。可以根据统计分析得到的置信度数据来验证模型是否可靠。如果得到的置信度太宽,模型不能提供有用结果。需要改进模型。如果模型方面存在系统错误,也会导致失败。通过比较两种不同情况,可以预测湖泊条件变化。此外,还要注意监测数据错误和代表性。

6. 预测和跟踪水质变化

　　预测和跟踪水质变化是最重要——因为通过模型来预测未来是唯一方法。可以改变磷负荷来预测未来磷、叶绿素浓度和透明度变化,通过预测可以确定未来基于磷的水质目标。需要注意选择合适目标。例如,中营养 Wilcox 湖的管理目标是降低年平均磷浓度,湖内治理能降低内源磷(约占 60%)。

　　应当将目标表达为浓度,而不是负荷。这是因为浓度能反应湖泊营养状态和水质,负荷在一些情况下不能保护水质,因为水量变化大,水量下降,湖泊污染物浓度会增加。在很少情况下,可以用负荷作为治理目标。如图 9.6 所示,竞争情况下外源负荷值只有方案 4、5 和 Hyp 满足外源负荷目标,但是,其他几种方式对磷、藻浓度等预测下降,因为通过径流处理,可以减少磷负荷。

　　通常在预测基础上,进一步提高要求。瑞典政府采用背景值 2 倍作为目标。可以使用模型来评价当前人类带来的污染源影响,以获得控制要求。

　　每日最大负荷将根据目标值制定。应当建立水质标准,建立每日最大负荷。获得污染物排放数量要求,以达到水质标准。然后将污染物负荷分配到不同污染源,从而得到点源和面源控制要求。

　　另外一个方法是使用生态区概念来评价湖泊水质。湖泊的营养状态与流域地表状况、用途、植物和土壤类型相关。可以根据美国环保局数据库确定营养状态,得到平均磷浓度和夏季叶绿素含量。通过测量当地湖泊数据,比较两者差别,再根据差别确定目标。

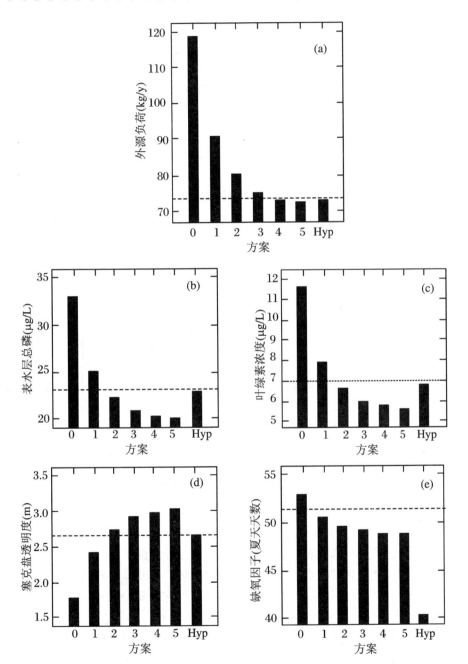

图 9.6   Wilcox 湖几种不同外源磷负荷情况(a)及其他水质前景(b)～(e)

0:不处理;1:增加几个暴雨径流处理池;2～5:1+其他处理;Hyp:现有流域情况下加底层水排除处理。虚线代表目标

9.3　其他污染物模型

在某些情况下,其他因子,如在水库中,氮对藻类生长和水质影响很大,可以使用类似模型进行分析。

氮是非常重要的营养盐,可以与水质变量关联。根据北美和世界各地湖泊数据,夏季总磷和总氮浓度密切相关。如图 9.7[2] 所示,大多数情况下,湖泊水质和藻类是磷限制,不是氮限制或共同限制,在这种湖泊中,减少氮的效果是很小的。

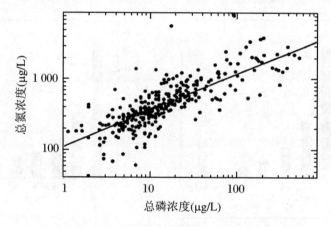

图 9.7　表层水氮磷浓度关系

比较氮限制的湖泊和磷限制的湖泊,其与叶绿素关系类似。当氮影响藻时,同时磷水平同样很高。这时往往控制磷,而不是氮。

海洋常是氮限制,来自流域的氮流入海洋往往导致海湾富营养化。北欧国家发展了严格的氮输出限制,阻止巴伦支海富营养化。在北美一些海岸也有类似污染控制要求。可以根据要求确定湖泊出水给海湾带来的氮负荷。

氮质量平衡模型比磷复杂。虽然氮在各种土壤上的输出速度较大,但是氮滞留时间难以测定,并且氮可以被蓝藻和细菌固定。还需要将大气中氮氧化物计算在内。人们根据经验公式建立了氮模型。

9.4 其他水华模型简介

上述应用采用的是经验模型,这类模型往往忽略其他因素,需要的数据很少,使用方便。但是,这种模型只考虑关键因素磷对水华的影响,往往误差较大。

使用动力学方程可以描述各种化学和生物过程的影响。[1]动力学模型通常忽略湖泊污染物在空间分布上的不均匀性,或者将湖泊分成多个区,分别使用动力学模型来分析。一些湖泊处于分层期时,需要采用这种方法。使用动力学模型可以研究不同化学生物过程对水质的影响,了解系统对一些污染物的敏感性,从而简化模型。人们已经开发了大量动力学模型,来描述各种因素对水质的影响,适应不同情况。

湖泊中营养盐和藻类分布是不均匀的,考虑这种影响我们可以使用对流扩散方程来描述。这时,我们还需要求解水力学方程,获得湖泊流场分布。在对流扩散方程中,我们可以通过源项来引入化学生物过程的影响。使用对流扩散方程研究湖泊水质,可以了解污染物迁移转化的影响,全面模拟湖泊水质。但是,这种方法计算量大、耗时长,主要用于研究。

通常使用一维或二维模型来处理河流[3]。对湖泊来说,更多的采用二维或三维模型。二维模型,主要包括深度方向平均的模型和水平方向平均的模型,其中深度方向平均的二维模型假设深度方向分布均匀,求解浅水方程和对流扩散方程,考虑温度效应时,增加求解能量守恒方程。这种方法适合用于水下反向流动较弱的情况,主要用于研究湖泊中沉淀过程,如美国开发的 TABS-2 系统不适合研究风力引起的深水湖泊流动。水平方向平均的二维水力学模型假设某个水平方向比较均匀,主要适合河流、狭长型水库和湖泊,可以研究湖面热效应引起的垂直分层、泥沙沉降等现象。

采用三维水力学模型,可以研究各种过程对湖泊的影响。但是,由于过程复杂,计算量巨大,人们经常根据实际问题需要,采用各种近似如静压假设,忽略垂向加速度,压力近似为静水压强公式。一般很少用于湖泊研究。

参 考 文 献

［1］ Bendoricchio G，Jorgensen S E. Fundamentals of Ecological Modelling［M］. 3rd ed. Elsevier,2005.

［2］ USEPA. Managing Lakes and Reservoirs［M］. 3rd ed. North American Lake Management Society，2001.

［3］ Matin J L，McCutcheon S C. Hydrodynamics and Transport for Water Quality Modeling ［M］. Boca Raton：Lewis publishers,1999.

第 10 章　湖内水华直接治理

10.1　引　　言

天然水体水质状况主要由进入水的质量决定。虽然湖内生态系统等对水质有很强的作用,但是如果入湖水带来太多的悬浮物、有机物和营养盐,也将危害天然湖泊生态系统安全,破坏所有湖泊修复工作。因此,控制流域污染物包括营养盐对湖泊治理和修复来说更为重要。

湖泊修复通常指使用基于生态学原理的修复方法,使湖泊恢复到其未受污染前的原始状态。有时修复后状况比原始状况更好。而湖泊管理是指改善和维护湖泊以满足人类的某些用途,如游泳、垂钓和供水。两者描述不同情况。

基于生态学原理,湖泊管理和修复技术可分为 3 类:

① 通过控制营养盐负荷和底泥营养盐释放速率,限制植物包括藻类生长。

② 改善环境使某些物种生长,从而控制藻类过量生长。

③ 除去有害物种和沉积物。

湖泊修复不包括对特定现象的治理,如应用除草剂或除藻剂临时除去水草或藻类,这些措施通常是湖泊管理的重要组成部分。很多措施,如除草处理,不是一项修复性措施,因为它们没有针对产生过剩植物的原因进行治理。而且这些措施常常会产生严重的副作用。

成本是湖泊治理中一项非常重要的考虑因素。通常针对表面现象的治理方法和管理方法,其长时间的效果与成本之比很差。而修复技术在开始时投资较大,但效果持续时间长。例如,修复工程产生的效益可延续 10 年以上,即使成本较高,也是值得的。而一项管理措施在 10 年里,可能需要投入 10 次,乃至 30 次,还不能解决真正问题。

湖泊管理者应很好地利用现有的技术、程序等文档,特别是使用在本书没有提及的方法。在湖泊治理历史上,很多情况下,花费了大量人力物力,却没有效果,或不适合所针对的湖泊问题。在美国,常见的是安装不必要的曝气设备。

10.1.1 保护或修复是可能的

很多湖泊或水库处于富营养化状态,难以通过修复取得比目前更好的状况。估算天然水体能否改善是湖泊修复的关键问题之一,主要与营养盐来源、沉积物和有机物负荷等相关。例如,如果入湖河水水质很差,是无法通过修复来改善湖水水质的,湖泊保护也是不可能的。这时进行湖内修复效果是很差的。通过治理减少了进入湖泊的营养盐量,但是,如果底泥释放营养盐没有减少,水华问题还将长期存在。应通过治理可行性研究,提供各种问题发生的可能性,从而提出合适的治理措施。

水库治理难度较大。水库上游流域面积通常较大,常包含了多个行政区。这些行政区内常常存在农业面源,带来非常多的营养盐、有机物和沉淀物。水库通常有一个主干河道,流量较大,常冲走库内钝化的磷沉淀,或带来不需要的物种。水库还常常有大面积浅水区,容易生长水草,营养盐释放速率高。

目前,湖泊或水库的用途对治理技术的使用也非常重要。人们必须小心处理作为饮用水水源地的天然水体。通常不能使用除草剂,底泥清除也必须使用特殊设备,以保护水质。

限制湖泊用途可提高治理效果。例如,如果湖泊用于航行、垂钓等,可以使用收割或除草剂治理植物过剩生长。有的美国湖泊还用于游泳,就必须使用流域治理或入湖河水治理,治理费用大大增加。

某些湖泊上游流域容易侵蚀,每年带来的湖泊沉积物量大,同时人口密集,土地利用率高,难以避免水华或水草过量生长。因此,湖泊修复必须根据现实进行调整,依据入湖污染物及其化学性质及上游土地用途进行治理规划。

通常我们不需要湖泊富含营养。在欧美地区,一些湖泊非常贫瘠,生产力很低,常常需要增加营养,提高藻类生长速度,从而发展某些鱼类。我国很多湖泊用于养鱼,为了增加鱼产量,大量投放营养盐,从而成为湖泊富营养化的重要原因之一。

湖盆形状也是一个非常容易忽视的因素。绝大多数天然湖泊浅而小,适合水草生长,因此,常常长满水草。由于水量小,或入湖湖水水质都比较差,对入湖污染稀释能力低,湖类沉积物为藻类和水草生长提供了丰富的营养盐。某些湖泊在多种修复措施下,效果明显。然而,很多湖泊,特别是深度低于 2 m 的,治理技术多是针对表面现象的,治理费用高,还不解决问题,而提高湖泊深度的费用又非常大,难以实施。

湖泊修复和管理常需要同时考虑。在很多情况下,湖泊修复以后,需要良好的维护工作以保护水质,还常常需要长期不断的诊断和治理。任何情况下,如果湖泊治理需要长期努力,或短期内难以找到可行方案,在进行湖内治理工作前,都必须进行可行性诊断工作。

10.1.2　湖泊和水库修复管理技术

湖泊和水库修复管理的主要技术资料大多是 20 世纪 80 年代以来积累的。美国环保局资助了大多研究,目前还在继续投入。我国近年来,也开始这方面工作。

湖泊修复经常遇到 6 类问题:水华问题、水位过低、过多植物、水的异味、鱼类灭绝、酸化问题。针对每种问题,目前均发展了几种有效的治理技术。下面将阐述针对水华问题的主要技术的生态原理、治理效果和潜在副作用,治理收益和成本。

1. 基本假设

对治理技术的有效性阐述是基于对营养盐、有机物和沉淀物的良好控制。这些污染物的积累能够很快破坏绝大多数治理措施。上游流域治理是湖内修复的先决条件。湖内修复是流域治理的补充。因为水华、浊度和沉积问题必须通过湖内治理,才能解决。

2. 水华控制

藻类过多生长对所有水生生物都有严重的危害。藻类通过细胞分裂生长,在理想条件下,包括合适的温度、光照和丰富的营养盐,生长非常迅速,在几天时间就能达到很高密度。有两类藻类生长是非常严重的问题,如丝状藻类在水面形成的地毯状水华及漂浮藻类在水面形成绿色藻华,产生严重异味。

控制蓝绿藻等浮游藻类生长的因素是控制它们生长所需要的因素,如营养盐、光照强度等。研究显示,藻类数量与营养盐浓度成正相关,大多数情况下,与营养盐磷相关。控制湖泊和上游流域磷浓度足够低,可以限制藻类生长。因此,修复技术包括控制入湖湖水磷浓度和钝化湖内磷技术。其余营养盐,如氮和碳,难以调节,因为它们的主要来源是大气。控制光强可以提供持久效果。将藻类细胞通过水循环送到黑暗的水底,可以控制藻类的生长速度;提高以浮游藻类为主要食物的鱼类和浮游动物浓度,减少藻类浓度。丝状藻华治理难度更大,很多治理方式类似水草控制。在治理和修复时,我们应追求长期效果。

10.2　磷沉淀和钝化

1. 原理

由于湖泊在其形成后不断受到进水的冲刷,通常池底土壤中含磷较低,一般不存在底泥释放磷问题。如果湖内积累了高含磷的底泥,就容易释放磷,提供藻类生长需要,这时,即使控制了入湖磷浓度,也能产生严重水华问题。例如,美国明尼苏达州 Shagawa 湖。[1]磷钝化是添加硫酸铝等化学试剂,与水中和底泥中磷酸根离子反应生成溶解度很小的磷酸盐,使磷固定在底泥中,从而防止底泥磷释放。湖水中磷过量时,添加硫酸铝等沉淀剂,可除去水中部分磷。通过添加沉淀剂沉淀和钝化水中和水底底泥中磷,在输入湖泊的营养盐被控制情况下,常常能够控制湖内磷浓度,从而限制了藻类生长。主要化学反应如下:

$$Al^{3+} + PO_4^{3-} = AlPO_4$$

2. 技术

铁、钙、铝盐都能与水中溶解的磷酸根形成溶解度很小的沉淀。铝盐是经常使用的沉淀剂,适合大多数环境条件,例如缺氧、厌氧水质。通常使用硫酸铝或铝酸钠加入水中,在湖内形成沉淀。钙盐溶解度稍大,铁盐易在厌氧条件下被还原成溶解度较大的磷酸亚铁,从而释放磷,因而使用较少。由于形成的沉淀颗粒一开始很小,逐渐凝聚,最后下沉。这些沉淀在几个小时或几天内,与形成的氢氧化铝沉淀共同下沉到湖底,同时吸附有机和无机物质,湖水得到澄清。如果添加的铝盐足够多,将形成 3~5 mm 的氢氧化铝沉淀,覆盖在湖底,阻止湖底磷释放进入湖水。不经此项处理的湖泊,往往从湖底底泥释放的营养盐吸收了充足的养分,藻类生长仍然非常旺盛,即使输入营养盐得到良好控制,水华问题依然非常严重。此项技术过去用来减少水中磷,沉淀剂用量较少,现在大都用于同时钝化底泥中磷。

采用此项技术的湖泊,应很好地控制了外来磷来源,同时湖底磷释放量很大,足以支持藻类生长。单纯限制外来磷进入湖内,不一定能控制湖水磷浓度,难以解决水华问题。使用低剂量铝盐可以有效除去湖水中磷,但不一定能长期控制底泥中磷释放,只有使用较大剂量铝盐钝化底泥中磷,才能达到长期控制磷释放的目的。

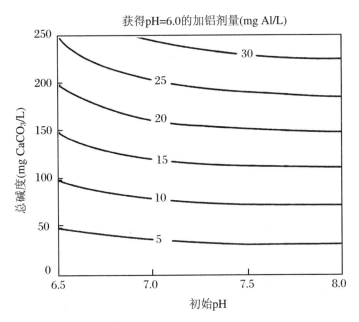

获得pH=6.0的加铝剂量(mg Al/L)

图 10.1　根据水的碱度和 pH 值估计硫酸铝添加剂量(mg Al/L),使最终水的 pH>6

磷钝化与杀藻剂不同。如果正确实施,磷钝化没有副作用,通过限制磷营养盐,提供长期良好的控藻效果。而使用杀藻剂,提供的效果是短期的,而且对很多生物有害。

3. 沉淀剂使用剂量

水中游离的 Al^{3+} 离子对鱼类有害,通常需要将铝离子浓度控制到 $50\ \mu g/L$,当 pH 值在 6~8 时,通常能够达到此要求。由于常用沉淀剂硫酸铝在水中水解,降低水的 pH 值,在软水中,添加硫酸铝剂量很小就导致 pH 值低于 6,因此,这时需要添加部分铝酸钠。铝酸钠是碱性的,会提高 pH 值。

Kennedy 认为磷钝化持续时间与添加沉淀剂量成正比,因此,根据湖水 pH 值和碱度,尽量增加添加量。图 10.1[2]是硫酸铝添加量估算表。精确的方法是取水样,测定不同添加量与 pH 值的关系,确定最大添加量。这里不考虑添加铝酸钠,因为铝酸钠价格高。

第 2 种添加剂量是根据内源磷负荷来进行估算的。通常根据夏天内源磷释放负荷按摩尔比 1:1 计算,实际添加量乘以 5~10 倍,使效果持续多年。对 Eaugalle 水库的计算剂量结果为 $45\ g/m^2$。

第 3 种添加剂量估算方法是根据底泥中可流动无机磷含量来计算。可流动磷指磷酸铁固定的磷,在厌氧条件下,会还原而溶解释放。通常取底泥 30 cm 沉积层,取上层 4 cm,测量其中磷酸铁含量,按 100:1 计算铝盐剂量。

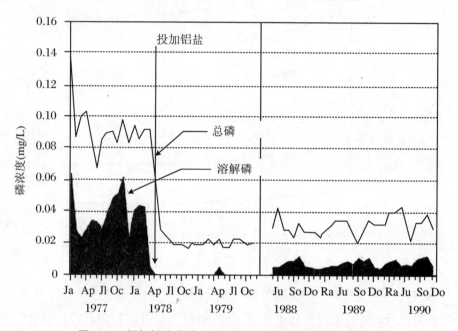

图 10.2　投加铝盐前后,美国威斯康星州镜湖总磷浓度变化

4. 效果

在热分层天然湖泊,使用足够剂量沉淀剂,在外来磷良好控制条件下,磷钝化具有持续良好的效果。在水库修复方面还没有使用经验,因为外源磷难以控制,在水库内使用磷钝化效果不能持久。水库流量大,会冲刷库底钝化层。用于大型或小型深水湖泊是很成功的。美国威斯康星州镜湖的外来磷被严格控制,但是,总磷浓度仍然高达 90 ppt,如图 10.2 所示,诊断显示,主要来源是底泥释放。1978 年投加了硫酸铝,总磷浓度很快下降到 20 ppt,溶解磷则接近 0,十年后,总磷增加到约 32 ppt[2]。大多数情况下,可保持 5 年以上的效果,某些湖泊可持续 10 年。浅而不分层的湖泊有效时间短。在一些情况下,新的含磷污泥覆盖了钝化层,使其失效。典型的效果包括湖水磷浓度急剧下降、透明度明显改善、水华浓度能够长期明显下降。失效的原因是湖水不断冲刷,使钝化层缓慢溶解而流失。不推荐应用到浅水湖泊。

5. 潜在副作用

向湖水中添加铝盐,会引起严重问题,主要与剂量有关。潜在毒害来自湖水 pH 值的改变。在添加铝盐之前,必须通过实验确定 pH 值。当添加硫酸铝时,pH 值为 6~8 的天然水体会形成氢氧化铝沉淀,使 pH 值下降。在硬度较低的天然水体(钙镁离子少) 中,添加铝盐剂量应很低,因为水的缓冲能力低,容易使湖水 pH 值降低到 6 以下。此时,很大部分添加的铝盐在水中以离子状态存在,对很多生物有严重的毒害作用。缓冲能力较高的硬水可以使用较多的铝盐,因而适合使用硫酸铝作为磷钝化试剂,不会明显降低 pH 值,从而产生毒害作用。软水湖泊应使用铝酸钠或碳酸盐,增加缓冲能力,阻止 pH 值下降,从而形成足够多的氢氧化铝沉淀,控制磷释放。另外,磷钝化将提供湖水透明度,从而使水草向深水区扩展。

6. 成本

具有长效作用的磷钝化投资成本很高。例如,Ohio 州 West Twin 湖面积为 16 公顷(0.16 平方公里),使用 100 吨硫酸铝[2]。目前硫酸铝价格为 500~1 000 元/吨,相当于 5~10 万,每平方公里费用为 30~60 万(还与湖水深度成正比)。由于作用效果是长期的,Peterson 估计,磷钝化的成本低于底泥清除或除藻。[4] 如果仅仅沉淀水中磷,成本低得多,但作用时间也相应缩短。

10.3　底　泥　清　除

1. 原理

清除富含磷的底泥以减少底泥释放的磷,从而降低藻生长速率。在外源磷得到控制时,可以明显降低湖水中磷,从而减少水华。

2. 技术

通常采用专用挖泥船,除去底泥,再输送到岸上沉淀脱水,水经过沉淀除磷处理后排回湖。

3. 效果

底泥清除有良好的控制内源磷释放的效果。瑞典 Trummen 湖就是一个成功的例子。[5]该湖富含磷的污泥深达 1 m 左右,清除以后,湖水平均深度增加约 0.7 m,利用隔开的池塘进行泥水分离,分离后的水经加铝盐沉淀磷后返回湖内。此后 9 年,湖水总磷浓度明显下降,从而控制了藻类生长速度。底泥疏浚是经常使用的方法,用于控藻,加深湖泊深度,除去大型植物等。

4. 潜在危害

底泥疏浚可以产生非常严重的副作用。很多副作用是短期的,可以通过工程手段控制。常见的问题是没有足够容积的处理池,无法及时处理从湖底吸取上岸的底泥。底泥含水率高,需要较长时间沉淀,才能脱去大部分水分。脱去的水分含磷高,耗氧大,必须处理才能排入河流或湖泊。

必须在疏浚之前,分析底泥中的重金属含量,特别是铜和砷,常被用作除草剂,容易累积在湖底。卤代烃及其他有害物质也会积累在底泥中。如果这些有害物质含量高,需要进行治理,治理费用会非常高。

底泥疏浚副作用大,疏浚过程中有毒有害物质会重新释放;还除去了底栖生物,破坏鱼类食物链。在底泥疏浚期间,问题较严重,在疏浚完成以后,通过处理,问题就会被解决。选择合适的清理和处置方法是非常重要的。

5. 成本

在美国,底泥清除成本是每立方米 0.46～26.88 美元(2002 年)[6],多数在 2～6 美元。成本与当地条件密切相关,不包括处置、运输和监测费用。2002 年我国的处理成本在每方 20～50 元,以清理底泥深度 1 m 计算,每平方公里费用高达 2 千万～5 千万元。一个大型湖泊,沉降淤泥量非常大,不仅处理费用大,而且清除的污泥无处堆放。对治理目标是作饮用水水源的浅水湖泊来说,目前还没有其他快速方法。采用磷钝化是一种方法,但是磷钝化层易被风浪破坏。我国需要治理的很多湖泊是浅水湖泊,并不是很适合使用磷钝化方法。

10.4　稀释和冲刷

1. 原理

低含磷水可以稀释湖水含磷量。低含藻水,无论是否低含磷,引入到高含藻的湖中,都将降低湖水含藻量,不断引入,可以冲刷减少湖内水华。在我国,通常难以获得低含磷水,主要通过低含藻水冲刷。对于浅水湖泊,冲刷时还有可能使湖底底泥中磷泛起。

假设没有其他作用,包括底泥释放或沉降、湖面大气降尘等引起湖水磷变化,湖水原含磷浓度为 C_0,冲刷水含磷 C_i,冲刷流量为 Q,假设水进入后,完全混合,

保持水位不变,湖水体积为 V,则根据磷的质量平衡:

$$V \mathrm{d}C/\mathrm{d}t = Q(C_i - C)$$

求解此方程,可以得到

$$C = C_i + (C_0 - C_i)\exp(-Qt/V)$$

上式表明,通过冲刷,湖水磷浓度会很快下降,最终浓度会下降到入湖冲刷水含量。由于湖水不能很好地混合均匀,局部磷浓度仍然会过高,导致局部严重富营养化和水华。

使用低含藻水冲刷稀释湖水藻类浓度,假设藻类生长速率与藻类浓度成正比,$r = uC$,u 为藻类生长速率常数,C 为藻类浓度,忽略入湖水磷浓度变化对藻生长速率影响影响,则根据藻类质量平衡:

$$V \mathrm{d}C/\mathrm{d}t = Q(C_i - C) + uCV$$

$$C = C' + (C_0 - C')\exp[(u - Q/V)t]$$

$$C' = C_i Q/V/(Q/V - u)$$

若要使湖水中藻浓度下降,则必须

$$\mathrm{d}C/\mathrm{d}t = (C_0 - C')(u - Q/V)\exp[(u - Q/V)t] < 0$$

在 $Q/V > u$ 及 $C_i < C_0$ 情况下,可以保证湖内藻浓度下降。通常 C_i 很小,可以忽略不计,这表明冲刷速度(Q/V)应达到与藻类生长速率相近的水平才会有效,由于 u 为 0.2～2 d^{-1},这意味着每天入湖水量至少达到 20% 以上。对于大型湖泊来说,冲刷水量巨大,通常难以找到水源,而且这样巨大水量转移的费用也非常巨大。在实际湖泊中,由于湖水不可能混合均匀,同时风力作用会使藻类聚集,局部常常容易形成水华。

2. 技术

通常磷是控制藻类生长速率的营养盐。入湖水中含有磷。通常部分会沉积在湖底,还有部分随水流动排出湖外。增加低含磷水入湖,可以增加湖的环境容量,降低湖水总磷浓度。低冲刷速率或停留时间较长的湖泊,湖水总磷浓度效应慢,除非入湖水含磷非常低,通常需要较长时间才能明显降低湖水含磷量。内源磷释放使情况更加复杂。低含藻水的稀释过程同时减少了藻类浓度。在我国,冲刷主要体现在降低藻类浓度,但是,需要水量巨大,难以经常实施。在实施吸收和冲刷之前,应对产生的效果进行详细的分析和研究。

3. 有效性

到 20 世纪 90 年代初,实际使用非常少。最近的例子是美国华盛顿州 Moses 湖使用低含磷哥伦比亚河水[5],每天入湖水量达到了 10%～20% 湖水总量。改善了湖水透明度,降低了水华,效果明显。

4. 潜在副作用

出湖河道应能容纳增加的流量。增加的流量会带来副作用,使用此方法前,应测试可能的风险。

5. 成本

不同地点,成本变化非常大,取决于是否需要新建工程,增加水泵,修补出水河道,是否有新水源。

6. 其他控藻措施

以下措施单独实施并不完全有效。但是,由于研究不够,虽然有很多很好的实施效果,作为长期有效方法还需要更多论证。

10.5　人工曝气循环

将压缩空气通入湖底,带动湖水向上流动,形成水力循环,从而消除湖水分层现象。能量足够的上升气泡,将提供很好的混合作用,消除湖水中的温度差异。通过以下作用,可减少或控制藻类水华[5]:

① 通过循环,增加藻细胞在深水黑暗处停留时间,从而减少光合作用,降低藻类生长速率。

② 增加了溶解氧,减少湖底底泥厌氧环境带来的磷的释放。

③ 通过循环,提高二氧化碳溶解量,降低湖水 pH 值,使生长的优势藻从蓝绿藻转移到其他危害较轻的绿藻。

④ 食藻浮游动物在上层光线充足的水中,容易被鱼类发现而吞食,进入湖底黑暗处,会使食藻浮游动物增多,从而减少藻华浓度。

人工曝气循环主要用于深水湖泊。由于风浪作用,大型浅水湖泊,本身就混合得比较好,不存在显著的分层现象,因而不需要使用人工曝气循环来消除湖水分层。对不同湖泊,效果变化很大。通常能解决低溶解氧问题。一般情况下,能够维持很小的湖水温差,降低了藻华浓度。某些情况下,总磷浓度和湖水浊度增加,透明度下降。供水水库使用人工循环,通常能够消除水中溶解性铁锰过多的问题。人工曝气循环是改善湖水水质使用最多的方法。

湖水化学组分或使用的设备不当,会降低效果甚至失败。Lorenzen 和 Fast 研究表明[7],为了维持溶解氧浓度,提供良好的混合能力,曝气量应达到每平方公里水面 9.2 m³/min。较低曝气量是技术失败的主要原因。在分层温差较大的水体中,底部水温较低,密度较大,气体不易带动底层水上升到水面,混合效果较差,必须由非常专业的人员进行设计。气体压力由气体入湖深度决定。湖水化学性质,如 pH 值对除藻效果影响很大。处理成本较低,主要包括空气压缩机、管道和曝气扩散器。

10.6 底层滞水区曝气充氧

湖泊底层出现缺氧区是湖泊富营养化的象征之一。通常好氧微生物氧化底部有机物消耗溶解氧导致缺氧。缺氧会导致水质下降,包括溶解某些金属离子,加速营养盐循环,限制鱼类生长速率。给底层水曝气充氧,主要目的是增加底层水溶解氧,同时不破坏水体分层和不增加水体温度,从而增加鱼类栖息场所。当底部溶解磷来自磷酸铁还原时,通过曝气充氧,会减少磷的释放。底层充氧还可减少溶解铁锰离子和氨浓度。

使用设备与人工循环的曝气设备不同,装置见图 10.3[3],通常安装在湖底,湖水曝气以后又回到湖底,不会破坏湖水分层现象。在深水湖泊中,可直接使用微孔曝气装置进行纯氧曝气,当气泡小于 1 mm,湖水深度超过 30 m 时,纯氧气泡水中上升不超过 8 m 就全部溶解,从而不影响湖水分层。使用空气替代纯氧,氮气可能会逸出到空气中,从而破坏湖水分层。通常多使用专用的底层水曝气系统,压缩空气打到底部带动水上升后,由装置将其循环至底部。

为确定装置大小,首先必须测量单位面积湖水耗氧速率,通常通过测量底水层厚度和单位体积水耗氧速率来确定。根据耗氧速率可计算空气量,根据湖水深度可确定压缩空气压力,从而确定装置功率和能量消耗。

人工曝气循环的主要目的之一是增加湖底水的溶解氧,维持冷水鱼生长环境,消除异味,从而适合用于生产饮用水,此时溶解氧增加,使水中溶解的二价铁锰离子氧化,形成氢氧化物沉淀而除去。此法还可以改善从深层排出的厌氧水水质,保护下游水体。

此法提高深层水溶解氧,可以减少底泥磷释放。使用此法控制藻类水华的报道很少。在含铁高的水域,使用此法氧化溶解的铁离子,可以减少磷的释放,从而控制水华。Walker 总结了使用深层曝气改善水质,减少水华的实践。

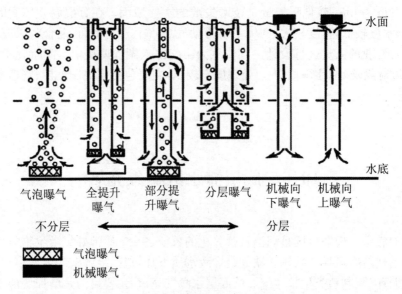

气泡曝气　　全提升　　部分提升　　分层曝气　　机械向　　机械向
　　　　　　曝气　　　升曝气　　　　　　　　下曝气　　上曝气

不分层　　　←——————————→　　　　分层

气泡曝气

机械曝气

图 10.3　底层曝气方法示意图

　　这种方法适合深层滞水区很大的情况。在浅水湖泊，使用这种方法必须慎重。

　　成本与湖底水的耗氧速率相关，这主要与湖底水中有机物含量有关，它决定了压缩空气需求量。1980 年安装在 Tegel 湖 15 个 Limno 底层水曝气系统[9]，充氧能力为 4.5 t/d，投资 377 万美元（2002 年）。每天运行费为 0.09 美元/kg O_2，每年运行 160 天，年费用 442 000 美元，相当于每年 1 052 美元/公顷。

10.7　食物链调控

　　Shapiro 首先提出生物操纵法[10]，不需要设备和化学药剂。认为控制藻类浓度的因素中，食藻浮游动物作用比营养盐更大。浮游动物是甲壳类微小动物，在表水层生活，以藻类、细菌和有机物为生。

　　以浮游动物为食的最有效的动物是大型浮游动物。在某些湖，如佛罗里达亚热带湖，没有大型浮游动物。其他一些存在大型浮游动物的湖泊，主要被鱼吞食，包括蓝色太阳鱼、翻车鱼、鲈鱼、西鲱鱼等。一些食肉鱼类，如大嘴鲈鱼、大眼狮鲇、梭子鱼等统治的湖泊，浮游动物生长较好，因为以浮游动物为食的鱼被吞食而减少。增加以藻类为食的浮游动物,可以减少藻类浓度。与此相反,被以食浮游动物为主的鱼类统治,会使藻类生长过剩。这种控制方式从生物链来看,是从顶部控制,不同于前面所述方法的是它是从生物链底部进行控制的。

通过下毒、降低水位、冬天严寒或放养肉食鱼类,可以减少以浮游动物为食的鱼类数量。

然而,增加肉食鱼类,当营养盐负荷高,优势藻是不可食用的蓝绿藻,控制效果难以测定。垂钓者捕获一些肉食鱼类,从生态角度来看,效果不会很明显。以水清为主要目的,放养以浮游动物为食的鱼类,产生的生态效应也很小。在垂钓为主的湖泊,滤食性鱼类是介于贫营养和富营养之间湖泊食物链基本成分。控制小鱼密度的效应是有益的,在小湖中实施,能保证湖泊管理效果。

此外,在富营养湖泊底部黑暗处,常存在缺氧区,消除此区,使食藻浮游动物在白天能下潜躲藏,避过在上层明亮处被鱼类吞食,将增加食藻浮游动物数量,提高食藻效果。使用曝气设备,可以消除缺氧区。农田雨水径流会带来杀虫剂,杀死浮游动物。使用硫酸铜除藻,会同时杀死浮游动物,即使剂量远低于杀藻剂量。使用杀藻剂一段时间后,藻类常常又会反弹。

减少生活在底部的鲤鱼和大头鱼数量,可以改善湖水透明度。这些鱼类在底部觅食和消化食物时,会增加营养盐。但是,除去这些鱼类非常困难,因为它们能忍耐非常低的溶解氧和较高浓度的有毒物质。

生物操作费用未知。毒死鱼的费用通常很昂贵,因为还需要清理有毒的死鱼。通过提高某些肉食鱼类数量,改变生物链结构,对每个湖是不同的。对大多数湖来说,鱼和垂钓是非常吸引人的,能够找到志愿者和专家,从而大大减小了投入。

健康的沉水植物系统,能够吸收营养盐,从而降低排水中磷的要求,在实际应用中,需要及时采收沉水植物。应使用专用设备,防止采集沉水植物时,损害植物,影响植物正常生长。

10.8　其　他　方　法

10.8.1　清除深层滞水区

通常水底滞水区内溶解氧低,营养盐浓度高。在春秋季节,湖水产生对流会将底部湖水转移到表层,从而产生严重的水华现象。通过虹吸作用和抽水将其从湖底清除,不仅减少磷,而且使湖水磷浓度降低。但是,实际此法很少使用,仅有很少几个实例。还存在严重副作用。排出水水质很差,需要曝气处理。抽取深层滞水区水会破坏湖水分层,将底部缺氧富含营养盐的水带动湖上层,触发水华。成本很低,需要水泵、管道和曝气设备。

10.8.2 底泥氧化

通过底泥氧化钝化磷,主要目的是减少磷从底泥释放。如果底泥中含磷低,应加入氯化铁,提高磷沉积。加入石灰调节 pH 值到 7～7.5,加入硝酸钙,促进有机物氧化。瑞典 Lillesjon 湖,面积为 10.5 英亩(约 0.04 平方公里),平均深度为 2 m,采用此法处理,总费用为 179 000 美元(2002 年),其中 44%是设备费用,化学试剂包括 13 t 氯化铁、5 t 石灰和 12 t 硝酸钙[11]。降低了底泥磷释放,持续效果 2 年。美国明尼苏达州 Long 湖部分水域也进行了类似处理,但较高的外源磷使其效果不明显。[12]

10.8.3 使用杀藻剂

主要使用的杀藻剂是硫酸铜,可以用于饮用水水源地。此外,还使用除草剂西玛津。铜离子阻止了藻类光合作用,改变了氮代谢过程。使用时,在船后拖带一个装有颗粒硫酸铜的尼龙袋或麻布袋,硫酸铜会不断溶解进入湖水。在碱性水中(以碳酸钙计算,含量为 150 mg/L 以上),或水中有机物含量高,铜离子会很快消耗掉,效果很差。此时,需要使用整合状态铜盐,它会使铜离子在水中保持足够时间,以杀死藻。1～2 mg/L 流速铜剂量就可杀死包括蓝绿藻、合丝状藻在内的各种藻。Cooke 和 Carlson 总结了剂量、效果和环境影响。[13]

硫酸铜杀藻剂非常有效,且见效快,但会带来很强的副作用,而且没有解决任何问题的来源,不是湖泊修复试剂。在短期内大量使用硫酸铜,会消耗溶解氧,杀死鱼类。Hanson 和 Stefan 报道,通过在明尼苏达多个湖泊使用杀藻剂 58 年的经验来看,临时控制藻类浓度效果明显,但是带来溶解氧消耗。增加湖内营养盐释放和循环,杀死鱼类,底泥硫酸铜沉积,某些蓝绿藻对硫酸铜耐受性提高[14],对鱼类及其食物链产生了副作用。他们认为硫酸铜对藻类的短期效应带来了湖泊环境的长期恶化。

费用与剂量相关。通常每英亩英尺水量(= 1 200 m³)需要硫酸铜 5.4 磅(= 2.45 kg),目前价格为 15～20 元/kg,相当于 37～49 元(约 30 000 元/km²)。

10.8.4　水动力循环

水动力循环可以增加天然水体的流速。国内多项研究表明,水流速增大,藻类生长速度增加。当水流速增加到较大时,藻类生长又会下降。例如,黄钰铃等在水槽模拟实验中观察到,流速增大到 0.4 m/s,铜绿微囊藻(Microcystis aeruginosa)生长仍然是随流速增加而增加。[15]高月香等观察到实验水槽中,铜绿微囊藻(*Microcystis aeruginosa*)最佳生长速度是 0.3 m/s,速度增加到 0.5 m/s 时,藻类生长受到明显限制。[16]由于需要较高流速才能抑制藻类生长,通过人工手段,增大大型湖泊流速保持在 0.5 m/s 以上,控制藻类生长,技术上是可行的。但是,存在能耗大、经济性差的问题。

10.9　总　　结

各种湖内治理水华的方法比较见表 10.1。

表 10.1　各种湖内治理水华方法比较[8]

方　法	使用方法	优　点	缺　点
底层曝气	在不同深度曝气充氧,增加溶解氧;维护分层或破坏分层;排水充氧	好氧条件下,磷会沉降;除去缺氧区,改善鱼类生存条件;减少溶解性铁锰离子、氨和磷	会破坏热分层,影响鱼类生长;气体会过饱和,对鱼类有害;需要许可
循环,破坏分层	使用水或气体循环湖水;阻止水分层;使用机械或气动设备	减少表面藻华,促进湖水均匀;阻碍某些藻类生长;除去缺氧区,改善鱼类生存条件;能消除局部问题,对整体影响小	会使局部污染扩大;增加溶解氧需求;增加下游污染影响

续表

方　　法	使用方法	优　　点	缺　　点
稀释和冲刷	加入低藻或低磷水，降低湖水营养盐含量；降低藻类浓度；应连续或周期性实施	减少营养盐和藻类浓度；降低停留时间，使污染减少	减少水资源，减少浮游动物，使用水质变差。水污染对下游的影响
降低水位	抽干水增加氧化，干燥、底泥沉降	会减少营养盐，影响藻类生长和种类；湖滨清理修复机会；控制挺水植物，减少沼泽化	对沼泽影响大，防洪能力降低，影响过冬动物，影响水供应，可能加大营养盐
清淤	清理淤泥，脱水，消除底泥中磷	如果底泥释放磷是主要磷来源，可以减少藻增加水深；减少污染物来源；减少沉淀物耗氧；改进鱼类生存环境；清理水生植物	除去了大型底栖动物；增加了浊度；干式清淤消除了鱼类；排水和排泥污染使湖其他用途中断
表面覆盖或加颜料	产生光限制	使藻类生长速度下降，同时限制沉水植物	导致浅水湖泊热分层；增加缺氧区
机械清理	供水生产时过滤；使用收割机收集表面浮渣；需要持续或多次使用	可以减少藻；表面浮渣干燥藻减小体积	藻密度高时，需要处理，清洗水多；人工劳动强度大，机械投资大；使用网难清理部分藻类；对水生生物有影响
手工拔除		高选择性	劳动强度大
收割		除去植物	
底部排水	排除底部高含营养盐、低含氧水，吸取底部低含藻水，提高供水质量。使用水泵或水头	能有效排除目标水。使用曝气等技术补充，阻止缺氧区及磷释放，阻止深层水中藻生长，提供下游低温水	不处理，提供给下游水质差；消除分层，影响冷水鱼生长；使底层劣水翻上

续表

方　法	使用方法	优　点	缺　点
杀藻剂	使用液体或粒状杀藻剂;需要多次使用	杀死藻类,增加透明度;使营养盐转移到湖底	杀死其他生物;处理后水的用途受限;藻类死亡增加氧消耗和水体毒性;营养盐循环,其他藻类会生长
杀藻剂铜盐	接触杀藻;细胞毒性破坏藻类光合作用、氮代谢和膜的通透性;使用水溶液或粒状,同时使用螯合剂、高分子、表面活性剂或除草剂	能迅速控制藻类生长;在供水领域经常使用	对水生动物可能有毒;低温、含盐分高时效果差;铜离子积累在土壤,流失到下游;某些藻类耐铜离子;死亡藻类释放有害物质
使用 endothall 7-氧二环[2,2,1]庚烷-2,3 二羧酸	接触杀藻;阻止蛋白合成;引起结构损坏;水溶解或以粒状使用	使用铜无效时,使用它可以控制毯状藻类;在推荐剂量下对鱼的毒性较小;作用迅速	无选择性;对水生动物有害;妨碍水用途,需要延迟使用水
使用 diquat 6,7-dihydropyrido[1,2-2′,1′-]bipyridinium dibromide	接触杀藻;植物叶子吸收强氧化性,破坏细胞功能;使用液体,有时与铜盐同时使用	控制水生植物,特别是漂浮植物;在推荐剂量下,对鱼毒性较小;作用迅速	不能限定作用区域;对浮游动物有毒;容易失效;使用期间,停止用水
生物调控	鱼、昆虫、病原体、常见草鱼控草,最近常用昆虫	长期效果;生物间复杂作用,难以控制。获得鱼	引入外来物种危险;效果难以控制;消灭本地物种
草食性鱼类	大量放养;控制捕捞	大量减少水草;一次放养,多年有效,还可以调整	会消除植物;导致藻类生长;改变鱼类生长
草食性昆虫	放养。针对特定目标,处在实验阶段	影响本地物种;通常无副作用;有长期控制作用	数量难以控制;数量周期性变化;鱼类猎食控制

续表

方　法	使用方法	优　点	缺　点
病原体	通过接种,培养大量病原体	针对特定物种,通过接种提供巨大效果	实验规模 传染病过程难以控制; 副作用研究少
植物选栽	通过植物控制特定物种。 通过种子,移栽等	可以回复本地植物群落; 可以选择性栽种	还处于实验阶段 有害物种控制难 引入物种有害

参 考 文 献

[1] Larsen D, Shults D W, Malueg K W. Summer Internal Phosphorus Supplies in Shagawa Lake,Minesota[J]. Limnol. Oceanogr ,1981, 26:740 - 753.

[2] Kennedy R H, Cooke G D. Control of Phosphorus with Aluminum Sulfate, Dose Determination and Application Techniques[J]. Water Res. bull ,1982, 18: 389 - 395.

[3] Garrison P J, Ihm D M. First Annual Report of Long-term Evaluation of Wisconsin Clean Lake Projects: Part B Lake Assessment[R]. Washington: U. S. Environ. Prot. Agency,1991.

[4] Peterson J O, Wall J T, Wirth T L, et al. Eutrohpication Control: Nutrient Inactivation by Chemical Precipitation at Horseshoe Lake[M]. Madison, WI : Tech. Bull , 1973.

[5] Cooke G D, Welch E B, Peterson S A, et al. Restoration and Managemeng of Lakes and Reservoirs[M]. New York : Taylor & Francis,2005.

[6] Petterson S A. Sediment Removal as a Lake Restoration Technique. USEPA-600/3-81-013 , 1981.

[7] Lorenzen M W, Fast A W. A Guide to Aeration/Circulation Techniques for Lake Management. EPA-600/3-77-004. Washington :U. S. Environ. Prot. Agency, 1977.

[8] USEPA. Managing Lakes and Reservoirs [M]. 3rd ed. North American Lake Management Society, 2001.

[9] Verner B. Longterm Effect of Hypolimnetic Aeration of Lakes and Reservoirs with Special Consideration of Dringking Water Quality and Preparation Cost. In: Lake and Reservoir Management. USEPA 440/5-84-001. 1984 : 134 - 138.

[10] Shapiro. Biomanipulation：The Next Phase：Making it Stable[J]. Hydrobiologia，1990，200：13‐27.

[11] Foy R H. Supperessions of Phosphorus Release from Lake Sediments by the Addition of Nitrate[J]. Water Research，1986，20：1345‐1351.

[12] Noon T A. Water Quality in Long Lake，Minnesota，Following Riplox Sediment Treatment[J]. Lake and Reservoir Management，1986，2：131.

[13] Cooke G D，Carlson R E. Reservoir Management for Water Quality and THM Precursor Control. American Water Works Association Research Foundation：Denver，CO.，1989.

[14] Hanson M J，Stefan H G. Sides Effects of 58 Years of Copper Sulfate Treatment of the Fairmont lakes[M]. Minnesota. Water Res. Bull ，1984，20：889‐900.

[15] 黄钰铃，刘德富，陈明曦. 不同流速下水华生消的模拟[J]. Chinese Journal of Applied Ecology，2008，19(10)：2293‐2298.

[16] 高月香，张毅敏，张永. 流速对太湖铜绿微囊藻生长的影响[J]. 生态与农村环境学报，2007，23：57‐60，88.

第 11 章　点源磷污染治理技术

　　防止淡水湖泊水华发生的主要措施是控制水中的总磷浓度[1]，使其低于产生水华危险的阈值浓度。通常需要将水中总磷浓度降低到 $0.01\sim0.02$ mg/L 以下。[2]经过二级处理的城市废水含磷量高达 $0.5\sim1.0$ mg/L，常常成为人口密集地区湖泊中磷的主要来源。例如，德国全面调研结果表明，水生生态系统中 60% 的磷来自城市污水处理厂出水。[3]美国也有类似的发展趋势。[4]因此，在发达国家，很多污水处理厂采用三级处理，使出水总磷浓度<$0.01\sim0.1$ mg/L，例如，美国 Spokane 河流域要求污水处理厂出水总磷浓度低于 0.01 mg/L[5]，Onondaga 湖流域要求污水处理厂出水总磷浓度低于 0.02 mg/L[6]。在很多流域治理规划中，美国政府常要求城市污水处理厂在生物脱氮除磷工艺技术基础上增加三级处理，以除去微量营养盐。[7]我国很多湖泊，处于人口密集和经济发达城市附近，城市污水经处理达标排放，其所含的污染物和营养盐浓度仍然过大，带来的营养盐常常使湖泊水中营养盐超过富营养化标准。例如，每年排入滇池的城市污水量为3.4亿方，而滇池的年进水总量为 6.65 亿方[8]，当城市污水经处理后，含磷平均浓度为 0.5 mg/L，则给滇池的总磷平衡浓度贡献值将达到 0.256 mg/L。因此，必须制定更加严格的污水处理要求和出水含磷标准，才能达到湖泊富营养化治理的目的。

　　在城市和工业污水处理厂，除磷是必不可少的工艺步骤之一。污水中磷包括溶解性磷和悬浮颗粒性磷。溶解性磷主要包括正磷酸盐、聚磷酸盐和有机磷。颗粒性磷主要包括有机磷和形成化学沉淀物的正磷酸盐和聚磷酸盐。生活污水总磷浓度可达到 $5\sim10$ mg/L。磷以悬浮态为主。除磷工艺主要包括生物除磷、化学除磷和过滤除磷。在某些流域，为了满足非常严格的除磷要求（出水浓度为 $0.01\sim0.02$ mg/L），现代污水处理厂通常需要联合采用生物除磷、化学除磷和物理过滤等进行深度除磷。通常生物除磷能够达到 $1\sim2$ mg/L 的出水浓度，通过化学除磷可降低到 $0.1\sim0.3$ mg/L 量级。出水再经过深度过滤，可达到 $0.01\sim0.02$ mg/L 的水平。其中生物除磷工艺运行费用低，是除磷系统的首选工艺。化学除磷需要消耗大量化学药剂,运行费用与磷含量成正比,与出水磷含量成反比。过滤除磷通常与化学除磷结合使用,主要用于除去水中微量悬浮性微小颗粒中所含悬浮性磷,达到很低的出水含磷量。

11.1 化 学 除 磷

11.1.1 原理

投加的金属盐与污水中的溶解性磷形成溶解度很小的磷酸盐,再通过固液分离除去。形成金属盐的过程很快,只需要几秒钟到几分钟时间就能达到化学平衡。但是,磷酸盐晶体长大是一个相对缓慢的过程。金属盐还有凝聚、絮凝作用,通常过量投加,可通过絮凝加速磷酸盐沉淀,实际设计需要考虑磷酸盐晶体絮凝过程。固液分离可单独进行,也可与初沉池和二沉池相结合。

金属盐主要包括钙盐、铁盐和铝盐。最常用的是硫酸铝、铝酸钠、氯化铝、三氯化铁、硫酸铁、石灰等。含铁的钢铁厂酸洗废液也可作为沉淀磷酸盐的铁盐来源,其中铁以二价形式存在。

金属离子在污水中发生的沉淀过程是非常复杂的,除了与磷酸根离子形成多种磷酸盐沉淀外,还形成金属氢氧化物、碳酸盐、碱式碳酸盐等沉淀及其他金属盐沉淀和共沉淀。这些沉淀物在絮凝方面发挥了作用,能够捕捉无法沉淀的磷酸盐胶体颗粒一起沉淀。常用沉淀剂有三价铁和铝盐,还有亚铁盐和氧化钙。

1. 三价铁和铝沉淀剂

在文献报道中,三价金属离子 M^{3+} 的沉淀可用下列反应式表示:

$$主反应:\quad M^{3+} + H_2PO_4{}^- \longrightarrow MPO_4 + 2H^+$$

$$副反应:\quad M^{3+} + HCO_3{}^- + H_2O \longrightarrow M(OH)_3 + CO_2$$

这些反应都增加了氢离子浓度,使污水 pH 值降低,而金属盐的溶解度与 pH 值密切相关。实际污水由于含有多种物质,加入沉淀剂后,溶解性离子浓度变化非常大。美国水环境协会组织编著的生物和化学除营养盐系统报道,污水加沉淀剂后,无论是实验室实验还是污水处理厂实际运行,溶解磷可从 0.01 mg/L 变化到 5 mg/L 以上,在最佳 pH 下,变化范围为 0.01~1 mg/L。[9] 采用三价铁或铝作为沉淀剂,最佳 pH 值均为 6.8。推荐 pH 范围为 6.5～7.2。可根据出水总磷含量和磷除去量确定加药量,其中加药量与除去磷量之摩尔比与出水磷浓度关系可根据实验确定。

2. 亚铁离子作为沉淀剂

亚铁离子来源于废弃物,成本低,常用作沉淀剂。亚铁离子与磷酸根形成的盐溶解度较大,除磷效果较差。实际使用时,常在曝气池中投加,亚铁离子被氧化为三价铁离子。化学反应为

$$Fe^{2+} + 0.25O_2 + H^+ =\!=\!=\!= Fe^{3+} + 0.5H_2O$$

该反应消耗了酸度,增加了溶液碱性。投加量一般与铁离子计算相同,一般铁盐投加量为 20～40 g Fe/m^3,增加耗氧量为 2.8～5.6 g/m^3(0.14 g O$_2$/g Fe)。与污水有机污染物氧化相比(通常耗氧大于 100g/m^3),曝气系统额外增加的能耗并不明显。使用铁离子,还有一个缺点是出水在缺氧条件下,会还原为二价铁离子,使部分磷酸盐溶解。通常系统中存在硝酸盐,能够在微生物作用下,氧化亚铁离子。

亚铁离子与钙离子能形成溶解度很低的共沉淀,但投加氢氧化钙会增加污水 pH 值,通常 pH 值可升高到 8～10,实际较少使用。

3. 钙离子沉淀剂

常用石灰。石灰可与磷酸根形成多种复合沉淀物,如磷灰石,污水中其他离子,如钠、铁、铝、镁、锌等,可加入替代钙离子。石灰除磷工艺与水软化过程相同,所需石灰投加量仅与污水碱度相关,与污水含磷量无关。主要在出水总磷含量低于 0.1 mg/L 的情况下使用,石灰使用量大,形成的污泥量也增大很多,而且加药设备投资和运行维护费用也较大,使其与铁和铝盐相比,经济性要差很多,目前已很少使用。如果污泥采用石灰法稳定,使用石灰作为除磷剂还有吸引力。

11.1.2 混合和凝聚

混合使化学药剂快速而均匀地分散于水中。由于沉淀反应非常迅速,化学除磷系统主要由凝聚过程决定,可通过搅拌来调节控制。通常使用速度梯度 G 来度量搅拌强度。速度梯度 G 可根据下式计算:

$$G = (P/\mu)^{0.5}$$

式中:P 为单位体积流体中搅拌功率,μ 为液体黏度,单位是 Pa·s。G 值应根据中试研究确定,也可根据文献、经验、实验结果确定。可利用挡板槽、反应器中竖向搅拌器、管线中的线上混合器或静态混合器。

由于磷酸盐晶体形成速度慢,在水中多以胶体状存在,需要通过凝聚和絮凝作用,形成大颗粒,从而能够沉淀。根据颗粒直径,可将水中悬浮物划分为:

可沉絮体:$>100\ \mu m$;

主粒子:$>1\ \mu m$;

胶体:$>0.001\ \mu m$;

溶解性物质:$<0.001\ \mu m$。

根据斯托克斯定律,粒子沉淀速率与颗粒直径的平方成正比。胶体太小,无法在短时间内沉淀或被滤床内空隙拦截。由于胶体表面带电荷,相互之间有排斥作用,从而维持胶体稳定。凝聚作用就是向水中添加金属离子,减少胶体表面电荷,使胶体相互之间斥力减小,除去表面电荷的胶体会在热运动中相互碰撞而连接在一起。通常水中胶体表面带负电荷,研究结果表明,高价阳离子效果较好。因此,铁和铝离子是主要凝聚用药剂。此外,通常还添加助剂,主要包括硫酸和石灰等作为 pH 值调节剂。长链高分子聚合物为絮凝助剂。长链分子上有很多带电活性部位,可以附着絮体,将不同絮体连接起来,从而增加沉淀效果。凝聚主要有两种机制:第一,溶解性水解物吸附在胶体上使胶体脱稳;第二,胶体被氢氧化物沉淀捕获所形成的扫除作用。吸附-脱稳过程非常快,反应在 1 s 内完成。扫除作用需要1~7 s 才能完成。可用烧杯试验数据来判别反应器机理。如果从剂量-浊度曲线上可明显观察到电荷逆转的情形,则吸附-脱稳机理为主,如果没有显示电荷逆转的情形(即在较高的剂量时曲线仍相对平直),则主要机理为扫除作用。对于吸附脱稳反应,建议 G 值为 $3\,000 \sim 5\,000\ s^{-1}$,水力停留时间为 0.5 s,可使用线上混合器。对于扫除作用,建议停留时间为 $1 \sim 10\ s$,G 值为 $600 \sim 1\,000\ s^{-1}$。水力停留时间定义为 V/Q,V 是反应器体积,Q 是处理能力。水力停留时间与处理能力共同决定了反应器体积。

11.1.3　絮凝

絮凝是使颗粒增大到可迅速沉降的尺寸。为了使颗粒能够互相接触,避免在絮凝池中发生沉降,必须提供合适的混合。过于剧烈的搅拌会剪碎絮体颗粒,形成小的絮体而分散在水中。因此,要求絮凝池结构灵活,使操作人员能调节搅拌强度。

通常利用搅拌桨、桨板式絮凝器或挡板反应器完成絮凝。建议使用搅拌桨,它可使絮凝池 G 值保持稳定。絮凝池至少分成 3 个室,速度梯度递减,表 11.1 为参考设计数据。

表 11.1　絮凝池设计参数

絮凝剂	第一池 $G(s^{-1})$	中间池 $G(s^{-1})$	最末池 $G(s^{-1})$	总水力停留时间(min)
Al^{3+}	40～50	15～25	10	40
$Ca(OH)_2$	30～40	15～20	10	20
$Fe^{2+} + Ca(OH)_2$	25～35	10～20	10	20
Al^{3+} + 聚合物	50～70	30～40	10	30

11.1.4　沉淀

沉淀使固体颗粒从水中分离除去。沉淀是污水处理种固液分离的主要技术手段,运行成本低,性能稳定。沉淀通常在沉淀池中进行,根据沉淀池形状,可分为平流式沉淀池、辐流式沉淀池和竖流式沉淀池。从设计上看,沉淀池通常分成 4 个区:进水区、沉淀区、出水区和污泥储存区。设置进水区的目的是使水流和悬浮颗粒均匀分布进入沉淀区,通常通过导流板和穿孔挡板来实现,在沉淀池长度方向上约延伸 1.5 m,使进水流速低于沉淀区设计流速。污泥储存区的构造和深度取决于清泥方法、频率和估计的污泥产生量等参数。设计良好的沉淀池,75%污泥会在沉淀池前 20%内沉淀。如果沉淀池足够长,则储存深度可由池的底部坡度提供。通常储存深度在进水区附近应大于 2 m,在出水区附近应为 0.3 m。机械清泥的沉淀池,池底坡度为 1%。泥斗侧壁应倾斜,斜率为 1.2～2.0。出水区通常由一系列水槽(称作出水堰)组成,提供较大面积使水流通过,以控制出水区附近水流流速,防止流速过快,带动沉淀污泥进入出水槽。通常用出水堰溢流率来表征。二沉池出水堰溢流率应低于 120 m^2/d,最大不超过 190 m^2/d,若池深大于 3.5 m,堰负荷率影响较小。

在沉淀区,沉淀速度大于沉淀区表面负荷率的颗粒均能被沉淀。废水中颗粒物的沉淀速率应通过实验测得,可降低工程投资。如投资者不愿意花钱进行实验,设计者只能选择保守的经验值进行设计,反而加大投资。二沉池表面负荷率为 20～35 m/d,深度为 3～5 m。

11.1.4　化学除磷工艺与设备

1. 工艺

化学除磷可与生物工艺相结合,根据生物工艺中投加化学除磷药剂的位置,可将化学除磷工艺划分为前置除磷、同步除磷和后置除磷,以及多点投加。投加量约为 10 mg/L。

前置除磷指在污水处理初沉池前投加,不仅可获得 70%～90% 的除磷率,而且能显著提高有机污染物和悬浮颗粒的去除率。但沉淀药剂耗量较大,部分用于絮凝固体。

除磷药剂利用率较高,改造现有设施时,可将药剂投加到原污水泵送出口、曝气沉沙池、计量槽及管道内,均能取得良好的除磷效果。在新建工程中,应在沉淀池设计中包括搅拌器和用于絮凝的反应器,以取得最佳去除效果。通常缺点包括初沉污泥产量增加较多,污水中有机物降低会影响生物除磷脱氮。

同步除磷是在曝气池中或二沉池前投加沉淀剂。在曝气池内投加沉淀剂,不仅节省投资,利用价格较低的亚铁沉淀剂,还可提高活性污泥沉降性能。但是,由于曝气池中搅拌强度大于絮凝要求,沉淀效果并不理想,不适合高除磷要求。投加金属盐会引起曝气池 pH 值下降,影响硝化过程;还会影响污泥活性,出水溶解性固体浓度会升高。在曝气池和沉淀池之间投加药剂更常见。

后置除磷又称三级处理,是在二沉池后单独设置絮凝沉淀工艺,投资较大,但对二级处理没有影响,产生的化学污泥较少,含磷量较高,可用作肥料。

2. 药剂储存

固体铝盐以米粒状和磨碎状为佳,易于溶解使用,应存放在干燥处。储存仓可用钢或混凝土制造。干固体硫酸铝在干燥条件下没有腐蚀性,但粉末对眼睛和呼吸系统有刺激。还容易吸收结块,大型储仓应设置除尘除湿设备。液体硫酸铝含水约为 50%,运输成本较高,应在产地附近使用。可不加稀释存放,需要保温维持在 -4 ℃ 以上,防止结晶,没有存放时间要求。可根据原料供应情况,按照 10～14 天用量设计储罐体积。

干式铝酸钠在 16～32 ℃ 条件下,最多可存放 6 个月。曝露在空气中易变质。容易结块。存储容器可用低碳钢、不锈钢、玻璃钢和混凝土制造。液体铝酸钠最长存放时间不超过 2～3 个月。铝酸钠腐蚀性强,类似氢氧化钠,使用时应非常小心。

工业氯化铁一般为液体,储存罐以钢制、玻璃钢和合成树脂制造,内加橡胶和塑料垫层。储罐应保温防止结晶,可存放无限期。氯化亚铁或酸洗废液是炼钢副产品,游离酸含量为 1%～10%。存储要求类似氯化铁。

硫酸亚铁常以固体形式存放,成分不稳定,典型含量为 55%～58%,易水解结块,可使用钢筋混凝土、钢衬沥青、合成树脂、橡胶、PVC 等材料制作的储罐。溶液存放要求同氯化铁溶液。

3. 污泥处理处置

化学除磷在原有污泥基础上,增加了化学药剂沉淀、溶解性物质沉淀和悬浮颗粒沉淀去除率的提高。此外,化学除磷污泥不仅增加了在浓缩、脱水和消化方面的难度,也增加了污泥处理处置系统费用。

(1) 污泥产生量变化

增设化学除磷后,污水处理厂污泥产生量会明显增大,产生量可进行初步估算。药剂投加点及投加量对污泥增加量影响很大。在初沉池前投加,初沉污泥将增加 50%~100%,全厂将增加 35%~70%。在二沉池或曝气池投加,会增加活性污泥 35%~45%,全厂污泥总量增加 15% 左右。沉淀污泥浓度降低,体积增大。

(2) 对污水生物处理系统影响

二沉池设计通常需要同时考虑表面负荷和固体负荷,增加化学除磷后,固体负荷相应增大,污泥沉降性能下降,必要时应加高分子絮凝剂,提高沉降速度。曝气池内活性污泥中微生物浓度下降,需要加大回流增加混合液浓度,保持曝气池微生物活性。污泥增多,需要增加沉淀池污泥泵送能力及污泥处理系统能力。过多加入金属盐,会影响曝气池 pH 值,必要时需要添加碱,调节曝气池 pH 值。

(3) 污泥浓缩脱水

化学除磷不仅增加了需要处理处置的污泥量,所产生的污泥浓缩和脱水性能也相当差。投加硫酸铝的生物污泥更难浓缩和脱水。污泥浓缩和脱水性能因厂而异,通过中试或生产性试验是非常必要的。

(4) 污泥消化

首先,金属盐对消化微生物活性有明显影响,使消化速率降低,导致挥发性固体降解率和沼气产率降低。此外,污泥量增多,使污泥浓度降低、体积加大,必须考虑消化池设计,增加消化池体积,保障污泥在消化池内的停留时间,避免污泥消化能力不足。

11.2　生　物　除　磷

单纯化学除磷,不仅需要增加投资,而且系统运行时,需要投加硫酸铝 100~200 g/m³,使吨水处理成本增加 0.1~0.2 元。生物除磷虽然增加投资,但运行时成本几乎保持不变。因此,生物除磷是污水处理厂必备的除磷工艺。

11.2.1　生物除磷原理

通常微生物体内含磷量一般干重为 2% 以下,有一类微生物,现在称为聚磷菌,体内含磷可达到 3%～7% 以上,最高达到 15%。在活性污泥系统中,培养聚磷菌为主的微生物,通过除去剩余污泥带走磷,从而除去污水中磷。通常利用聚磷菌在厌氧状态下大量吸收挥发性有机物,在厌氧-好氧工艺中,聚磷菌吸收了挥发性脂肪酸,到好氧反应器中能够快速生长,同时吸收磷;由于挥发性脂肪酸在厌氧池内被吸收,到后续好氧池内浓度较低,使其他好氧微生物因缺少溶解性有机物而生长缓慢,从而建立以聚磷菌为主的生物除磷系统。

生物除磷除消耗污水中挥发性脂肪酸、影响反硝化反应外,对其他生物过程无不利影响,污泥含磷量高,作为肥料价值提高。缺点包括:要求较高的废水碳磷比;对低碳磷比效果差,稳定性和灵活性较差,暴雨时,出水磷浓度增加。污泥处理中磷释放,降低除磷效果,需要加药沉淀。除磷菌活性较低,通常需要加大曝气池体积,增加投资。要求排泥量大,泥龄较短,使硝化细菌数量减少,影响氨氮硝化。

厌氧池内挥发性脂肪酸来源于污水中有机物水解酸化。在厌氧条件下,聚磷菌吸收挥发性脂肪酸,通过糖原产生的 NADH 还原形成聚 β 羟基丁酸盐(PHB),消耗的能量来自聚磷酸盐水解形成的 ATP,同时向胞外释放磷酸盐。通常糖原质和聚磷酸盐丰富,不会成为限制因子。当 pH 值较高时,醋酸盐进入细胞需要消耗较高能量,细胞内聚磷酸盐可能不足。

当污水中 VFA 含量高(>100 mg/L)时,厌氧停留时间应限制在半小时内;未沉淀污水需要水解酸化才能产生挥发性脂肪酸,因此,停留时间应延长到 1 h。沉淀后进水中有机物含量低,通常厌氧停留时间也选择在 1 h。

在好氧或缺氧池内,聚磷菌体内 PHB 被氧化,细胞得以增殖,同时吸收磷酸盐,合成糖元质。缺氧条件下,氧化 PHB 产生的 ATP 比好氧少 40%。过量曝气会导致胞内糖元质氧化,使厌氧条件下,吸收挥发性脂肪酸能力降低。曝气池内存在挥发性脂肪酸时,聚磷菌将以吸收挥发性脂肪酸为主,同时释放磷酸盐。

11.2.2　主要影响因素

温度会显著影响微生物活性。提高温度,会增加微生物活性,提高除磷速率,但是其他微生物生长速率同时升高,聚磷菌在活性污泥中比例并不一定上升。有报道称,低温将导致除磷率升高。

pH 值会影响各种生化过程。厌氧池内低 pH 值会导致醋酸盐吸收速率降低,同时减少将醋酸盐转化为 PHB。高 pH 值条件下,特别是厌氧池内较高磷酸盐浓度,会促进磷酸盐沉淀的形成。

进水中 VFA 和其他能够在厌氧池内发酵形成 VFA 的挥发性有机物,如糖和酒精等,是除磷菌生长的必要营养,通常要求 BOD/P 应大于 15～20,才能获得良好的生物脱氮除磷功能。VFA 通常是有机物在下水道等处发酵形成的。下水道渗漏会降低有机物含量,给生物除磷带来不利影响,我国下水道渗漏严重,在南方地区,普遍有机物含量低。初沉池对溶解性有机物影响小,但加药沉淀会减少溶解性有机物,从而影响生物除磷效果。在挥发性有机物不足时,常常使用初沉污泥发酵产生 VFA,用于生物除磷。一些离子会影响除磷菌活性,如钾、镁,钙可替代镁,通常城市污水不会缺少这些组分。硝酸盐或溶解氧是聚磷菌好氧池内吸收磷酸盐的必要条件。但在厌氧区,会使其他微生物增殖,同时消耗挥发性有机物,从而影响生物除磷系统性能。污泥龄是除磷系统的决定性因素之一。通常应取低泥龄,提高污泥产量,增加污泥排除量,从而提高除磷效果。但是,低泥龄会导致硝化菌浓度下降,硝化速率降低,使曝气池体积加大。

11.2.3 生物除磷污泥处理

生物除磷工艺将磷转移到产生的污泥中,这些磷在沉淀池和污泥处理中容易释放进入水中,必须认真对待。

必须控制二沉池出水中悬浮物含磷,这些悬浮物含磷量较高,使出水悬浮物浓度高,含磷量也增高。通常出水中溶解性磷含磷小于 0.1 mg/L,但悬浮固体中磷浓度常大于 0.5 mg/L(例如,在污泥含磷 3.5%情况下,ss 约为 15 mg/L)。污泥沉降性能是影响除磷系统性能的主要因素。采用推流式厌氧反应器或多级反应器,可减少丝状菌,提高污泥沉降性能。

含磷污泥在厌氧条件下将释放磷。因此,必须控制污泥在二沉池停留时间,防止形成厌氧环境。短泥龄污泥可能含有较多有机物,容易释磷。

在重力浓缩池中,污泥停留时间超过 2 天,聚磷几乎完全释放,停留时间为 1 天时,几乎有一半磷被释放。当污泥中含有易降解有机物时,如与初沉污泥一起进行浓缩,磷的释放速度会大大加快。因此,采用重力浓度处理除磷污泥并不合适。通常应采用机械浓缩,这时应注意,防止污泥在缓冲池中停留时间过长。污泥稳定化处理时,如厌氧消化,由于厌氧条件下停留时间长,磷将完全释放。在后续浓缩脱水中,滤液中磷浓度非常高,可达到 100 mg/L,因此,在浓缩脱水之前,投加化学药剂沉淀磷酸盐不仅能提高污泥脱水性能,而且是生物除磷的必要手段,可除去大部分磷。

11.2.4　生物除磷工艺

生物除磷工艺通常包括至少一个厌氧池和至少一个好氧池。没有硝化的厌氧好氧工艺,除磷效果良好,能够达到 1 mg/L 的出水。为了利用生物除磷技术,人们在此基础上,发展了多种工艺,根据这些工艺的不同特征可进行分类,主要包括根据除磷方法、厌氧段连续或间歇特性、是否存在单独反硝化池、污泥回流方式及曝气池特性。

1. 主流或侧流工艺

主流工艺通常通过排放剩余污泥排除磷,而侧流工艺中污泥所含磷在厌氧条件下释放后,通过化学沉淀除去,如 Phostrip 工艺。污泥在释磷池中停留 8~12 h,部分污泥死亡发酵产生 VFA,提供聚磷菌形成 PHB,从而能够好氧生长和吸收磷。由于释放磷被除去,因此,除去单位磷所需要的聚磷菌数量及消耗的有机物量均降低。

2. 连续或间歇式厌氧池

在序批式活性污泥法中,曝气池通过间歇曝气实现厌氧、缺氧和好氧工作状态。这时仅有一部分 VFA 被聚磷菌利用。好氧厌氧转换时,部分 VFA 被异养微生物氧化。

3. 单独设置反硝化池

在厌氧和缺氧之间设置反硝化池,与好氧池同时反硝化相比,易生物降解的有机物在缺氧吸收磷脱氮过程中利用更加有效。

4. 回流污泥方式

在 Phoredox 工艺中,回流污泥直接进入厌氧池,而在 UCT 工艺中,回流污泥进入中间缺氧池,缺氧池混合液回流进入厌氧池。UCT 工艺可以避免溶解氧和硝酸盐进入厌氧池,从而消耗挥发性有机物,对除磷是有利的。

5. 曝气池结构

曝气池结构主要包括 3 种形式。循环式反应器(如氧化沟反应器)中溶解氧浓度存在梯度变化,可以同时进行有机物氧化和硝化反硝化等过程。设计良好的系统流场均匀,搅拌能耗低,效果好。推流式反应器中氧浓度及氮、磷营养盐和有机物浓度随反应器位置变化,工艺效率高,但不耐冲击负荷。完全混合式反应器各种污染物浓度和溶解氧浓度比较均匀。

6. VFA 供应

VFA 可来源于污水在存放输送过程中处于厌氧环境下发生的水解。初沉污泥是常用的原料,可在现有处理单元实现。在初沉池中,增加污泥层高度和污泥停留时间从而产生水解。但是,暴雨情况下,流量增加会冲走污泥。很多工程中设置独立反应器进行初沉污泥水解,能够获得稳定效果。与污泥浓缩或泥水分离复合是常用方法。初沉污泥水解需要的停留时间与温度相关,夏天停留 15～30 天,冬天需要增加 50～100 天。pH 值降低到 5.5 以下时,水解反应将停止。水解初沉泥产生相当于污泥干重的 10% 左右 VFA,约使污水增加 40 mg/L COD,可除去 2 mg P/L。初沉污泥中释放的磷很少,可忽略。

11.3　其他除磷技术

11.3.1　除磷方法

污水除磷技术是 20 世纪 50 年代发展起来的,目前的主要除磷技术见表 11.2[10]。最早发展的化学除磷技术,目前还在广泛使用。化学沉淀技术是利用金属盐与溶解性磷酸根形成沉淀除去水中磷,使用非常灵活,可用于一级处理、二级处理、三级处理和侧流生物除磷。生物除磷技术是从 20 世纪 60 年代开始发展的,目前已成为污水处理厂除磷系统重要组成部分。其工作原理是使活性污泥系统中微生物在厌氧好氧交替环境下生长,筛选出以聚磷菌为主的污泥,利用聚磷菌类微生物超量吸收磷的特性,通过泥水分离,使磷随活性污泥排出。生物除磷出水中溶解性磷通常大于 0.02 mg/L,同时,难以沉淀的活性污泥含磷量较高,难以保证生物除磷稳定达到 0.5 mg/L 的水平。但是,由于生物除磷不需要添加任何药剂,处理费用很低,是污水除磷处理首选工艺。过滤技术广泛应用在给水处理,后来又引入到污水深度处理和回用方面,该技术目前已成为美国污水处理微量磷除去工艺的主要组成部分。过滤包括沙滤、膜过滤等,通常是利用砂或煤渣等做介质,过滤含有微量细小颗粒的水处理技术,使其降低水中微量颗粒含量,从而降低水中磷。膜过滤使用各种不同孔径的膜,分离水和固体颗粒。此外,结晶法是在晶种(通常用沙子)表面快速形成大颗粒磷酸钙晶体的方法,目前在荷兰已建立了数个工程[11]。离子交换法利用阴阳离子交换树脂除去磷酸根和铵离子,然后与氯化镁形成磷酸铵镁沉淀。[12] 磁吸附是在磁性材料表面形成磷酸钙沉淀,然后在磁场中分离磁性材料和磷酸钙。[13-14]还试验了其他吸附材料,主要包括氧化铝、白云石和红泥,它们的可行性还需要进一步研究。这些方法中大多数仅经过实验室研究,没有经过工程检验,投资和运行成本等还需要进一步实践。根据 van Starkenburg 研究结果,结晶法的建设、运行和维护费用是化学沉淀法的 2 倍以上。[15]磁吸附法的费用也类似。本书主要介绍国外能够将城市污水含磷量降低到 0.01~0.05 mg/L 的低成本工艺。

表 11.2　污水除磷主要技术

技术	工艺总结	进水	主要输入	污泥性质	P 形态	成熟程度
化学沉淀	加金属盐絮凝沉淀磷	一级、二级、三级、侧流出水	Fe,Al,Ca,高分子	化学污泥	金属磷酸盐	商业化
生物除磷	聚磷菌超量吸收磷	一级出水	可能需要碳源,如甲醇	活性污泥	生物磷	商业化
结晶	形成磷酸钙晶体	二级或侧流出水	NaOH 或石灰乳,硫酸	磷酸钙,砂	磷酸钙40%~50%	规模实验
离子交换	离子交换氨和磷酸根	二级出水	H_3PO_4,$MgCl$,$NaCl$,$NaCO_3$,$NaOH$	鸟粪石	磷酸盐	规模实验
磁吸附分离	磁性材料吸附	二级出水	磁铁矿,石灰	以磷酸钙为主	磷酸钙	规模实验
三级过滤	过滤	二级出水	介质	污泥	不溶解磷	商业化
吸附	吸附分离	污水	氧化铝,或白云石,或红泥			实验室

11.3.2　低浓度磷除去工艺

通常沉淀池无法完全除去悬浮颗粒。悬浮颗粒中常含有 1%~10% 的磷,使出水磷超标。利用与水处理厂相似的过滤工艺可以除去残留的悬浮固体,包括化学沉淀产生的磷酸盐颗粒及活性污泥。传统应用于水厂的砂滤池,使用石英砂作滤料,技术非常成熟,用于污水处理时,水中悬浮颗粒较多,冲洗时间缩短。根据美国环保局调查资料,深度除磷,获得含磷量为 0.01 mg/L 的出水,主要使用两级连续砂滤系统。连续砂滤池采取上向流过滤,在底部滤料不断积累颗粒物的同时,滤池底部设置气升管不断通过空气提升底部滤料至顶部清洗分离,沙子从顶部落入滤床,悬浮颗粒排出系统实现连续过滤。一般认为,过滤机理包括机械拦截、沉淀及吸附等作用。过滤周期初始时,滤料孔隙较绝大部分待滤杂质尺寸为大,故其对于悬浮杂质的截留以吸附作用为主。随着过滤周期的进行,滤料颗粒表面逐渐为截留杂质颗粒所占据,孔隙尺寸变小而机械拦截作用加大。连续过滤,这两种作用始终存在,提高了过滤效果和过滤稳定性。

膜过滤工艺可以和污水生物处理工艺结合形成膜生物工艺,同时加药絮凝沉淀,可获得总磷浓度为 0.02～0.05 mg/L 的出水,使用微滤膜过滤进行深度处理,可获得低于 0.01 mg/L 磷浓度。微滤膜孔径为 0.04～0.2 μm。使用反渗透膜过滤作为深度处理,可获得含磷低于 0.005 mg/L 的出水。反渗透膜可除去几乎所有悬浮颗粒和 95%～99% 的溶解磷。

美国环保局 2007 年 4 月公开的城市污水处理厂低浓度磷除去工艺实际运行效果的调研[16],如表 11.3 所示,主要工艺技术是污水生物除磷与加药絮凝过滤技术组合在一起的工艺,其中过滤包括沙滤、膜过滤和微孔过滤。达到很低浓度总磷的砂滤技术常包括两级过滤,第一级采用较大颗粒沙粒,除去水中固体颗粒,提高悬浮固体处理能力,第二级主要除去细小固体颗粒,提高过滤效果。主要絮凝化学药剂包括铁盐、铝盐和石灰及少量高分子絮凝剂。

表 11.3 美国污水处理厂微量磷处理工艺

污水厂	处理能力 mgd (m³/d)	工艺	总磷排放标准	平均排放浓度(mg/L)
Sand Creek WWRP Aurora, CO	5	BNR, 过滤		0.1～0.2
Breckenridge S. D., Iowa Hill WWRP, CO	1.5	BNR, 加药, 三级沉淀, 过滤	0.5 mg/L 225 lbs/y	0.055
Breckenridge S. D., Farmers Korner WWTP, CO	3	BNR, 加药, 三级沉淀, 过滤	0.5 mg/L 225 lbs/y	0.007
Summit County Snake River WWTP, CO	2.6	BNR, 加药, 三级沉淀, 过滤	0.5 mg/L 340 lbs/y	0.015

污水厂	处理能力 mgd（m³/d）	工艺	总磷排放标准	平均排放浓度（mg/L）
Pinery WWRF Parker, CO	2	BNR, 二级过滤	0.05 mg/L 304 lbs/y	0.029
Clean Water Services, Rock Creek WWTP, OR	39	加药, 过滤	0.1 mg/L	0.07
Clean Water Services, Durham WWTP, OR	24	BNR, 加药, 过滤	0.11 mg/L	0.07
Stamford WTP Stamford, NY	0.5	加药, 二级过滤	0.2 mg/L	<0.011
Walton WWTP Walton, NY	1.55	加药, 二级过滤	0.2 mg/L	<0.01
Milford WWTP Milford, MA	4.8	多点加药, 过滤	0.2 mg/L	0.07
Alexandria Sanitation Authority AWWTP, Alexandria, VA	54	BNR, 多点加药, 三级沉淀, 过滤	0.18 mg/L	0.065
Upper Occoquan Sewerage Authority WWTP, VA	42	加药, 过滤	0.10 mg/L	<0.088
Fairfax County, Noman Cole WWTP, VA	67	BNR, 加药, 三级沉淀, 过滤	0.18 mg/L	<0.061
Delhi, NY	0.82	活性污泥法, 加药, 过滤	0.11 mg/L	0.04
Pine Hill WWTP, NY	0.5	生物转盘, 砂滤, 加药, 微孔过滤	0.2 mg/L	0.06

污水厂	处理能力 mgd（m³/d）	工艺	总磷排 放标准	平均排放 浓度(mg/L)
NYC DE-Grand Gorge STP, NY	0.5	生物转盘,砂 滤,加药,微孔 过滤	0.2 mg/L	<0.04
Hobart -VPCF, NY	0.18	活性污泥法,砂 滤,加药,微孔 过滤	0.5 mg/L	<0.05
Snyderville Basin Water Reclaimation District, UT	4	BNR,加药, 过滤	0.1 mg/L	0.04
Ashland WWTP Ashland, OR	2.3	氧化沟,加药, 膜过滤	1.6 lbs/d (= 0.083 mg/L)	0.07
McMinneville WWTP McMinneville, OR	5.6	氧化沟,加药, 膜过滤	0.07 mg/L	0.058

污水生物除磷后,水中磷主要以悬浮颗粒状态存在,还包括少量溶解性磷酸根离子,浓度低于 0.1 mg/L,投加絮凝剂后,溶解性磷酸根离子与金属离子的反应是非常迅速的,在几秒或几分钟内就能达到平衡。溶解性磷酸根离子能够被降低到非常低的水平。污水生物除磷后,总磷浓度约为 1 mg/L,实际加药量为 50～100 mg/L,主要用于絮凝沉淀。由于形成大晶体颗粒的时间是一个相当缓慢的过程,水中会存在一些没有聚积的直径仅 1 μm 的颗粒,因此,投加的药剂的主要作用还包括促进微粒的凝聚沉淀。没有凝聚的较小颗粒粒子主要通过过滤法除去。将悬浮颗粒浓度降低到 1 mg/L 以下,就能很好地保证出水总磷浓度低于 0.05 mg/L。

1. Stamford 污水处理厂

该厂位于纽约州 Stamford,处理能力为 0.5 mgd(=1 890 m³/d),处理工艺包括预处理、延时曝气、沉淀、絮凝沉淀－二级连续砂滤系统。二级砂滤系统分别采用直接 1.3 mm 和 0.9 mm 石英砂滤料。

污水主要来源于城市生活污水,出水总磷月平均浓度达到 0.011 mg/L,出水浓度范围为 0.005～0.06 mg/L,排放标准为 0.2 mg/L。排放水体是附近的

Delaware 河,该河是纽约市饮用水水源,为保护该河,由纽约市资助建设河运行该厂,2003 年正式运行。

2. Walton 污水处理厂

该厂位于纽约 Walton,处理能力为 1.55 mgd(= 5 867 m³/d),处理工艺包括预处理、延时曝气、沉淀、絮凝沉淀 - 二级连续砂滤系统。二级砂滤系统分别采用直接 1.3 mm 和 0.9 mm 石英砂滤料。每级滤池使用多台设备组合,过滤面积达到 40 000 平方英尺(= 3 716 m²)。

污水主要来源于城市污水,其中奶制品厂排放废水占有机负荷 80%,水量 40%。进水 BOD 为 350 mg/L。出水总磷月平均浓度达到 0.01 mg/L,出水浓度范围为 0.005~0.06 mg/L,排放标准为 0.2 mg/L。排放水体是附近的 Delaware 河,该河是纽约市饮用水水源,为保护该河,由纽约市资助建设和运行该厂,2003 年正式运行。

3. Korner 污水处理厂

该厂位于科罗拉多州 Breckenridge 镇,处理能力为晴天 3 mgd(= 11 355 m³/d),1999 年升级后,处理工艺如下:

预处理→生物除磷→二沉池→加药→三级沉淀(管式沉淀器)→过滤→消毒

其中药剂添加量为硫酸铝 135 mg/L,阳离子高分子絮凝剂为 0.5~1.0 mg/L。

污水主要来源于城市生活污水,出水总磷月平均浓度达到 0.007 mg/L,出水浓度范围为 0.002~0.036 mg/L。出水进入下游 Dillon 水库,水库是附近地区饮用水水源,为了防止水库产生富营养化,环保部门建立的负荷要求污水处理厂出水总磷浓度低于 0.01~0.02 mg/L。

4. Snake River 污水厂

该厂位于科罗拉多州 Summit 县,处理能力为 2.6 mgd(= 9 841 m³/d),2002 年完成升级工程,现处理工艺如下:

预处理→曝气→二沉池→化学絮凝→沉淀→过滤→消毒

污水主要来源于城市生活污水,出水总磷月平均浓度达到 0.015 mg/L,出水浓度范围为 0.01~0.04 mg/L。其中药剂添加量为硫酸铝 70 mg/L,阳离子高分子絮凝剂为 0.1 mg/L。出水进入下游 Dillon 水库,该水库是附近地区饮用水水源,为了防止水库产生富营养化,环保部门建立的负荷要求污水处理厂出水总磷浓度低于 0.01~0.02 mg/L。

11.4 除磷经济性

从前面的分析可以看出,污水处理达到出水低于 $0.01\sim0.02\ mg/L$ 在技术上是完全可行的。一个更重要问题是污水深度除磷的经济性,包括投资和运行成本。在现有生物脱氮除磷系统中,投资和运行成本主要来自硝化。通常硝化需要增加较大的曝气池体积,使有机物氧化完成以后,继续氧化氨氮,运行时需要增加曝气,由于氧化 $1\ g$ 氨氮,至少需要消耗 $4.6\ g$ 氧,硝化增加的曝气能耗可与有机物氧化相比。在有些情况下,还需要补充碱以抵消硝化产生的酸度。唯一的补偿是延时曝气,使污泥减少。反硝化需要增加很小的反应池,需要添加泵和混合设备,投资增加不多,还能利用硝态氧减少曝气量。生物除磷需要增加的反应器比反硝化更小,投资和运行成本更小,化学除磷在投资方面,由于使用很小的反应器,投资增加很小。但是,化学除磷需要使用化学药剂,单独采用化学除磷,运行成本增加较多,现在很少采用。

11.4.1 影响因素

1. 安全系数影响

污水生物处理是利用微生物转化有机物和营养盐。这些微生物的活性受很多因素影响,影响较大的因素是水质和温度。污水中存在一些对微生物有毒害作用的物质,会极大地妨碍微生物作用,因此,在污水生物处理设计时,必须使用较大的安全系数。表 11.4 是典型的活性污泥法所选用的安全系数。该安全系统是根据污泥龄定义的。实际反应器体积与理论反应器体积之比比安全系数略小。从表中安全系数数据可以看出,曝气池体积比理论上体积大很多,而成本是与反应器体积成正比的。

通常硝化反应器和有机物氧化反应器合二为一,硝化反应器本身受有害物质影响较小,通常主要考虑温度影响,根据当地冬季低温下硝化速率进行设计,安全系数常取 $1\sim2$ 之间。生物膜法是根据经验进行设计的。反硝化反应器也是根据经验进行设计的,在经验数据有疑问时,常取 $1.1\sim1.2$ 的安全系数。

表 11.4　活性污泥工艺典型参数

工艺	容积负荷 $[gBOD_5/L \cdot d]$	混合液浓度(g/L)	F/M $[gBOD_5/(gX \cdot d)]$	BOD 去除率 (%)	泥龄 (天)	安全系数
延时曝气	0.3	3～5	0.05～0.2	85～95	>14	>70
传统曝气	0.6	1～3	0.2～0.5	95	4～14	20～70
渐减曝气	0.6	1～3	0.2～0.5	95	4～14	20～70
阶段曝气	0.8	1～3	0.2～0.5	95	4～14	20～70
西方再生	1.0	*	0.2～0.5	90	4～15	20～75
改进曝气	1.5～6	0.3～0.6	0.5～3.5	60～85	0.8～4	4～20
高负荷	1.5～3	5～8	0.2～0.5	95	4～14	20～70

注：① 假设产率系数：$Y = 0.65$ g 细胞/$gBOD_5$，$b = 0.14$ d^{-1}。

　　② 数据来源：Rittmann 和 McCarty(2001)。

* 接触池：1～3 g/L，稳定池：5～10 g/L。

2. 除磷方法影响

生物处理成本低，但不稳定，出水含磷相对较高；化学除磷，效果稳定，出水含磷低，但运行成本高。因此，国外发达国家现有污水处理厂通常同时建设了生物除磷和化学除磷设施。在污水中易降解有机物含量较高，除磷要求较低时，也可省去化学除磷设施。除磷设施运行时，以生物除磷为主，仅在高除磷要求或雨季 C/P 比较低时，运行化学除磷系统，从而降低了运行成本。单纯的化学除磷 M/P 比在 1.5 到 3 以上，而以生物除磷为主的化学除磷加药时的 M/P 比在 0.5 以下。

生物除磷是在现有好氧曝气池上增加一个较小的厌氧池，停留时间在 2.5 h 以内。研究表明，含硝态氧的污泥回流入厌氧池，停留 1.5～2 h，就能完成除磷菌厌氧吸收 VFA。

3. 规模效应

通常规模扩大十倍，投资会节省一半，运行费用同样降低一半。但是，污水收集系统投资和运行费用会随污水处理厂规模的增加而增加，因此，我们需要根据实际情况优化污水处理规模和厂址。

4. 活性污泥浓度优化

污泥浓度高，将减小反应器体积，但过高浓度不仅消耗更多溶解氧，还使沉淀池超出固体通量，从而增加沉淀池体积。因此，一般认为，曝气池活性污泥浓度存在最佳选择。

5. 污水温度影响

污水温度对污水生物处理系统微生物活性影响很大,通常温度低于5℃时,硝化细菌活性很低。通常生活污水温度较高,即使在寒冷地区,也会明显高于5℃,但是,有些污水处理技术,例如,采用表曝机,容易使水温下降,导致系统处理污水能力下降。因此,在寒冷地区,人们在设计污水生物处理系统时,应考虑选择技术,防止污水温度下降。

11.4.2 实际投资和处理成本

国内大中型污水处理厂AAO工艺投资为1 000~1 500 元/(m³·d),运行成本为0.3~0.5元/m³。

国内对生物除磷和化学除磷比较熟悉,对污水处理中应用过滤系统还较少见到,因此,这里主要根据Jiang等对美国污水处理成本的研究结果[17],比较生物脱氮除磷AAO工艺与AAO+絮凝沉淀过滤工艺的投资和运行成本。从Jiang的研究结果可以看出,两种工艺的投资相差较小,不超过15%,运行成本相差较大,约为50%,其差别主要是污泥处理费用。美国的化学污泥与生物污泥处理要求相差较大,处理化学污泥费用比生物污泥大得多。在该计算中,AAO+絮凝沉淀工艺产生的生物污泥和化学污泥混合后处理,大大增加了生物污泥处理费用。如果分别计算它们的费用,其中生物污泥费用与AAO工艺相同,则两种工艺运行成本相差约20%(见表11.5中成本修正栏)。由于投加絮凝剂主要用于凝聚沉淀胶体颗粒,从而沉淀过滤除去微量磷,因此,絮凝过滤的投资和运行成本受生物除磷工艺系统运行状况影响较小。

表11.5 污水处理100 mgd (378 500 m³/d)投资和年运行成本

(单位:百万美元/年)

工艺	投资(×10⁶)	维护	税等	人员	电	药剂	污泥处理	运行总成本
AAO	306.6	12.26	6.13	6.61	2.8	0	3.77	31.57
AAO+絮凝过滤	344.4	13.78	6.89	7.26	3.08	0.75	23.27	55.03
AAO+絮凝过滤成本修正	344.4	13.78	6.89	7.26	3.08	0.75	6.25	38.01

参 考 文 献

［1］ Laws E A，Aquatic Pollution：An IntroDuctory Text［M］. 3rd ed. John Wiley & Sons，Inc.，2000.

［2］ 金相灿.湖泊富营养化控制和管理技术［M］.北京：化学工业出版社,2001.

［3］ Wolf P. Stickstoff and Phosphor in Fliebgewassern［J］. Korrespondenz Abwass,1987，34（11）：1215‐1227.

［4］ Puckett L J. Identifying the Major Sources of Nutrient Water‐pollution［J］. Environmental Science & Technology，1995，29：A408.

［5］ Scott S A，Lawrence E A. Pilot Study Application of Tertiary Clarification and Filtration to Meet Proposed Ultra Low Phosphorous Discharge Limits on the Spokane River［EB/OL］.［2014‐6‐18］. http：//chinesesites. library. ingentaconnect. com/content/wef/wefproc/2006/00002006/00000005/art00063.

［6］ Michalenko E M. The State of Onondaga Lake［R］. Syracuse NY：Onondaga Lake Management Conference，2001;28.

［7］ Raymond G P，Concord E P. Massachusetts Comag Phosfhorus Removal Demonstration Project［R］. Washington DC;WEFTEC 78th Annual Technical Conference，2005.

［8］ 国家环境保护总局. 三河三湖水污染防止计划及规划简本［M］. 北京：中国环境科学出版社，2000;381.

［9］ Reddy M. Biological and Chemical Systems for Nutrient Removal［M］. Alexandria VA：Water Environment Federation，1998.

［10］ Morse G K，S W B，Guy J A，et al. Review：Phosphorus Removal and Recovery Technologies［J］. The Science of the Total Environment,1998，212;69‐81.

［11］ D H V. Removing Phosphate from Municipal Wastewater at Westerbork［R］. Netherlands;. DHV Consulting，1991.

［12］ Liberti L，L N，Lopez A，et al. The 10 m^3 hryl RIM‐NUT Demonstration Plant at West Bari for Removing and Recovering N and P from Wastewater［J］. Water Res.，1986,20;735‐739.

［13］ Van Velsen A F M，v. d. V. G.，Boersma R，et al. High Grade Magnetic Separation Technique for Wastewater Treatment［J］. Water Sci. Technol.，1991,24;195‐203.

［14］ Dixon D R. The Sirofloc process for Water Clarification［J］. Water Supply，1991(9);33‐36.

［15］ van Starkenburg W，Rensink J H，Rijs G B J. Biological P‐removal：State of the Art in the Netherlands［J］. Water Sci. Technol.，1993，27(5/6)：317‐328.

［16］ Ragsdale D. Advanced Wastewater Treatment of Achieve Low Concentration of

Phospharus，2007.

[17]　Jiang F，Beck M B，Cummings R G，et al. Estimation of Costs of Phosphorus Removal in Wastewater Treatment Facilities. Atlanta：Georgia Water Planning and Policy Center，Andrew Young School of Policy Studies，Georgia State University，2004.

[18]　Morse G K，S W B，Guy J A，et al. Review：Phosphorus Removal and Recovery Technologies[J]. The Science of the Total Environment，1998 ，212：69－81.

[19]　国际水协.生物除磷设计与运行手册[M].祝贵兵，彭永臻，译.北京：中国建筑工业出版社，2005.

[20]　Henze M，et al. 污水生物与化学处理技术[M].国家城市给水排水研究中心，译.北京：中国建筑工业出版社，2000.

[21]　郑兴灿，李亚新.污水除磷脱氮技术[M]. 北京：中国建筑工业出版社，1998.

第 12 章 面源磷污染治理技术

12.1 引　　言

　　美国环保局研究表明:面源污染的固体污染负荷大约是点源沉积的固体污染负荷的 360 倍,城市面源污染约占近一半;城市地表径流贡献的 BOD 负荷等于或大于点源 BOD 负荷;水中总氮的 80% 和总磷的 50% 是非点源贡献的;水中 98% 以上的粪便和大肠杆菌是由面源产生的;城市径流中有毒金属浓度高于城市污水中排放的有毒金属浓度。[1]在美国,随着点源污染的逐步解决,面源污染问题成为主要污染源,逐渐受到人们的重视。

　　根据我国北京[2]、上海[3]等城市研究资料,我国城市雨水径流污染和雨污合流峰值负荷和总负荷及峰值流量均比国外城市高,是国内城市水体污染严重的主要原因之一。

　　由于雨水径流污染在水质、水量和流速等方面很不确定,波动范围通常在几个数量级以上,采用末端治理技术解决面源污染很难达到预期效果,经济上也不合算。在发达国家,通常采用多种技术组合的系统进行治理,包括雨水存贮、现场截留、收集管路中截留、生态系统截留等技术,主要沉淀固体悬浮物,同时也除去了大量其他污染。

　　面源污染是由地表雨水径流引起的各种水污染问题,主要包括随雨水径流带入天然水体的悬浮固体沉淀,氮、磷营养盐,有机废物,病原体及有毒物质如重金属等,面源污染物是大面积、分散排放引起的。根据污染来源,可分为城市和农村面源污染。面源污染是降雨冲刷地表在晴天积累的污染物形成的,初期雨水径流污染往往超过生活污水数倍以上[1],城市初期雨水径流总磷浓度最高可达 15 mg/L。城市雨水平均浓度约 0.6 mg/L,农村雨水平均浓度约 0.1 mg/L,没有人类活动的地区,雨水径流总磷浓度可低至 0.01 mg/L 以下。[4]由于径流量大,径流带来的磷污染物总量也非常大,在我国农业生产密集地区,雨水径流污染带来的磷往往超过了湖泊的水环境容量。此外,与点源污染相比,由于面源污染排放受降雨控制,流量和污染物浓度变化剧烈,暴雨时,短时流量可超过当地点源污染排放流量数十倍以上,天晴时,流量可减小到零。从这些特点来分析,雨水径流污染治理非常困难,但是,由于径流污染主要污染物呈悬浮固体状态,颗粒粒径较大,容易沉淀,主要使用沉淀和土地渗滤方法进行治理。发达国家为了对付流量不均,在农村,通常利用自然条件下各种洼地和水塘沉淀储存雨水,雨后再排放入下游水体。美国佛罗里达州 Okeechobee 湖主要流域通过分散建设 5.2 万英亩(约 90 平方公里)雨水沉淀池,使进入 Everglades 流域的雨水径流中总磷浓度从 1994 年的 0.3 mg/L 降低到 2007 年的 0.077 mg/L。城市在土地紧张情况下,常修建大管径输水管道和地下水池。很多城市要求新建楼房必须修建地下水池以储存雨水。

我国很多城市还有一些城区采用雨水和污水共用一个下水道的合流系统。旱季,合流排水系统主要传输污水。下雨和融雪时,还同时传输雨水和雪水,当流量超过了污水处理设施的处理能力,就会有部分溢流废水排放到天然水体,如湖、河流、海湾等。这些溢流,通常称为雨污合流溢流,由于合流溢流含有未经处理的生活污水,商业污水和工业污水及雨水径流,各种污染物,如病原体、耗氧污染物、悬浮固体、营养盐、有毒物质和漂浮物质的浓度较大;而且合流溢流量很大,是受纳水体的主要污染源之一。它们对受纳水体能够产生很大的副作用,对水生植物、饮用水安全产生严重损害。这种雨污合流溢流废水浓度大,总磷平均浓度曾超过 10 mg/L。

在国外的分流制雨水污水收集系统中,常常将初次雨水传输到污水管线中,送到污水处理厂处理,减小雨水径流污染物直接进入天然水体。

治理污染有一条规律:除去单位质量污染物的费用与难度,与污染物浓度成反比;从高浓度废水中消除单位质量污染物比低浓度污染物的开支要低。治理费用随地表径流从污染源至治理设施的距离增加而相应增加。因此,属于土地的物质应该保留在土地上,当物质一旦随径流移动,治理起来就非常麻烦且昂贵。考虑到面源污染范围广,应首先治理产生污染负荷较大的土地。治理控制方法包括工程类和非工程类措施。工程类措施包括建设沉淀池、渗滤池等,非工程类方法包括管理措施、农田轮作制度等。根据控制措施位置,可分为污染源控制、径流输送控制和末端治理。

近年来,国外发展了一种识别面源污染磷来源的方法,用于判断一个流域的径流磷污染情况,从而用于流域磷污染治理决策。很多情况下,流域面源污染磷来自很小的区域,识别这个区域对治理湖泊水华非常重要。磷指数包括污染源土壤的特性(如土壤磷浓度、测量土壤中磷浓度),以及迁移特性(如土壤侵蚀、迁移距离等)。研究表明,雨水径流中磷浓度随土壤磷指数增加成指数增长。近年来,美国有 47 个州采用磷指数法来界定面源污染来源。

12.2　污染源控制

源头污染控制可以降低雨水体积、峰值流量和污染负荷,从而可以降低下游控制设施的规模和治理要求,可以取消某些设施。

1. 土地用途管理

不同土地利用类型产生的雨水径流污染可能相差几个数量级。从环境保护出发,控制土地利用方式,是美国环境管理的指导思想之一。禁止和控制一些重要地区的某些土地利用活动是解决污染的办法之一。保护空地是滩涂管理首先采用的原则。限制滩涂的开发和保留沿河岸线的空地,建设生态系统,有利于缓冲和拦截污染物。

2. 控制土壤侵蚀

面源污染的主要来源之一是水土流失。侵蚀控制的目标在于降低侵蚀速率及使表土与污染物的流失限制在受纳水体水质可以接受的范围和土壤保持要求的范围内。通常有良好植被或经过稳定处理的土壤,雨水侵蚀比较轻。地面侵蚀会导致雨水径流中含有大量颗粒物,进入天然水体,使水体透明度降低,引起沉水植物光线缺乏而死亡,颗粒物常常携带大量营养盐、金属、有毒有害污染物,释放到天然水体,引起富营养化和水华,积累有毒物质。浸蚀的土壤积累在收集系统中,引起下水道堵塞,降低过水能力。

植被覆盖是保护表层土壤不受侵蚀的最基本措施,不仅可以削减雨水的能量,从而减少侵蚀,而且可以提高土壤透水性,从而减少径流量。植被还能大幅度削减污染物。速生草坪可以使侵蚀量降低一个数量级,草皮可以降低两个数量级。因此,在土壤状况改变后,应尽早建设草坪。

植被能够有效拦截和沉淀地表径流污染物。由于草地对径流能量的耗散作用,流速降低,阻碍了颗粒污染物的移动。植被还吸附净化污染物,降低污染物浓度。能100%除去径流中颗粒污染物的植被宽度称为临界距离,对不同土壤产生的径流,临界距离不同。实验表明,百慕大草对砂、粉砂和黏土地面产生的径流的临界距离分别为3 m、15 m和122 m。此外,还可以利用化学药剂稳定地表土壤,如使用高分子絮凝剂、石灰和水泥等。

农田侵蚀控制方法主要包括免耕法、不完全翻耕以减少水土流失带来的磷污染、草地轮作制、冬季覆盖作物秸秆和残叶、选择合适季节耕作(如耕作时间与降雨季节错开)、等高线耕作(耕犁及作物条播方向与等高线平行)、条带耕作法、选择耕种密植作物、建设梯田。此外,农田侵蚀控制方法还包括垄作、等高垄作、等高开沟等。施肥量高农田,应深耕将含磷高的表土翻入地下,通常作物主要吸收土壤深处的营养盐,深耕还可以增加磷肥利用率。

3. 控制污染水平

提高下渗,减少地表径流是减少面源污染的重要措施。如建设多孔性道路、停车场。需要注意严寒地区,如果地下排水不畅,会引起路面冻结和毁坏。植被也是提高下渗的良好方法。

控制污染水平还包括控制大气污染浓度。在城区,通过垃圾管理减少街道垃圾沉降率。农药是主要面源污染之一,应减少残留性农药的广泛使用,从而减少污染水平。

在城区,将污染物混入径流之前先除去是良好的管理措施,主要包括街道清扫、树叶和草叶的收集处理。街道机械清扫可除去50%左右污染物,但它随颗粒污染物粒径的减少而迅速下降。有机废弃物采用焚烧或厌氧消化处理是近来来逐渐采用的方法,需要很好地处置剩余残渣。

4. 多孔路面

雨水在多孔路面上流过时,大部分进入地下,从而减少了雨水径流流量,常用于停车场。多孔路面需要特殊的技术建造,还要小心维护,防止孔隙堵塞,但在寒冷季节,效果较差。

5. 滞留池

在上游和屋顶建造雨水池,临时储存降雨时的雨水,延迟其进入雨水收集系统时间,从而削减收集系统降雨期间的洪峰。雨后,再将储存的雨水排入下水道。

6. 屋顶雨水排放

通常,屋顶雨水直接进入下水道。如果能够利用房屋周围有限的透水地面过滤雨水,就能够减少雨水流量和水中的污染物。

7. 使用透水地面过滤

让雨水经过透水地面处理,不仅降低雨水收集系统峰值流量,而且能减少雨水体积。使用草地、渗滤池等可以较好地过滤雨水径流。

8. 削减大气污染

削减大气污染能够减少雨水径流污染数量。大气中的颗粒和气态污染物会随降雨沉降到地面,在晴天时也会沉降到地面积累。目前还很难估算大气质量改善对雨水径流污染的贡献。

9. 固体废弃物管理

虽然人们禁止乱扔垃圾,但是垃圾污染是国内外常见问题。街道上常见各种废物,如金属、玻璃、纸盒、香烟、报纸等。如果不及时清理这些地面污染物,则降雨会将它们冲入天然水体,形成水面漂浮物。加强垃圾管理常常不受重视,一方面是费用问题,同时也是人们的认识问题。进行公众教育、设置垃圾桶方便人们使用,在城市是较好的方法。

10. 街道清扫

控制雨水径流污染的良好方法,是美国推荐的雨水径流污染控制优先选用的措施之一。经常进行街道清扫,可以阻止街道积累灰尘、减少雨水期间径流冲刷带入下水道的污染物数量。目前发展的分析方法可以比较不同清扫频度的效益。虽然人们常常争论其总的效果,因为影响其效果的因素很多,如清扫频率、清扫颗粒大小、街道停车场管理、气候条件、降雨频率和季节变化。

11. 控制使用肥料和杀虫剂

肥料和杀虫剂是雨水径流主要污染之一。在城市,绿化时应减少使用。使用过程中,应注意使用程序,减少流失。应当使用毒性较小,且容易降解的杀虫剂。

12. 商业区和工业区雨水径流控制

在商业区和工业区,例如加油站、火车站、停车场等,雨水径流会带入大量污染物。因此,政府应严格要求这些场所处理雨水,包括油水分离设备等,通过预处理,减少污染物排放。

13. 沼泽地

植被覆盖的沼泽能很好地过滤雨水。增加挡水坝,可以储存雨水,促进固体沉降,增加停留时间和污染物净化作用。但是需要防止蚊蝇滋生,需要精心设计以方便维护。

14. 产品替代

产品替代是一种减少污染物进入雨水径流的经典方法。著名的例子是使用无铅汽油。美国明尼苏达州使用无磷肥料,减少了雨水径流中磷。燃煤电厂排放大量氮氧化物和汞,是雨水径流中这些污染物的主要来源之一,控制燃煤电厂污染是控制面源污染的关键措施之一,提高燃烧效率,减少燃料使用量,可以减少污染;使用产品替代,也可以很好地减少污染。但是,通常更新产品更多的是由其他因素决定的。

15. 流域和土地用途规划

改变流域及其土地的用途,减少不透水地面比例,可以减少雨水径流水量和污染物含量。通过规划,可以实现最佳配置,从而减少污染。目前国外已发展了很多方法和计算机模型,预测不同地面雨水流量和污染物含量。城市规划人员可以使用这些技术来优惠规划方案。

16. 自然环境保护

来自未受人类侵扰的天然生态系统的雨水径流量小,水质好。因此,保护自然环境,特别是原始森林、草地,将不增加雨水径流污染,是保护环境的良好方法。

17. 牲畜粪便处理

牧场和养殖场,采用厌氧消化-好氧处理,消除牲畜粪便,减少污染是关键。因为牲畜粪便排放的污染负荷很高,已成为农业面源污染的主要来源之一。

18. 清理雨水池

流域内常常利用天然水池储存雨水,这些天然水池会积累大量雨水径流沉淀物,应定期清理,防止污染物流失到下游天然水体中。

19. 减少不透水地面

不透水地面容易积累污染物,降雨时,容易冲刷进入天然水体。因此,减少不透水地面是降低雨水径流污染的良好方法。研究表明,通过优化减少不透水地面,可以减少 10%～45%雨水径流污染(CWP,2002)。美国和澳大利亚的监测结果也说明了减少不透水地面可以降低污染。

20. 建筑工地污染控制

建筑工地产生的灰尘等,是面源污染的主要来源之一。我国还处在建设时期,很多城市在大搞建设,控制工地扬尘是控制面源污染的关键工作。

21. 屋顶绿化

发达国家城市高层建筑屋顶绿化,建设草坪和绿地,从而减少城市热岛效应,减少雨水径流及其污染,吸收空气污染。

12.3　径流输送中污染控制

在径流输送途中,除去污染物的主要方法包括:采用拦截方法削减污染;除去输送系统中累积的污染物;将污染的雨水与其他雨水分开,尽量减少水量。加大雨水下水道系统透水性,减少径流量,从而减少径流量。

河道侵蚀是泥沙和污染物的重要来源。通常应对自然河道进行防护,包括建设有植被的河道、混凝土和石块衬垫等,预防河道侵蚀。

使用天然下水道,代替传统混凝土下水道,可以利用土壤的渗透性,降低径流量,通过在天然水道内建设植被,还能减少污染,截留污染物,如设计良好的天然水道,可除去65%总磷污染物。

建设污染截留设施也是主要方法之一。在河道上横向建设拦砂坝或拦砂堰,可减少泥沙下泻。定期清理泥沙,保持泥沙截留能力。

1. 下水道调控

在分流制系统中,初期雨水径流很多污染物浓度高于污水,常安装特殊装置,将其截留送往污水管网中。

建设各种储存设施进行排水调节。在土地充裕的地区,使用池塘,兼作下渗、地下水回灌、沉淀、景观等用途。在人口密集城市,建设屋顶和地下储水池,大口径下水道。将初期雨水25 mm降雨储存沉淀,可减少85%的有机物。美国芝加哥市建设了190 km大直径下水道,兼作储存和输送排水的作用[5]。需要建设滞留水池等,通过洪峰流量控制阀等控制入流流量,使流量比较平缓,减少处理设施的最大负荷,从而提高处理效果。

2. 下水道冲洗

晴天下水道积累大量沉淀物,降雨时雨水将它们冲入天然水体,是雨水径流主要污染源之一。经常清洗下水道,将污染物转移处理,可以有效减少雨水径流污染。美国环保局在1976年曾研究确定其效果能否经济有效,取决于处理方法、劳动力成本、下水道特点等。通常使用水力、机械或手工设备,使沉淀固体悬浮,通过废水冲走。

3. 充分利用现有系统

提高现有系统处理能力,减少直接排入天然水体的雨水。包括定期检查和维护收集系统。很少的维护就能够极大地提高系统处理能力。应建立严格的定期维护计划,并很好地执行。

4. 优先选择雨污分流系统

很多城区使用雨污合流系统。改为分流制系统,可以减少进入天然水体的污染。在分流制系统中,应处理初期雨水。

5. 控制污水管道渗漏和入流

过多的渗漏和入流会增加污水处理和输送系统运行和维护费用。渗漏是地下水通过破裂管道和其他设施进入下水道。管道接口是泄漏的主要地点之一。下水道泄漏是常见问题之一,在美国,有报道泄漏量达到下水道水量 1/3,我国也有类似的报道。控制泄漏常常很困难,费用很高,常常难以找到泄漏地点。下水道年深日久会逐渐损坏,泄漏就成了常见现象了。我国很多下水道建设质量标准都不高,容易产生泄漏。提高管道接口标准,从而减少泄漏是我国的关键工作之一。

6. 注入高分子

减少管道水流的磨擦力,提高下水道传输能力,这种方法还在实验中。

7. 安装流量条件装置

在下水道上使用各种流量调节装置是经常使用的方法。通常流量调节装置分两类:静态和机械。静态装置没有旋转部件,不能调节,包括侧堰、横堰、限制出口、漩流器、漩流阀等。机械调节装置可以远程控制,根据流量调节,如橡胶坝,可调节倾斜板式阀、流量控制阀等。在美国,早期安装的很多浮动调节阀损坏率高,大多被更换成静态调节阀。

8. 漩流阀

漩流阀是一种静态流量调节装置,主要用于雨污合流下水道上,安装在溢流堰前,用于分流部分水进入污水厂。其工作原理图如图 12.1 所示。晴天污水流量小,自由流过阀门[图 12.1(b)],而下雨水量很大时,通过漩流喉管控制流量。出水输送到污水处理厂。主要优势有:出口直径比通常的同样流量的孔口大,减少了堵塞风险。流量受上游压力影响较小。主要根据流量和压力来选择设备大小。国外厂家常提供每一种型号设备的流量和压力范围。设计流量对应下水道最大输送能力。最大压力对应上游管道最大水位差。此外,还应包括一个紧急排放口,防止下游水灾。阀门常用不锈钢来制造。欧洲人使用的类似阀门,如 Wirbeldrossel 和 Wirbelvalve。

9. 橡胶坝

橡胶坝是可膨胀的坝,可以用来调节溢流高度,控制渠道和合理流量。放气时,下水道敞开;充气时,坝成为溢流堰,改变流动方向,还可使渠道储存雨水。常

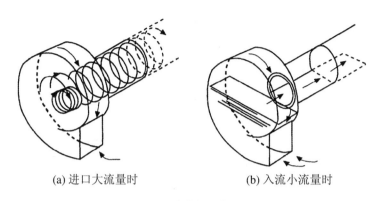

(a) 进口大流量时　　　　　　　　(b) 入流小流量时

图 12.1　漩流阀工作原理图

通过远程控制,从而成为城市雨水管理系统的重要组成部分。需要定期检查空气供应系统。类似还有机械阀门、电磁阀门等。

10. 远程控制系统

提供实时控制,从而操作流量调节器、泵站等,控制降雨产生的水流流动和储存。通过计算机建立的模型来计算区域降雨带来的地面影响,从而控制下水道系统响应,充分利用下水道的储存、传输功能。

11. 分流

分流是充分利用相互连接的多个管道系统,分配地面雨水径流,解决过载的下水道或调节设施。还可将雨水从关键区域转移到其他区域,降低损失。

12. 储存技术

将雨水储存起来,暴雨过后,再输送到处理厂,可以充分利用处理能力,减少污染物排放。

13. 在线储存

在线储存有两种方式:① 建设储水池或大型管道;② 建设流量调节器,优化储存。新建储水池或大直径管道,在旱季时,污水直接流过;在雨季时,流量超过某个阈值就储存雨水。在现有下水道上安装流量控制器,也是同样使下水道能够储存雨水。这种方法费用较低。但是,其功能受现有管道系统大小限制,存在产生洪水的危险。

14. 离线储存

将溢流污水或雨水储存到离线储水池中。当雨后下水道和污水处理设施有富裕处理能力时,再重新输送到处理厂。

15. 深井储存

使用深井,可以减少对地面的干扰,但是需要设置泵站,在排干水时使用。

12.4　径流污染处理

处理技术是减少径流污染的主要手段。不同的技术针对不同污染物。用于污水处理的各种方法均可用于雨水径流污染处理。考虑到雨水污染特点和降低费用的需要,通常使用最多的是沉淀法,各种储存池同时也是良好的沉淀池,同时还具有氧化塘的作用。

在西方国家,严格的环保要求下,消毒也是常用的技术手段,用于减少细菌病毒,同时氧化水中有机污染物。在除磷要求严格的区域,还可采取加药絮凝沉淀及过滤,提高除磷效果。这些附加处理费用非常大,通常用于污染物浓度大的区域,如合流下水道溢流、饲养场排水和工业区排水。

1. 处理技术

离线储存沉淀池类似储水池,但是包括沉淀物及其处理设施,如粗格栅、除浮渣设备、消毒设备等。

（1）粗格栅

粗格栅可以除去浮渣和粗大固体。与其他治理技术常常联合使用,如与漩流器、储水池等。

（2）漩流沉淀技术

漩流沉淀技术可以调节流量和沉淀固体。固体在漩流器中常沉降浓缩,上清液通过堰口排入下水道。典型的装置有美国环保局漩流浓缩器和商业漩流分流器,常能除去表面浮渣和固体沉淀物。在美国,漩流器已经广泛使用,有多家公司开发了不同产品,在深度/直径比、阀门、管道设计等方面各不相同。

（3）消毒

消毒技术用于杀死雨污溢流中微生物,常使用氯气接触处理。其他含氯氧化剂也有使用。例如液氯、次氯酸钠固体和溶液、二氧化氯。

（4）脱氯

使用氯气消毒,但余氯对天然水体有害。余氯本身有很强的氧化性,同时会与水体中有机污染物形成氯代烃,毒性更大。由于接触消毒时间短,设置专门的脱氯设施是非常必要的。常使用曝气设备脱氯。

2. 其他处理技术

美国研究和实验了很多技术,例如气浮、高速过滤、细筛、微滤技术和生物处理。细筛和微滤技术进行了工程规模实验,但是机械复杂,维护工作量大。生物处理也难以成功,因为旱季时间长,微生物难以生长和维护。

(1) 流量平衡

流量平衡方法(Flow Balance Method)是利用排放水体设置储水池,储存暴雨,雨后输送到污水处理厂处理的方法。本身也能沉淀雨水中的固体。首先在瑞典使用[7],后在美国纽约市海域使用[8]。到 1994 年,瑞典运行了 3 个装置,使用多年。使用软塑料和漂浮码头从天然水体中割开一片空间,见图 12.2。设置直接出口,雨水可以通过出口直接进入天然水体;需要定期清理,维护隔离材料;设施建造快,费用低。

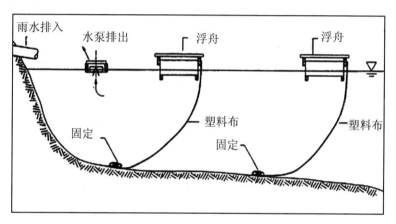

图 12.2　雨水径流流量平衡技术剖面图[9]

(2) 沙滤

使用沙滤床过滤雨水,技术上类似水处理中过滤技术,见图 12.3,常使用天然池塘建造,池底使用黏土和土工布建防渗膜,排水管安装在底部,上铺碎石,上层是砂子。雨水应经过沉淀后进入沙滤床。美国在一些地区安装了这种设施。沙滤床能够高速除去沉淀物和重金属。需要定期清理表面沉积物,更换上层砂子。主要根据表面污染物积累速度决定清理周期。

(3) 隔油池

通常沉淀池等装置上都同时安装挡板,除去上浮的污染物,包括漂浮的油、其他固体,都需要定期清理。

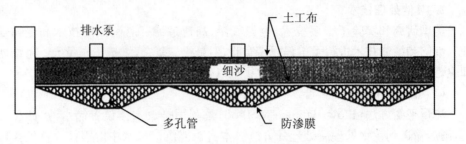

图 12.3 沙滤技术原理图[7]

12.5 美国雨污合流溢流治理

本节主要介绍美国对合流溢流的治理措施。雨污合流下水道溢流含有城市污水,污染物浓度大,负荷高,应优先进行治理。因为合流溢流在流量、频度及污染特性等方面存在地域不确定性,对水体影响也难以分析,治理费用方面也是一个重要考虑因素。为了解决合流溢流问题,美国环保局水司在 1989 年 8 月 10 日发布合流溢流污染控制对策(54 联邦登记号 37370)[10]。该对策将合流溢流当作点源污染,列入国家污染排放许可和清洁水法控制之列。要求所有合流溢流必须按照上述法律法规进行治理,达到以下 3 个目标:

① 确保合流溢流是雨季降雨产生;

② 所有合流溢流排放必须符合清洁水法在技术和水质方面的要求;

③ 减小合流溢流对水质、水生生物和人类健康的影响。

1991 年,美国环保局要求合流排水区应立即执行 9 项必要治理措施[11],监测合流溢流污染及其对水体的影响,要求在 1997 年 1 月 1 日前必须完成相关要求。同时,社区应优先治理环境敏感地区;使用以下两种方法之一制定控制合流溢流污染的长期规划[12]:

① 论证法。论证治理计划能够满足国家清洁水法要求的水质。

② 预定法。要求合流排水区采用一级沉淀处理至少 85% 合流下水道溢流废水,假定此时能够达到国家清洁水法的要求。

此外,为控制城市合流溢流污染,美国环保局还发表了相关工作指南,包括:

① 合流污水溢流长远控制规划指南[12]；

② 合流污水溢流监测和建模指南[13]；

③ 合流污水溢流治理资金筹措指南[14]；

④ 合流污水溢流治理投资估算和建设计划指南[15]；

⑤ 合流污水溢流治理 9 项必要治理措施实施指南[11]；

⑥ 合流污水溢流控制技术选择指南[16]。

12.5.1　美国环保局 9 项雨污合流溢流必要治理措施

1. 下水道及合流溢流设施的维护和运行

本项措施的主要目的是确保现有合流下水道系统和处理设施功能,使系统能够尽可能多地处理合流污水,达到国家污染排放控制要求。通过此项措施,可以减少雨污合流溢流排放的水量、频度和时间。此外,在维护和运行现有系统的同时,考虑现有收集处理系统的改进,进而提出和建设新的改进设施。

2. 将收集系统的储存能力最大化

通常降雨很不均匀,造成雨水径流流量变化非常大。将雨水储存起来,再进行处理,是减小雨水径流和雨污合流溢流处理设施投资的有效办法。充分利用雨污合流下水道,是一项成本较低的措施,主要包括:系统检查,了解需要维护维修的缺陷;检查和修复出水口潮门,防止排放水体水倒灌;调节溢流堰高度,增加下水道储水能力;使用阻流设施,降低下水道过流流速,增大停留时间;滞留上游排水;调整和增大截流泵站能力,输送更多合流进入污水处理厂;除去管道障碍物,包括沉积物等。

3. 预处理污水,减小溢流污染

本项措施的主要目的是减少工业和商业污水带来的水污染,从而减少雨污合流溢流污染物量。主要控制方法包括:

① 识别所有污染源；

② 评价所有污染物给雨污合流溢流污染影响；

③ 寻找和评价不同处理方案。

4. 加大合流污水进入污水处理厂

本项措施的主要目的是减小溢流量,从而减少进入天然水体的溢流污染。在污水处理厂,根据美国环保局相关法规,必须进行二级处理,相比其他方法,其处理效果最好,性价比也最高。由于入流水量增大,处理效果可能下降,必要时应更新现有处理设施。

5. 消除旱季污水溢流

本项措施包括任何能够避免合流下水道在旱季产生溢流的方法。法律要求合流下水道禁止排放旱季溢流,这是所有合流下水道的强制性要求。首先,应制定检测方案,确保任何可能发生的溢流事件能够被发现和记录。排水口阀门是重点监测点。通常在排水口容易接近的地方进行检查就足够了。但是,由于堵塞或损坏可能导致设备故障,需要仔细检查,通常要求在污水排放高峰时进行检查。下水道运行维护计划中应包括定期对旱季溢流进行检查。虽然这种检查在不同地方可能变化很大,美国环保局推荐每两周检查一次,同时,每次降雨后应检查一次。

6. 除去溢流污水中固体和漂浮物

使用简单方法消除水中可见的漂浮物和悬浮固体。使用的方法包括挡板装置和除沫器除去表面漂浮物。加强街道清扫,减少进入下水道的漂浮物和悬浮固体。其他溢流控制措施如提高排水系统储存能力,增加合流污水处理量等,同样减少了漂浮污染和悬浮固体污染物。法律要求在制定长远治理规划时,需要考虑各种不同治理手段,如漩流沉淀池、机械格栅等,对漂浮物和悬浮固体的除去效果。除去固体污染物的方法还包括:

① 挡板。在排水收集系统溢流口上安装挡板,可以收集飘浮物。

② 粗格栅。用于除去较大固体物质和漂浮物。

③ 细格栅。用于除去固体物质和较小的漂浮物。

④ 捕获池。通常安装在城市街道下水道上,入口是雨水口,通常安装水平栅条,防止街道上大的固体进入下水道,出口设在水下,防止漂浮物进入下水道。

⑤ 筛网。溢流口上安装筛网,用于除去固体污染物。

⑥ 纽约市监测结果表明,95%的固体污染物来源于街道垃圾,此外,粪便是导致娱乐海滩关闭的主要污染物。因此,通过公众教育,减少街道垃圾和个人卫生管理,将减少溢流污染。

7. 减少进入合流下水道污染

美国国会1990年签署的污染控制法要求按照如下次序控制污染:

① 尽可能控制污染源;

② 尽可能以环境安全方式回用污染物;

③ 尽可能以环境安全方式处理污染物;

④ 处置污染物应以对环境安全方式的最终手段。

本项措施的目的是最大限度减少污染物进入下水道,主要方法是改变人们的行为。

① 加强街道清扫。街道清扫可以减少旱季街道污染物量,在某些关键区域,

每天清扫街道,可以明显减少街道污染物。

② 固体污染物收集回用。

③ 产品禁用或取代。某些材料,如聚苯乙烯,在环境中不分解,应采用可生物分解的材料替代。某些海滨地区禁止用它们作包装材料。

④ 控制某些产品使用,如在公园使用肥料和杀虫剂,使用盐融雪等。

⑤ 禁止非法倾倒各种垃圾,如废旧轮胎、汽油等进入下水道和地面。

⑥ 大宗材料回用。设计市政处理设施用于家庭大型废旧材料处理,建立商业设施处理废旧材料,如汽油、废旧轮胎、电池等。

⑦ 危险废弃物处理。应设置专门设施处理处置危险废弃物。

⑧ 商业和工业污水处理。要求建立处理设施,减小污染物进入下水道。

8. 公共宣传

主要让公众了解雨污合流溢流口位置、溢流排放情况、对健康影响、对娱乐和商业场所,如游泳、钓鱼等影响。可在受影响区域、公共活动场所,如海滩等溢流口附近张贴告示,提醒民众。可通过报纸、电台和电视台通知有关情况,如关闭海滩等。书面或电话通知受影响的人。

9. 监测溢流污染影响和控制措施成效

通过监测了解合流溢流污染影响、发生频率等基本数据,从而启动污染控制措施;通过监测还可以了解控制手段作用,以确定下一步行动,最终达到满足国家污染控制的要求。

12.5.2　美国城市雨水合流溢流污染治理的主要情况

以下根据是美国环保局在 2003 年给美国国会提交的合流污染控制情况和对策的报告编译的(USEPA,Report to Congress Implementation and Enforcement of the Combined Sewer Overflow Control Policy,2003),提供了一些美国城市的治理进展。

1. Atlanta,Ga

原有 10 个溢流口,后减少为 7 个,合流制排水系统服务面积为 19 平方英里,排水系统服务总面积为 260 平方英里,二级污水处理能力为 194 mgd。主要措施:建设 7 个溢流处理设施;15%合流系统改为分流制系统;计划建 2 个储存和处理系统,目前已经有 60%的溢流污水和 75%的固体污染得到处理。计划将每年溢流事件从 60 次减少到 4 次。[17]

2. Bremerton,WA

原有 19 个溢流口,后减少为 16 个,合流制排水系统服务面积为 5.2 平方英里,一级污水处理能力为 32.5 mgd,二级污水处理能力 7.6 mgd。主要措施:建离线储存池,减少合流系统排水溢流,到 2000 年,削减 69% 溢流,溢流事件减少 56%,2008 年要求达到每个排放口不超过一次溢流事件。1999 年建立水文水力学模型,指导治理规划。[18-20]

3. Burlington,IA

原有 20 个溢流口,后减少为 11 个,合流制排水系统服务面积为 2.9 平方英里,二级污水处理能力 18 mgd。主要措施:20 世纪 70 年代大部分改为分流制,今后继续改建,到 2017 年完成所有改造。[21-23]

4. Chicago,IL

原有 408 个溢流口,合流制排水系统服务面积为 375 平方英里,二级污水处理能力 2 434 mgd。由于改建为分流制排水系统费用太高,治理规划中采用的主要措施:建 109 英里 9~33 英尺下水道;250 个处理井和 600 个流量调节装置,能够处理所有初期雨水和小雨,削减 84% 的污染。已建 93.4 英里。此外,拟建 3 个水库储存雨水,总容量为 157 亿加仑。[24]

5. Columbus,GA

原有 16 个溢流口,合流制排水系统服务面积为 4.6 平方英里,二级污水处理能力为 42 mgd,主要措施:正在评估以漩流沉淀为核心的溢流处理方案。

6. Louisville,KY

原有 115 个溢流口,合流制排水系统服务面积为 375 平方英里,一级污水处理能力为 250 mgd,二级污水处理能力为 140 mgd,主要措施:建立径流污染预测模型,建立在线储存设施,提高一级污水处理能力到 350 mgd。1993~1999 年间主要措施:采用分流制等消除 5 个排放口,通过增加储存能力,溢流体积从 5.153 亿加仑减少到 4.472 亿加仑,溢流事件从 5 361 次减少到 3 898 次。Bod 负荷从 320 万磅减少到 290 万磅,悬浮物从 720 万磅减少到 650 万磅。[25]

7. Boston,MA

原有 84 个溢流口,后减少为 63 个,合流制排水系统服务面积为 14 平方英里,排水系统服务总面积为 407 平方英里,一级污水处理能力为 1 270 mgd,二级污水处理能力为 540 mgd。主要措施:5 个处理溢流设施,服务一倍的溢流口;设置监测装置,建立径流污染预测模型;优化现有系统,增加储存能力,增加污水处理能力。溢流排水量从 1988 年 33 亿加仑减少到 8.5 亿加仑。[26-27]

8. Muncie,IN

原有 30 个溢流口,后减少为 24 个,合流制排水系统服务面积为 10.2 平方英里,三级污水处理能力为 27 mgd。主要措施:改分流制,增加储存能力 0.75 亿加

仓,最终目标处理所有初期雨水,除去固体和飘浮物。[17, 28]

9. North Bergen, NJ

有 10 个溢流口,合流制排水系统服务面积为 1.8 平方英里,污水处理能力为 10 mgd。主要措施:所有溢流口安装设施处理固体和悬浮物,每年可除去 108 t 固体和漂浮物。减少 3 个溢流口。正在评估和计划安装消毒设备。[29]

10. Randolph, VT

原有 6 个溢流口,后减少为 3 个,二级污水处理能力为 0.4 mgd。主要措施:改 52 个合流区中 44 个为分流制,升级污水处理厂,减少 80% 溢流。[30]

11. Richmond, VA

有 32 个溢流口,合流制排水系统服务面积为 19 平方英里,二级污水处理能力为 75 mgd。主要措施:建 0.5 亿加仑储存设施,雨后经沉淀处理。减少溢流直接排放体积 40%(1.2 亿加仑)。建立计算机模型,评价和优化主要处理措施。[31]

12. Rouge River Watershed, MI

有 168 个溢流口,合流制排水系统服务面积为 93 平方英里,一级污水处理能力为 1 700 mgd,二级污水处理能力 930 mgd。主要措施:改建分流制,增加储存能力,提高一级处理能力。未处理溢流事件从每年 50 次减少到 1~7 次。所有溢流均经沉淀和浮渣处理。72% 合流废水进污水处理厂。[32]

13. Saginaw, MI

有 16 个溢流口,合流制排水系统服务面积为 16 平方英里,二级污水处理能力为 32 mgd。主要措施:消除 20 个溢流口,建 7 个溢流沉淀消毒处理设施,未经处理的溢流量从每年 30 亿减少到 7.6 亿加仑。[17]

14. San Francisco, CA

原有 43 个溢流口,后减少为 36 个,合流制排水系统服务面积为 49 平方英里,一级污水处理能力为 272 mgd。二级污水处理能力为 194 mgd。主要措施:一级处理主要用于溢流处理。增加溢流储存和输运设施,减少 75% 溢流事件,81% 溢流体积。[17]

15. South Portland, ME

原有 35 个溢流口,后减少为 25 个,合流制排水系统服务面积为 12 平方英里,二级污水处理能力为 22.9 mgd。主要措施:改分流制,消除 10 个溢流口,增加源头处理,每年减少径流 7 亿加仑,扩大溢流处理能力,提高下水道储存能力等,削减 80% 溢流量,实现溢流口在线监测,一级污水处理能力从 12 mgd 提高到 56 mgd。[33]

16. Washington, DC

有 60 个溢流口,合流制排水系统服务面积为 20.2 平方英里,一级污水处理能力为 1 076 mgd,二级污水处理能力为 740 mgd,深度处理能力为 370 mgd。主要措施:第一阶段建橡胶坝用于提高储存能力,建漩流沉淀,同时提高污水厂一级处理能力。今后增加管道储存和沉淀能力,使每年溢流量从 32.54 亿加仑减少到 2.64 亿加仑。[34]

17. Wheeling, VV

原有 259 个溢流口,后减少为 168 个,合流制排水系统服务面积为 11 平方英里,一级污水处理能力为 25 mgd,二级污水处理能力为 10 mgd。主要措施:改造为分流制,除去溢流中固体和悬浮物。[35]

12.5.3 总结

合流制排水通常含有较高浓度的污染物包括营养盐浓度。将合流制改建为分流制是减少污水直接进入天然水体的最佳办法,是美国很多城市的首选措施。但是,在人口密集的城市,将合流排水系统改建为分流制系统,往往工程浩大,在美国芝加哥也难以选用。我国的老城区治理,存在同样问题。直接治理合流排水系统溢流污染成为很多城市唯一的选择。由于雨水在空间和时间上的不均匀性,首先需要建储水设施,使处理系统能够均匀处理。在人口密集土地紧张的美国城市,主要措施是加大下水道管径,提高下水道储水能力,增设储存池。雨水径流污染物主要通过增加合流污水一级处理能力和溢流污水漩流沉淀处理能力,减少排放到天然水体的污染物量。

由于大量信息和可供选择的治理方案的多种多样,在计算机发展以前,采用人工方法优化城市雨水径流治理方案面临着非常大的困难。美国在 20 世纪 60 年代,开始应用大型计算机开发计算机仿真优化技术,开发推理型的规划方法。1971 年开发出流域规划模型,后来陆续又发展了更加复杂的模型,如非线性模型、三维模型等。这些模型促进了水环境管理和规划的进步。近年来,发展的新方法则将重点放在实测数据上,努力利用实测数据校准模型参数,使模型预测结果与实测数据一致。通常将其称为决策支持系统,主要包括仿真模型和优化算法、数据库、地理信息系统、主要设施的实时控制系统等。目前,美国环保局等机构发展起来的雨水径流预测和管理模型 SWMM[21, 36],美国工程兵开发的 STORM[28] 已成为美国城市雨水径流污染控制规划和管理的常用工具,对城市雨水管理系统的优化和管理调度起着非常重要的核心作用。美国环保局在合流污染控制对策中要求治理规划应经过计算机模型分析。[13]我们将在本书第 13 章介绍。由于暴雨水污染随机性大,处理储存设施的设计应根据长期积累的降雨资料模拟径流水质水量,评价各种设计方案,优化投资。影响投资的一个重要因素是系统针对的降雨频率。在重要地区,应按照降雨频率较小,一次降雨量较大的暴雨产生的径流来进行设计。从径流污染控制方法来看,主要成本在于建设雨水收集系统和储水系统。

加强监测和控制,建立我国城市径流污染预测和控制系统,指导和调控城市雨水包括合流系统的改造和管理,同时增加径流污染储存和处理设施,减少雨污合流溢流对天然水体的直接污染,是今后我国城市污染治理的发展方向,也是我国湖泊富营养化治理的必要措施。

参 考 文 献

[1] 科比特 R A. 环境工程标准手册[M]. 郑正,等,译. 北京:科学出版社,2003.

[2] 汪慧贞,李宪法. 北京城区雨水径流的污染及控制[J]. 城市环境与城市生态,2002,15 (2):16.

[3] 李田,林莉峰,李贺. 上海市城区径流污染及控制对策[J]. 环境污染与防治,2006,28 (11):868.

[4] USNRC. Clean Coastal Waters: Understanding and Reducing the Effects of Nutrient Pollution[R]. Washington DC: Committee on the Causes and Management of Eutrophication, 2000.

[5] Laws E A. 水污染导论[M]. 余刚,张祖麟,译. 北京:科学出版社,2004.

[6] Metcalf,Eddy. 废水工程:处理与回用[M]. 北京:清华大学出版社,2003.

[7] Soderlund H. Recovery of the Lake Ronningesjon in Taby, Sweden: Results of Storm and Lake Water Treatment over the Year 1981 - 1987[J]. 1988,44(4).

[8] Forndran A, Field R, Dunkers K, et al. Balancing flow for CSO Abatement[J]. Water Environment & Tehnology, 1991,3(5): 54 - 58.

[9] Field R, Brown M P, Vilkelis W. Stormwater Pollution Abatement Technologies[M]. Washington DC: USEPA, 1994.

[10] USEPA. National Combined Sewer Overflow Control Strategy[EB/OL]. http://www. epa. gov/npdes/pubs/owm0356. pdf.

[11] Combined Sewer Overflows, Guidance for Nine Minimum Controls[M]. Washington DC: USEPA, 1995.

[12] USEPA. Combined Sewer Overflows, Guidance For Long - Term Control Plan EPA 832 - B - 95 - 002. Washington DC: USEPA,1995.

[13] USEPA. Combined Sewer Overflows, Guidance For Monitoring and Modeling[EB/

OL].http://www.epa.gov/npdes/pubs/sewer.pdf.

[14] USEPA.Combined Sewer Overflows,Guidance For Funding Options[EB/OL].http://www.epa.gov/npdes/pubs/owm0249.pdf.

[15] USEPA. Combined Sewer Overflows, Guidance for Financial Capability Assessment and Schedule Development [EB/OL]. http://www.epa.gov/npdes/pubs/csofc.pdf.

[16] USEPA. Combined Sewer Overflows, Screening and Ranking Guidance[EB/OL]. http://www.epa.gov/npdes/pubs/owm595.pdf.

[17] USEPA. Report to Congress Implementation and Enforcement of the Combined Sewer Overflow Control Policy, 2003.

[18] City of Bremerton's CSO Reduction Program and Drinking Water Quality & Conservation, in Berthiaume, Chance, and City of Bremerton [EB/OL]. http://www.cityofbremerton.com.

[19] 逄勇,姚琪,濮培民.太湖地区大气-水环境的综合数值研究[M].北京:气象出版社,1998.

[20] Ruban V, Brigault S, et al. An Investigation of the Origin and Mobility of Phosphorus in Freshwater Sediments from Bort‐Les‐Orgues Reservoir [J]. Journal of Environmental Monitoring,1999(1):403-407.

[21] Petterson K. Mechanisms for Internal Loading of Phosphorus in Lakes [J]. Hydrobiologia,1998,373/374:21-25.

[22] Report of Combined Sewer Overflows: Part 2[R]. Burlington, 1995.

[23] Filgueiras A, Lavilla I, Bendicho C. Evaluation of Distribution, Nobility and Binding Behavior of Heavy Metals in Surficial Seidiments of Louro River (Galicia, Spain) Using Chemometric Analysis: A Case Study Science of the Total Environment,2004, 330:115-129.

[24] MWRDGC. Water Quality Improvements in the Chicago and Calumet Waterways Between 1975 and 1993 Associated with the Operation of Water Reclamation Plants [R]. Chicago IL: The Tunnel and Reservoir System, and Instream and Sidestream Aeration Stations, 1998,

[25] AMSA. Approaches to Combined Sewer Overflow Program Development: A CSO Assessment Report[R]. Washington DC:AMSA, 1994.

[26] MWRA. Final CSO Facilities Plan and Environmental Impact Report[R]. Boston MA, 1997.

[27] Hutzinger O.环境化学手册:第一分册[M].北京:中国环境科学出版社,1987.

[28] Amlin E. Stream Reach and Characterization and Evaluation Report[R]. Muncie IN, 1999.

[29] EPA. Combined Sewer Overflows in Region 2: Audit Report of the Inspector General

〔R〕. New York NY，2001.

[30]　Randolph T O. Evaluation of Combined Sewer Overflows for the Town of Randolph 〔R〕. Randolph，VT：Vermont Agency of Natural Resources（ANR），1993.

[31]　Draft Long - Term CSO Control Plan Re - evaluation. Submitted to Virginia Department of Environmental Quality〔R〕. Richmond VA，2001.

[32]　宋立荣.高级水生生物学[M]. 北京：科学出版社，2000.

[33]　Combined Sewer Overflows：Documentation for Nine Minimum Controls〔R〕. South Portland ME ：Maine Department of Environmental Protection，1997.

[34]　Combined Sewer System Long Term Control Plan〔R〕. Washington DC：Prepared for WASA，2001.

[35]　GGJ Consulting Engineers，Inc. Capital Needs Improvement Project Review〔R〕. Wheeling WV：Report prepared for the City of Wheeling，2001.

[36]　Elder J W. The Dispersion of Marked Fluid in Turbulent Shear Flow〔J〕. J. Fluid Mech.，1959,5：544 - 560.

[37]　Matin J L，McCutcheon S C. Hydrodynamics and Transport for Water Quality Modeling 〔M〕. Boca Raton：Lewis publishers，1999.

第13章 雨水径流污染模型与水华防治

13.1 引　　言

　　自古以来,人类就喜欢居住在水源充足的地区,以方便取水用水。但是,人类活动常常给地面带来大量污染物,在降雨冲刷作用下,进入天然水体,污染水资源。现代社会工业发展使人口大量集中在城市,城市降雨径流污染已经成为水污染的主要来源之一。同时降雨还可能带来洪水灾害。农村大量使用化肥,但是化肥利用率低,大量流失,成为湖泊营养盐氮磷的主要来源之一。

　　自古以来,人们就十分重视雨水的利用与洪涝灾害的控制。随着现代工农业的发展、人口的聚集,雨水径流污染问题也日益突出。我国水资源受污染,特别是营养盐污染带来的水华问题,是我国水资源短缺的重要原因。我国很多城市面临水质性缺水:城市附近有大量被污染的水源,不得不到很远的地方引水。城市缺水已成为制约我国经济发展的重要因素。其中,减少径流污染排放带来的大量氮磷营养盐,是水华治理的关键工作之一。

　　在第12章我们分析了雨水径流污染治理的关键是建设和调度各种储水设施,包括利用天然地势和人工建设的储水池、输水管道等。保护和发展水资源,需要规划、设计、建设和运行各种设施,包括防洪设施、供水设施、污染治理设施等。我们不仅要控制雨水流量防止发生洪水,还要控制水质,保护水资源不受污染。很多国家都制定法律,控制雨水质量。

　　由于大量信息和可供选择的治理方案的多种多样,人们难以直接比较各种方案的优劣,仿真雨水水量水质的计算机模型能够预测各种方案的治理效果,对规划管理雨水径流水质水量非常重要,可以指导和优化雨水径流治理系统的规划设计和运行管理。

本章将介绍各种仿真雨水径流的流域模型。目前国际上开发过上百种雨水径流模型。有很多专著论述雨水径流水量计算,水质方面的相对较少。本文简要介绍部分模型。着重介绍模型原理和应用范围,介绍这些模型如何用于与水华发生有关的磷污染产生和传输。

13.1.1 水文学

雨水降落地面,部分渗入地下,部分在地面上汇集形成河流和湖泊。雨水下渗和汇集的规律就是水文学的研究对象。通常地面分透水和不透水地面。在透水地面,部分雨水渗入地下,部分雨水在地表形成径流。表面径流,还有下渗水会流到河流和湖泊等天然水体。雨水汇流过程中,会溶解和冲刷地面污染物,进入水体。这种污染我们常称为非点源污染或面源污染。人类活动往往增加了地面污染物的积累,加重了这种污染。地面上人类的不同类型活动,给天然水体带来的雨水径流污染物和负荷不同。降雨强度和降雨历时也会影响径流污染负荷。城市下水道的损坏,也会使点源污染进入雨水径流。由于雨水径流污染物的来源很分散,使雨水径流污染治理变得复杂。

当排放进入天然水体的污染物超过水体的环境容量,就会产生问题。雨水径流污染可以带来各种水环境污染。其中营养盐污染以及由此而带来的水华问题十分突出。研究表明,城市初期雨水径流中总磷含量可以达到 15 mg/L,远远超过目前的生活污水,是天然水体磷的主要来源之一。在我国很多湖泊,雨水径流带入的磷都超过了防止湖泊水华发生的要求。因此,研究雨水径流污染治理,对防治湖泊水华十分重要。

13.1.2 模型方法

从 20 世纪 60 年代中期开始,国外开始利用计算机模型来模拟雨水径流及其汇入水体(例如,Stanford 流域模型,Crawford and Linsley,1966)。美国政府在 20 世纪 70 年代组织开发了同时模拟雨水水量的水质模型。目前人们已开发了大量雨水径流计算机仿真系统。

根据变量的数学特性分为随机模型和确定性模型。随机模型通常只能得到变量的随机分布函数,而确定性模型可以得到变量的确切结果。

根据模型的物理特性可以将模型分为经验模型和物理模型。物理模型是根据物理规律建立的模型,而经验模型是根据实验结果总结的不同变量之间的关系。

根据模型的空间性质可以分为分布式模型和集总模型。分布式模型考虑变量在空间上的变化,而集总模型通常假设变量在空间上分布均匀。

根据模型的时间特性分为稳态模型和非稳态模型。稳态模型假设变量不随时间发生变化,而非稳态模型考虑变量随时间变化。

大多数径流模型是分布式确定性模型。做规划时常使用稳态模型;做运行管理时,必须使用非稳态模型。

模型可以用来进行规划、设计和管理操作。不同的模型使用的简化不同,对基础数据的要求不同,得到的结果的适用范围不同。此外,包括的组分和计算的时间尺度也不相同。例如,规划模型通常包括一个优化组分。雨水径流模型通常用于排水系统运行管理,也用于规划和设计。

模型包括降雨、径流产生模型,包括地面和地下雨水流动,污染物积累和冲刷等,雨水径流污染传输,包括流动和污染物传输。通常模型主要输入资料是降雨的时间和空间分布。

我们通常很关心污染负荷,这不仅包括污染物浓度,还包括排水量,因此,对雨水径流水质的模拟依赖于对雨水流量的模拟。我们在治理雨水径流污染物时,通常治理设施在水质和水量两方面同时起作用。例如,一个储水池通常能够削减雨水峰值流量,同时也沉淀了污染物。我们需要一个在空间和时间上有良好精度的水力学和水文学模型,以获得对流量的准确模拟,同时需要精确模拟污染物浓度的模型。

13.1.3 水量模拟

雨水降落地面,首先被植被拦截,然后部分渗入地下,部分在地面形成水流,在洼地积蓄。下渗水穿过土壤不饱和区进入地下水,下渗过程会随着地下土壤水分含量和地下水位及其流动而不断减慢,影响地面积水和水流流动。很多模型简化或忽略地下水和雨水下渗过程,使模拟精度下降。

水量模拟主要与防洪和水资源供应有关。我们主要关心雨水流量、雨水径流洪峰时间和流量,它们与很多地面因素相关。我们必须提供地形土壤资料和排水管道设计。通常设计排水管道是为了防止特定降雨产生地面积水。

水资源供应需要满足多方面需要,例如工业、农业和居民用水需要。通常需要设计建设水库、泵站、管道、网状供水系统、水处理厂、渠道等,以满足这些不同需要。因此,模拟雨水的径流模型会依据模拟对象不同而有所变化。模拟城市地区还需要包括排水沟、街道、下水道、溢流设备、其他附属设备、压力管道、涵洞、渠道、屋顶储水池、自然和人工储水池。洪水有时候来不及排放会溢流到地面。城市排水系统通常对降雨的响应比农村快。城市雨水径流模拟系统需要快速响应降雨事件。

13.1.4　雨水径流水质

影响污染物传输和变化的主要过程包括化学、物理化学、生物、生态和物理过程。化学过程是污染物发生化学变化、分子结构和性质改变的过程，例如大气中 SO_2 会氧化转化为硫酸。在生物体内部会发生生物化学过程，如新陈代谢和光合作用。物理化学过程是物质同时发生物理和化学作用，例如吸收、吸附和解吸。许多污染物，包括磷酸根离子，都容易吸附到固体金属离子表面，随悬浮固体传输到天然水体。吸收是一种污染物溶解到另一种液体物质中，例如，在气液界面发生的气体转移，是天然水体获得溶解氧的主要途径。生态过程是环境中不同生物直接相互作用形成的生态链，包括生长、死亡、呼吸等。物质传输是一种物理过程。水中污染物传输主要通过扩散和对流。分子热运动和湍流流动是主要扩散过程。

主要水质问题包括盐分、温度、沉淀物、溶解氧、有毒物质、有机物和营养盐等。控制水华的主要污染物是磷，磷在水中以溶解状态和悬浮固体状态存在。溶解性磷主要是磷酸根离子，固态磷主要包括有机磷和无机磷。无机磷和溶解性磷两者之间存在快速的溶解-结晶相互转化过程。藻类可直接利用低浓度溶解性磷，固态无机磷会很快补充水中被消耗的溶解性磷，从而使藻类能够利用固体磷。有机磷通常由微生物分解，变成无机磷。传输在很多情况下是很快的，因此，在很多污染传输模型里，常常忽略化学等过程。

13.2　雨水径流水量计算模型

模型通常是依据流体守恒方程，包括连续性方程、动力守恒和能量守恒设计出来的。绝大多数情况下采用一维模型。通常分为水力学模型和水文学模型。一般水力学模型需要求解 3 个守恒方程，能够获得流动的空间特性，而水文学模型只求解连续性方程。这与我们对这两个术语的理解不同，例如，我们通常认为降雨径流过程是水文学过程,而渠道水流动是水力学过程。然而,在历史上,由于雨水在地面流动非常复杂,我们常常简化处理,只求解连续性方程获得水量数据。随着计算机技术的发展,我们逐渐解决了计算困难。因此,本书使用的术语是依据求解的方程来划分的。

13.2.1 水力学模型

水力学模型通常使用数值方法求解方程。有限元方法是目前常用的方法,将复杂的偏微分方程转化为大量线性方程求解。在水力学领域,主要使用浅水方程-圣维南方程组。它是描述水道和其他具有自由表面的浅水体中渐变不恒定水流运动规律的偏微分方程组,由反映质量守恒律的连续方程和反映动量守恒律的运动方程组,1871 年由法国科学家圣维南提出,故名。一百多年来,虽然为了考虑更多的因素和实际应用方便对它的基本假定作了某些简化或改进,产生多种不同的表达形式,但其实质没有变化。主要进展表现在求解方法的改进和创新。1877 年法国工程师克莱茨提出了瞬态法。1938 年苏联 C.A.赫里斯季安诺维奇提出另一类解法——特征线法。但均因计算量较大,不得不进行各种简化处理,使实际应用受到限制。自 20 世纪 50 年代以来,随着电子计算机的普及,研究和提出了一整套解法,并研究出若干个通用性较强的应用软件(即程序系统),促进了圣维南方程组在水文和其他工程领域中的应用。

13.2.2 浅水波方程

一维明渠水流情况下,圣维南方程组的典型形式为

$$B\frac{\partial h}{\partial t} + \frac{\partial Q}{\partial x} = q \tag{13.1}$$

$$\frac{\partial Q}{\partial t} + \frac{2Q}{A}\frac{\partial Q}{\partial x} + \left[gA - B\left(\frac{Q}{A}\right)^2\right]\frac{\partial h}{\partial x} = \left(\frac{Q}{A}\right)^2\frac{\partial A}{\partial x}\bigg|_h + gA\left(i - \frac{Q^2}{K^2}\right) \tag{13.2}$$

式中:h 是水深,$B = \frac{\partial A}{\partial x}$,$Q$ 是流量,q 是单位长度上旁侧入流量,A 是渠道断面面积,i 是底面坡度,其中 $J = Q^2/K^2$ 是水力坡度。

圣维南方程组还有许多其他形式。例如:以断面流速代替流量,以面积代替水深作为因变量;也可考虑地转力和水面风力的影响;还可把垂线平均流速作为因变量,写出二维水体渐变不恒定明流的运动方程。

建立圣维南方程组的基本假定是:

① 流速沿整个过水断面(一维情形)或垂线(二维情形)均匀分布,可用其平均

值代替。不考虑水流垂直方向的交换和垂直加速度,从而可假设水压力呈静水压力分布,即与水深成正比。

② 河床比降小,其倾角的正切与正弦值近似相等。

③ 水流为渐变流动,水面曲线近似水平。此外,在计算不恒定的摩阻损失 Hf 时,常假设可近似采用恒定流的有关公式,如曼宁公式(见河水运动)。

圣维南方程组描述的不恒定水流运动是一种浅水中的长波传播现象,通常称为动力波。因为水流运动的主要作用力是重力,属于重力波的范畴。如忽略运动方程中的惯性项和压力项,只考虑摩阻和底坡的影响,简化后方程组所描述的运动称为运动波。如只忽略惯性项的影响,所得到的波称为扩散波。运动波、扩散波及其他简化形式可以较好地近似某些情况的流动,同时大大简化计算,便于实际应用。

13.2.3 求解方法

圣维南方程组在数学上属于一阶拟线性双曲型偏微分方程组。联解方程组并使其符合给定的初始条件和边界条件,就可得出不恒定水流的流量和水深(或其他因变量)随流程和时间的变化,即 $v = v(s, t)$ 和 $h = h(s, t)$。初始条件为某一起始时刻的水流状态,如水道沿程各断面的水深和流速。边界条件为所计算的水体的边界水流状态,如某一河段上、下游边界断面处的水位过程、流量过程或水位流量关系等。给定的初始条件和边界条件的数目和形式必须恰当,符合水流的性质,才能保证方程组的解存在和唯一,保证不致因数据的微小变化而使方程的解发生很大的变化。此时,问题称为是适定的,求解才有意义。

除特殊情况外,很难用解析方法求得圣维南方程组的解析解。一般只能通过数值计算获得近似解。常用的数值计算方法主要有以下 3 类:

1. 有限差分法

将所计算的水体按照一定的网格划分,每个网格点处的微分形式的圣维南方程组,用某种形式的差分方程组来逼近。边界条件也写成差分形成,然后逐时段地求解差分方程组,得出各网格点(如断面)处的水深及流速。根据所采用的差分计算方法的不同,对每一计算时段来说,或可逐个算出各网格点处的水力要素,或是必须联立求解各网点处的水力要素。前者称为显式差分法,后者称为隐式差分法。克莱茨提出的瞬态法就属于一种简化的显式差分法。

2. 特征法

把圣维南方程组由偏微分方程组变换为在所谓"特征"上成立的常微分方程组,通常称为特征方程组。在空间为一维的情况下,"特征"的几何表示称为特征线,而在二维则为特征面。不恒定水流中的波动和干扰是沿"特征"传播的。用有限差分法联立求解表达"特征"几何位置的方程和特征方程组,即可求得所需的数值解。

3. 有限单元法

把水体划分成几何形状简单的单元(如一维的直线段,二维的矩形、直边或曲边三角形等),在每一单元内,解用数学处理比较简单的内插函数来逼近。把圣维南方程组应用于每个单元,变换为积分形式,并根据某种准则(如逼近的残差最小)来确定内插函数中的待定系数便可定解。常用的是伽辽金半离散有限单元法。

对于非渐变的流动,水流通过激波把两部分渐变流连接起来。如通过水跃实现由急流(超临界流)到缓流(次临界流)的过渡。在涨潮和溃坝波中也常出现近乎垂直的波前。此时,两边的渐变流仍可用圣维南方程组来描述。只要补充激波处的跳跃条件和用以判别物理上是否许可的某种准则(如熵条件等)即可求解。

圣维南方程组所描述的具有自由表面的水体的渐变不恒定流动的计算是雨水径流污染物传递的基础。

13.3.4 水文学模型

除了求解完全或简化形式的圣维南方程组的上述解法,在水文学中多年来还对一维流动发展出许多简化计算方法。例如,把运动方程简化为在计算时段内计算河段的蓄水量与出流量之间关系的方程,然后联立求解。同时,还对水文学中常用的方法与求解圣维南方程组的关系进行了研究。如应用广泛的马斯金格姆(曾译"马斯京根")流量演算法,可列为扩散波中的特殊情形。水文学方法简单,忽略空间变化,主要依据质量守恒定律,能较好地适用于某些情况,今后仍将长期广泛地被应用。

在 SWMM 模型中,使用蓄水池模型,见图 13.1,每个流域看成是个蓄水池,入流来自降雨、融雪或上游来水,出流包括下渗、蒸发和产生的径流。蓄水池的最大蓄水能力是土壤储水能力。当来流流量大于储水能力时,产生地表径流。根据质量平衡求解。

下渗是雨水穿过土壤向不饱和蓄水层迁移过程。计算下渗量可以使用以下 3 种方法。

1. Horton 法计算

这是一种经验方法,雨水渗入土壤,随着土壤水分的逐渐增加而趋于饱和,下渗速率从最大值很快下降至恒定值。

$$F = fc + (fo - fc)\exp(-kt) \tag{13.3}$$

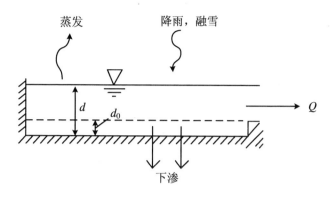

图 13.1　地表径流蓄水池模型

式中：t 是降水开始计算的时间，k、fc、fo 等是经验参数，取决于土壤类型。美国水土保持研究局提出了径流曲线数法，可根据土壤类型计算产流。计算公式为

$$Q = \frac{(P - 0.2S)2}{P + 0.8S} \quad (P > 0.2S)$$

$$Q = 0 \quad (P <= 0.2S) \tag{13.4}$$

$$S = \frac{25\,400}{CN} - 254 \tag{13.5}$$

式中：Q 为径流量（mm），P 为降雨量（mm），S 为雨水下渗量（mm），CN 为径流曲线数，与植被覆盖情况、土壤类型及前期经验影响等因素有关，可查表得到。目前这个方法应用较普遍。很多人还提出了许多其他计算方法。

2. 地下水计算

一个典型的方法，如 SWMM 模型使用地下水两区计算模型，假设地下水包括

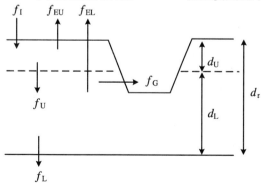

图 13.2　地下水两区计算模型

上层不饱和区，含水率为 θ 和下层饱和区，见图 13.2，根据水力学原理进行计算。其中主要参量含义如下：f_I 来自表面下渗；f_{EU} 上层蒸发；f_U 从不饱和区向下层下渗，与上层含水率和深度 d_U 相关；f_{EL} 从下层的蒸发量，与下层深度 d_L 相关；f_L 从下层向地下水下渗，与 d_L 相关；f_G 地下水进入下水道部分，与 d_L 和下水道水深有关。

13.3　雨水径流水质模型

　　雨水径流水质模型包括径流污染物产生模型和污染物传输模型。

　　产生雨水径流污染的主要过程包括晴天地面污染物的积累和雨天的冲刷。地面污染物的积累量主要与污染物雨前积累时间相关。模拟污染物晴天累积效应的模型包括幂函数、指数函数和饱和函数法。对幂函数模型,单位面积上污染物累积量 B_T 采用下式进行计算:

$$B_T = \mathrm{Min}(B_0,\ B_1 T^{B_2})\tag{13.6}$$

式中:T 是污染物雨前累积时间,B_0 是单位面积污染物最大累积量,B_1 是污染物累积速率常数,B_2 是时间指数。

　　指数函数法是本文比较研究采用的模拟计算污染物累积效应的第 2 种模型,其计算方法如下:

$$B_T = B_L + (B_0 - B_L) \cdot \exp(- B_1 \cdot T)\tag{13.7}$$

B_L 是污染物累积前地面遗留的污染物量。饱和函数法是本书比较研究采用的模拟计算污染物累积效应的第 3 种模型,其计算方法如下:

$$B_T = B_L + (B_0 - B_L)\frac{T}{B_3 + T}\tag{13.8}$$

其中,B_3 是污染物累积半饱和常数(污染物积累到最大累积量一半所需时间)。

　　污染物冲刷模型主要比较研究了指数函数法和标定曲线法,其中指数函数法,单位时间单位面积污染物冲刷量 W 表示为

$$W = C_1 q^{C_2} B\tag{13.9}$$

式中:C_1 是冲刷系数,C_2 是冲刷指数,B 是 t 时刻地面可冲刷污染物量,q 是单位面积径流量。

　　在标定曲线法中,单位时间单位面积污染物冲刷量 W 表示为

$$W = C_1 q^{C_2}\tag{13.10}$$

　　以污染物晴天累积的饱和函数法和雨水冲刷的指数函数法为例,根据式(13.4)得到

$$\mathrm{d}B = - W\mathrm{d}t = - C_1 q^{C_2} B\mathrm{d}t\tag{13.11}$$

将上式积分得到

$$B = B_\mathrm{T}\exp\left[- C_1 \int_0^t q(t)^{C_2}\mathrm{d}t\right] \tag{13.12}$$

因此,我们得到径流污染物浓度 C:

$$C = C_0 + W/q$$

$$= C_0 + C_1 q^{C_2-1} B_T \exp\left[- C_1 \int_0^t q(t)^{C_2}\mathrm{d}t\right]$$

$$= C_0 + C_1 q^{C_2-1}\left[B_\mathrm{L} + (B_0 - B_L)\frac{T}{B_1 + T}\right]\exp\left[- C_1 \int_0^t q(t)^{C_2}\mathrm{d}t\right]$$

$$\tag{13.13}$$

式中:C_0 是雨水落地前所含污染物浓度,C_1、C_2 和 B_0 是参数,含义如前所述。其中 $q(t)$ 是径流量随时间变化的函数,可以根据径流模型进行计算,以简单的常用径流模型(蓄水池模型,见图 13.1)为例,可以简单表示为

$$\frac{\mathrm{d}h}{\mathrm{d}t} = i - f - q \tag{13.14}$$

式中:h 为地面径流平均深度,i 为降雨强度,f 为渗透率。该模型假定在集水区出口以一定水深 $h - h_0$ 均匀流出,h_0 为地表平均蓄水深度,因此,对该地表流,基于曼宁公式:

$$q = \frac{1}{nl}(h - h_0)^{5/3} S^{0.5} \tag{13.15}$$

式中:l 为集水区长度,n 为集水区平均曼宁糙率系数,S 为集水区平均地表坡度。将式(13.10)代入式(13.9),采用数值方法,可计算 $q(t)$。

表 13.1 根据径流污染模型推导的径流污染物浓度与径流时间的关系

序号	模型		径流污染物浓度 C 与径流时间 t 的关系
	累积	冲刷	
1	饱和	指数函数	$C = C_0 + C_1 q^{C_2-1}\left[B_\mathrm{L} + (B_0 - B_L)\dfrac{T}{B_3 + T}\right]\exp\left[- C_1 \int_0^t q(t)^{C_2}\mathrm{d}t\right]$
2	饱和	曲线数	$C = C_0 + C_1 q^{C_2-1} \quad (B>0)$ $C = C_0 \quad (B \leqslant 0)$
3	指数	指数	$C = C_0 + C_1 q^{C_2-1}\left[B_\mathrm{L} + (B_0 - B_L)\exp(- B_1 \cdot T)\right]$ $\cdot \exp\left[- C_1 \int_0^t q(t)^{C_2}\mathrm{d}t\right]$

序号	模型		径流污染物浓度 C 与径流时间 t 的关系
	累积	冲刷	
4	指数	曲线数	$C = C_0 + C_1 q^{C_2-1}$ （$B > 0$） $C = C_0$ （$B \leqslant 0$）
5	幂	指数	$C = C_0 + C_1 q^{C_2-1}(B_L + B_0 T^{B_1})\exp(-C_1 \int_0^t q(t)^{C_2} dt)$ （$B_L + B_0 T^{B_1} < B_{max}$） $C = C_0 + C_1 q^{C_2-1} B_{max} \exp(-C_1 \int_0^t q(t)^{C_2} dt)$ （$B_L + B_0 T^{B_1} \geqslant B_{max}$）
6	幂	曲线数	$C = C_0 + C_1 q^{C_2-1}$ （$B > 0$） $C = C_0$ （$B \leqslant 0$）

表 13.1 中所列的表达式可以用于描述各种污染物,包括水华治理的关键污染物磷的产生过程,从而得到雨水径流中的污染物浓度。

13.4 质量传输模型

污染物在渠道或下水道中传输,可以采用对流扩散方程计算。对于任意一种污染物 Y_i 守恒方程采用以下的通用形式:

$$\frac{\partial}{\partial t}(\rho Y_i) + \nabla \cdot (\rho \vec{v} Y_i) = -\nabla \vec{J}_i + R_i + S_i \tag{13.16}$$

式中: R_i 是化学反应的净产生速率(在本节稍后解释), S_i 为离散相及用户定义的源项导致的额外产生速率。在系统中出现 N 种物质时,需要解 $N-1$ 个这种形式的方程。由于质量分数的和必须为1,第 N 种物质的质量分数通过1减去 $N-1$ 个已解得的质量分数得到。为了使数值误差最小,第 N 种物质必须选择质量分数最大的物质,比如水环境问题中是水。

13.4.1 层流中的质量扩散

式(13.16)中 J_i 是物质 i 的扩散通量,由浓度梯度产生。扩散通量可记为

$$J_i = -\rho D_{i,\mathrm{m}} \nabla Y_i \tag{13.17}$$

式中：$D_{i,\mathrm{m}}$ 是混合物中第 i 种物质的扩散系数。

对于确定的层流流动，稀释近似可能是不能接受的，需要完整的多组分扩散。在这些例子中，可以解 Maxwell-Stefan 方程。

13.4.2　湍流中的质量扩散

利用下式计算质量扩散：

$$\vec{J}_i = -\left(\rho D_{i,\mathrm{m}} + \frac{\mu_\mathrm{t}}{Sc_\mathrm{t}} \right) \nabla Y_i \tag{13.18}$$

式中：Sc_t 是湍流施密特数，$\dfrac{\mu_\mathrm{t}}{\rho D_\mathrm{t}}$（缺省设置值为 0.7）。

注意，湍流扩散一般淹没层流扩散，在湍流中指定详细的层流性质是不允许的。

13.4.3　能量方程中的物质输送处理

物质扩散导致了焓的传递。

这种扩散对于焓场有重要影响，不能被忽略

$$\nabla \left[\sum_{i=1}^{n} h_i \vec{J}_i \right]$$

特别是，当所有物质的 Lewis 数

$$\mathrm{Le}_i = \frac{k}{\rho c_p D_{i,m}} \tag{13.19}$$

远离 1 时，忽略这一项会导致严重的误差。

污染物在传输过程中发生变化时，化学物质 i 的化学反应净源项通过有其参加的 N_r 个化学反应的 Arrhenius 反应源的和计算得到。

$$R_i = M_{w,i} \sum_{i=1}^{N_r} \hat{R}_{i,r} \tag{13.20}$$

式中：$M_{w,i}$ 是第 i 种物质的分子量，$\hat{R}_{i,r}$ 为第 i 种物质在第 r 个反应中的产生/分解速率。反应可能发生在连续相反应的连续相之间，或是在表面沉积的壁面处，或是发生在一种连续相物质的演化中。

考虑以如下形式写出的第 r 个反应：

$$\sum_{i=1}^{N} v'_{i,r} M_i \overset{k_{f,r}}{\rightleftharpoons} \sum_{i=1}^{N} v''_{i,r} M_i \tag{13.21}$$

式中：N 为系统中化学物质数目；$v'_{i,r}$ 为反应 r 中反应物 i 的化学计量系数；$v''_{i,r}$ 为反应 r 中生成物 i 的化学计量系数；M_i 为第 i 种物质的符号；$k_{f,r}$ 为反应 r 的正向速率常数；$k_{b,r}$ 为反应 r 的逆向速率常数。

方程(13.21)对于可逆和不可逆反应都适用。对于不可逆反应，逆向速率常数 $k_{b,r}$ 简单地被忽略。

方程(13.21)中的和是针对系统中的所有物质，但只有作为反应物或生成物出现的物质才有非零的化学计量系数。因此，不涉及的物质将从方程中清除。

反应 r 中物质 i 的产生/分解摩尔速度以如下公式给出：

$$\hat{R}_{i,r} = \Gamma(v''_{i,r} - v'_{i,r})\left(k_{f,r}\prod_{j=1}^{N_r}[C_{j,r}]\eta'_{j,r} - k_{b,r}\prod_{j=1}^{N_r}[C_{j,r}]\eta''_{j,r}\right) \quad (13.22)$$

其中：N_r 为反应 r 的化学物质数目；$C_{j,r}$ 为反应 r 中每种反应物或生成物 j 的摩尔浓度；$\eta'_{j,r}$ 为反应 r 中每种反应物或生成物 j 的正向反应速度指数；$\eta''_{j,r}$ 为反应 r 中每种反应物或生成物 j 的逆向反应速度指数。

由于对流传质模型复杂，计算量大，在环境领域常用完全混合模型，忽略污染物空间分布，只考虑质量平衡。对于发生一级化学转化反应的污染物，守恒方程如下：

$$VdC/dt = KC + Q(C_0 - C) \quad (13.23)$$

对于分层的湖泊，有的模型将湖泊划分成多个区来建模。

13.5　雨水径流污染模型参数优化

参数优化是选取适当的模型参数，使模型预测结果与测量结果之间误差相差最小。通常根据最小二乘法来筛选和优化表达式及其参数。

13.5.1　参数优化方法原理

地面污染物累积量 B_T 的污染物累积模型的通用表达式为

$$B_T = f(k_i, T) \quad (i = 1, m) \quad (13.24)$$

式中：B_T 为单位面积上污染物沉积量，k_i 为模型参数，m 代表模型的参数个数，T 为雨前晴天时间。

污染物暴雨冲刷模型的通用表达式为

$$C = g[B, q(t), k_j, t]$$
$$= g[f(k_i, T), q(t), k_j, t] \quad (i = 1, \cdots, m; j = m+1, \cdots, m+n) \quad (13.25)$$

式中：C 为降雨 t 时刻后，地面径流的污染物浓度，$q(t)$ 为 t 时刻地面径流量，k_j 为模型参数，n 代表模型的参数个数。通常模型确定时，同时需要测定径流量数据，以估算径流模型参数。采用曲线拟合方法获得 $q(t)$，通常计算量较小，本文主要采用曲线拟合方法进行径流污染模型参数估算。

根据实测数据 $C_i(T, t)$，基于最小二乘原理，模型预测和实测数据的方差应最小，即

$$\min \frac{1}{n} \sqrt{\left[\sum_{i=1}^{n} (C - C_i)^2 \right]} \quad (13.26)$$

式中：n 为样本数。因此，参数估计变成计算上述函数的最小值问题或称为最优化问题（张伟等，2005）。

13.5.2 参数优化方法：最优化方法估算参数

参数优化方法主要包括单纯形法、拟牛顿法、遗传算法和模式搜索算法进行参数估算。众所周知，求解复杂非线性参数优选问题的常规优化算法主要有单纯形法、模式搜索法等。但是，应用单纯形法、模式搜索法进行参数优选需给定初值，这就要求计算者具有相当丰富的经验，才能得到"最优解"。通常只能得到局部极值解而非全局解，通用性差。但如果初值选得好的话，它们都是一个十分可靠的方法，精度较高。而遗传算法提供了一种同时试测不同初值的算法，在求解全局最优解上有一定的改进，但也不能保证得出全局最优解。因此，使用多种不同特点的算法，将有助于优化径流污染模型参数。

1. 单纯形法

其基本思想是：先找到一个包含极值点的区域，然后不断缩小该区域，使其达到一定精度。单纯形法是一种多维直接搜索的局部优化算法，在计算过程中只是针对一定图形的顶点，按照一定的规则进行搜索。这种方法的优点是操作简单、优化快速、对局部模型的搜索能力强。单纯形法可以弥补标准遗传算法寻优能力差的缺陷，使得局域搜索能力增强，从而可以提高收敛速度。但是，这种方法不能搜寻全局最优参数，因此，当人们对参数取值范围所知较少时，难以直接采用这种方法。

2. 拟牛顿法

拟牛顿法利用函数梯度和 Hessian 矩阵，根据泰勒级数展开计算极值点。

3. 遗传算法

遗传算法是基于"适者生存"的一种随机、并行和自适应的优化算法。基本思想是：将求解问题表示成染色体的适者生存过程，染色体群体通过复制、杂交和变异等操作，不断进化并收敛到求解问题的最优解。在运用到连续空间求解时，染色体即是将自变量的变化范围细分后的每个离散数值点对应的二进制串表示。染色体长度越长则精度越高，同时计算量也增大。另外，群体的大小也是一个比较重要的参数。当群体过小时，很容易因为复制操作而过早地使群体一致收敛于某个值，而不能产生更好的解。但当群体过大，也会导致计算量的增大。因此，在选取参数时要权衡多个方面。

4. 模式搜索算法

模式搜索法是由 Hooke 和 Jeeves(1961)提出来的。对于变量数目较少的无约束最优化问题，这是一种程序简单而又比较有效的方法。模式搜索法主要由交替进行的"探测搜索"和"模式移动"组成。探测搜索的出发点称为参考点，探测搜索的目的是在参考点的周围寻找比它更好的点，从而确定一个有利的前进方向。对于目标函数极小化问题，如果能够找到这样的点，称为基点。如果有基点的函数值小于参考点的函数值，自然想到从基点出发，沿从参考点到基点的方向，目标函数有可能继续下降，这样的向量称为"模式"。下一步就进行模式移动，模式移动的起点是基点，它的终点是新的参考点。于是探测搜索与模式移动就可以交替进行下去。迭代开始时，基点和参考点相重合，并都在初始点外。经过探测搜索得到新的基点，然后经过模式移动得到新的参考点。再"探测"，再"移动"，迭代点将逐渐向极小点靠近。

以镇江市长江路某段路面三次雨水径流污染实测资料为样本，对上述 4 种参数优化方法，分别采用不同初值（将所有参数初始值设为相同），进行参数优化，比较分析参数初值对 4 种不同参数优化方法的影响程度，结果表明：

① 参数自动优化方法克服了试算法费时所优选的参数因人而异的缺点，只要根据模型参数的物理意义，给出优选参数的合理取值范围，自动优选方法就能够得到最优的参数值。

② 4 种优化方法中以拟牛顿法的运算速度最快，模式搜索算法和单纯形法次之，遗传算法最慢；参数初值的选定对基因法的影响较小，而对其他 3 种方法的影响则较大；另外拟牛顿法较不稳定。

综合上述 4 种方法的特点，在进行雨水径流污染模型参数自动优选时，如果对模型比较熟悉，了解模型参数取值的大致范围，建议直接采用拟牛顿法进行优选；如果对模型及参数不熟悉，建议首先以遗传算法进行参数优选，将优选结果作为参数初值,然后采用拟牛顿法进行优化;如果拟牛顿法不稳定,则选择模式搜索算法或用单纯形法进一步优化,可得到模型参数的最佳值。

13.6　治理方案优化

进行湖泊水华治理,需要评价各种不同的治理方案是否满足一定的目标。这些目标包括:经济目标,通常以治理成本或治理费用来表示;水质目标,水污染治理模型通常包括水质水量计算。国外有的还包括费用计算功能。有的可以优化方案,通过优化特定的目标函数,通常是成本,最终得到成本最低的方案。其优化方法与上述类似。

13.7　主要模型简介

暴雨雨水系统的特点是人工形成的引导水流的各种通道,包括地表通道和地下通道。这个系统包括了引导、控制或其他改变水量、流量或改善从城市地区径流的水质等,所有的附属设施,如截留水池、蓄水池、下水道进水口、沉淀井、堰和出口溢流设施等。排水系统把雨水从降落点输送到纳水水体的全过程,分成降雨、地表径流、地下管道系统排水、受纳水体4个组成部分。

1. 降雨过程

降雨过程是暴雨事件所产生的降雨量与时间的关系过程,设计暴雨是决定排水设施能力的主要依据,设计暴雨有两类:一是虚拟事件,这是最常用的,即设计暴雨是根据历史资料分析雨深-历时-频率关系而得到的,这类设计暴雨是用于排水设计或其他主要考虑洪峰流量的有关问题;二是直接使用实测历史降雨资料,这类设计暴雨可用于对径流总量更为关心的问题,如蓄水池的设计,实际上第2类并不是一个单独时间,而是一系列事件,因此通常意义上设计暴雨指第一类。设计暴雨包含以下要素:频率、雨深、历时和雨强或雨深的时间分配。一般讲,采用某个量测站的资料作为其附近区域的代表值和平均值,可以认为在某个小区域内的降雨量均为测量值,当区域面积过大时,往往会产生误差。

2. 地表径流过程

地表径流过程是暴雨降雨过程转换成净雨过程,形成地表径流至地下网管进水口流量的过程。

3. 地下管网排水过程

地下管网排水过程是将地表流过渠系、管道排至纳水水体的溢流点过程。

4. 受纳水体过程

受纳水体可以为河流、湖泊、河口或海洋,实际上对于城市暴雨雨水排水系统,城市内的湖泊、河流等都可以作为系统的一个组成部分,对于外围的河流、湖泊等纳水水体则计算雨水排入后的水流情况;另一方面,纳水水体水流计算也可计及纳水水体对排水系统出口水流的顶托作用。

随着我国城市化进程的加快,旧的排水系统已经不能满足各种需求,需要在各方面进行改进,而新开发的区域排水系统不仅需要考虑设施的布置,还要解决和旧系统的融合。于是,对排水系统的排水能力的精确评估已成为亟需解决的问题。20 世纪 70 年代以来,计算机软件已成为暴雨排水管网规划设计的一个整体组成部分。开发研制了许多满足不同层次要求的模型,如美国陆军工程兵团水文工程中心(HEC)的 STORM、HE-1、HEC-2 等系列模型,美国土地保护署的 TR-20 和 WSP2,美国环保署(EPA)的 SWMM 等。这些模型已在不同城市得到应用和检验,并不断地对模型加以补充、修改和完善,从单一管道分析到整个城市复杂管网的计算分析,计算方法也从原来简单的水力计算方法发展到考虑复杂影响因素的非恒定流计算(求解圣维南方程),模拟内容也从单纯水流仿真到水流水质模拟。在分布式模型方面,受到较多关注和研究的是 TOPMODEL(半分布式)和 SWAT 模型。几种常用的模型概述如表 13.2~表 13.4 所示。

表 13.2 SWMM 模型简介

特性指标	简　介
适宜排水区域	城市
时间特性	季度或年度的平均输入或输出值,以分钟为步长连续模拟
空间特性	大、中、小型的单一流域

续表

特性指标	简　　介
物理过程	① 径流量根据储水池模型计算； ② 用因数法估测无雨天气的水流量； ③ 有雨天气的径流水质是土地使用情况、降水量、人口密度、排水系统类型及街道清扫频率的函数； ④ 用衍生函数评价储存及处理效果； ⑤ 包括街道清扫函数，下水道冲洗函数
化学过程	① 质量要素以过程中保持稳定的物质表示； ② 以生化需氧量、悬浮固体、正磷酸盐和总氮表示
生态过程	无
经济分析	提供组合式储存、处理及其他处置措施的最优投资经济分析
数学特性	通过对代数方程进行图解或解析，得出确定性的模型
需输入数据	降雨量、土地使用情况、人口密度、排水系统类型、街道清扫频率、处理效率及控制费用
应用实例	① 非专有模型； ② 从国家环境局或佛罗里达大学可获得文件报告，解答问题； ③ 可得到它们的支持； ④ 美国官方应用，有全国范围的评估、统计资料
输出格式	输出格式灵活多样
其他模型联系	SWMM 模型一部分，有商用参数优化程序
操作人员要求	有一定经济学基础的环境工程师
费用	较少安装费用、与计算机无关的一些支出
准确性	准确性较差，应对特定区域模拟结果进行检验
灵敏性	通过函数评价储存设施的处理能力
其他	使用范围最广，可获得技术支持，由美国环保局资助，佛罗里达大学环境工程系开发

表 13.3　STORM 模型简介

特性指标	简　　介
适宜排水区域	城市,一般非城市地区
时间特性	以小时为步长连续模拟,输入时降水量或日均气温;输出数据以小时、降水事件或年度总量计算,季度或年度的平均输入或输出值
空间特性	大、中、小型的单一流域
物理过程	① 降水/融雪径流量使用径流系数法或 SCS 法估算; ② 用因数法估测无雨天气的水流量和水质; ③ 有雨天气的径流水质是街道清扫频率和径流量的函数; ④ 用通用土壤流失方程估算浸蚀量及其他污染物; ⑤ 假设储存无处理效果,处理主要是水力学作用,不考虑污染物除去作用
化学过程	① 质量要素以过程中保持稳定的物质表示; ② 以生化需氧量、悬浮固体、正磷酸盐和总氮表示
生态过程	以大肠杆菌表示
经济分析	无
数学特性	通过对代数方程进行迭代计算,得出确定性的模型
需输入数据	日降雨量、气温、土地使用情况、污染物累积及冲洗速率,底部侵蚀参数,处理速率及储水容积
应用实例	① 非转有模型; ② 可获得用户手册; ③ 可得到它们的支持; ④ 美国官方应用,有全国范围的评估、统计资料
输出格式	4 类输出数据:水量、水质、污染曲线和地表浸蚀; 年度统计径流、污染物流失和溢流水量、水质、发生频率 沉积物产生及迁移的年平均数据
其他模型联系	与 SWMM-RECEIV 模型联系
操作人员要求	系统程序员,环境工程师

续表

特性指标	简　介
费用	模型使用费 50 美元
准确性	初级模型,可提供水量水质和储存处理设施模拟
灵敏性	忽略了储存设施的处理能力
其他	使用范围广,可获得技术支持

表 13.4　HSP 程序

特性指标	简　介
适宜排水区域	城市、农业地区、林区
时间特性	以小时为步长的联系模拟,季度或年度的平均输入或输出值
空间特性	用曼宁公式和动态波公式对复合流域地表径流、明渠和排水管渠进行流量演算
物理过程	① 径流量通过蒸发、下渗和截留等综合计算; ② 用因数法估测无雨天气的水流量; ③ 有雨天气的径流水质是街道清扫频率和径流量的函数
化学过程	① 质量要素以过程中保持稳定的物质表示; ② 以生化需氧量、悬浮固体、正磷酸盐和总氮表示
生态过程	以大肠杆菌表示
经济分析	无
数学特性	通过对代数方程进行迭代计算,得出确定性的模型,以物理概念为基础,也采用经验公式进行计算
需输入数据	时降雨量、日最高最低气温、日辐射强度、云层覆盖情况、露点及风速、日或半月水分蒸发量、HSP 模型校正因子
应用实例	美国加州 Hydrocomp 公司开发的专用模型,广泛应用,特别适用进行详细水文学分析的地方进行联系模拟
输出格式	提供月度、年度及固定周期结果

续表

特性指标	简　　介
其他模型联系	与该公司开发的受纳水体模型建立了联系
操作人员要求	熟悉水文学的环境工程师
费用	软件购置费
准确性	准确性较差,应对特定区域模拟结果进行检验
灵敏性	忽略了储存设施的处理能力
其他	使用范围广,可获得技术支持,数据处理灵活

以下对 SWMM 模型进行概述。

1969～1971 年间,由 EPA 开发的 SWMM 是最早提出的最为人知和最为广泛用于城市排水系统水流水质模型的模拟之一,它已连续得到维护和更新。SWMM 严格地讲是个设计模型,然而它已被延伸用作规划模型和运行管理模型。SWMM 模拟暴雨事件带来的雨水径流污染,它基于降雨和其他气象资料输入和系统特征化来预测水量和水质总值,给出水量水质时空分布和总体影响效果,为正确评价排水系统的排水能力,提供详细可靠的依据。

SWMM 可以模拟完整的城市降雨径流和污染物运动过程。SWMM 模型包括径流模块、输送模块、扩展的输送模块、调蓄、处理模块和受纳水体模块等主要模块。它们之间的关系见图 13.3。SWMM 模型可以根据输入的资料归纳总结,输出任何断面的流量过程线和污染过程线。

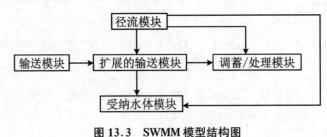

图 13.3　SWMM 模型结构图

参 考 文 献

［1］ 徐祖信. 河流污染治理规划理论与实践［M］.北京：中国环境科学出版社,2003.

［2］ 科比特 R A.环境工程标准手册［M］.郑正,等,译.北京：科学出版社,2003.

［3］ Field R，Heaney J P，Pitt R E. Innovative Urban Wet Weather Flow Management Systems［M］. Technomic Publishing Co. ,2000.

［4］ Zoppou C. Review of Storm Water Models，CSIRO Land and Water［R］. Technical Report,1999.

［5］ Kalin L.Evaluation of Sediment Transport Models and Comparative Application of Two Watershed Models［M］. EPA ,2003.

第 14 章　湖泊管理与水华防治

14.1　引　　言

　　湖泊是开放系统,与环境频繁地交换能量和物质。在这个过程中,污染物和营养盐也大量进入湖泊,使湖泊富营养化,导致湖泊频繁发生水华,破坏了湖泊的基本功能。随着点源污染的治理,面源污染已经成为西方发达国家大部分湖泊污染问题的主要来源。我国人口密集,面源污染严重,对大多数湖泊来说,治理水华必须治理面源污染。面源污染与大气污染沉降到地面,与人们生活中丢弃的垃圾等密切相关。这些地面污染物经雨水冲刷作用后进入湖泊,其特点是分布广,时间上变化大,难以采取集中治理的手段。在治理面源污染时,需要大众的积极参与和行动。发达国家广泛采用各种管理手段,包括行政、法律、经济、技术和教育等措施,推动公众自动参与和自觉执行。

1. 湖泊管理基本原则

　　湖泊管理基本原则是开发者保护,损害者负担,享用者付费,整治者得利。开发者保护是指在一块土地上搞开发,必须进行污染治理,防止排出污染物污染周围环境。损害者负担是指对环境造成危害者必须赔偿负担受害者的经济等方面损失。享用者付费是指利用湖泊及其上游资源者,必须付费。整治者对象不同,需要区别对待。如果整治者是政府,需要推动政府搞好成本核算和决策、账目公开等制度,防止腐败,因为政府的整治活动的支出来自公众,政府是代表公众进行的,应代表公众利益。如果整治者是企业,必须要采用某种激励机制,使企业的投入能够得到回报。这需要转变环境治理的机制和规则。如果整治者是个人,主要是公众的环保意识的提高,维护环境利益的觉悟主要通过教育和宣传。

2. 湖泊管理的空间范围

湖泊管理的空间范围包括湖泊及其上游流域。上游流域的污染排放,会直接影响下游环境。影响湖泊水华的主要因素——氮、磷营养盐的增加,主要来自流域内人类活动,包括地面水土流失加剧和地面污染物在雨水作用下进入流域河流。为了优化整个流域内的经济和社会效益,应当在流域内统筹考虑。考虑到大气污染沉降是跨流域的,国际社会和国家应协调行动,降低跨流域大气沉降污染,国内应统一规划,统筹解决。

3. 水的利用与管理

湖泊及其上游流域的水资源主要用于工农业用水和生活用水。人们往往忽略了流域自身对水的需要。保护流域水资源必须要有良好的流域生态系统,从而保护流域环境。良好的生态系统一方面增加了流域的环境容量,同时也防止水土流失,减少污染。维护流域良好的生态系统,必须为生态系统留下足够的未被污染的水。我国北方很多流域常年断水,导致生态系统被破坏,使环境和生态都遭到严重毁坏。

14.2 湖泊管理的主要途径和方法

1. 建立管理机构,制定治理规划

建立一个统一的、有权威的流域环境管理机构,有权协调、检查、监督影响流域环境质量和功能的社会活动。历史证明,令出多门、各自为政的驱利行为,容易在局部利益和眼前利益驱使下,破坏环境,影响流域的社会发展。因此,这个机构应包括相关行政区域的授权代表,上级行政机构的代表,从而能够协调管理流域内的各种行为。

制定的流域规划应是流域发展规划,以流域总体发展目标为依据,同时制定流域水资源管理和污染治理规划。

建立法律法规,保证流域环境污染治理规划的执行,包括建立水资源保护和污染惩罚和补偿机制、流域纠纷管理和裁决制度。

2. 法律手段

法律是国家层面上的政策,是强制性程度最高的社会行为规范,与其他行为规

范相比,主要特征包括:

① 法律是由国家最高权力机构制定或认可的。

② 法律体系告诉人们应当做什么,不应当做什么。通过政权强制执行,违反法律要受到制裁和惩罚。

③ 法律由国家政权强制实施。

我国与水环境治理相关的法律体系包括在宪法基础上形成的环境保护法律体系。

《宪法》规定国家要保护和改善生活环境和生态环境,防止污染和其他公害。国家保障自然资源的合理利用,保护珍贵的动植物。禁止任何组织和个人用任何手段侵占或破坏自然资源。

我国环境保护基本法是《中华人民共和国环境保护法》。

与水环境相关的环境保护单行法有《中华人民共和国水污染防治法》《大气污染防治法》《固体废物污染环境防治法》《森林法》《草原法》《水法》《水土保持法》《土地管理法》《农业法》等。

环境保护条例和部门规章是为落实环境保护法,由国务院和各部门制定的。例如《淮河流域水污染防治暂行条例》。地方人民代表大会和地方人们政府等制定了很多相关地方法规。

水环境标准包括水环境质量标准、污染物排放标准等,另外包括国家参加的国际公约和国际条约。

3. 行政手段

行政手段是政府行政机构以命令、指示、规定形式作用于直接管理对象的手段。主要特征是:

① 权威性。由行政机构的权威性决定。

② 强制性。由政府通过政权强制执行,管理对象必须服从;否则将受到制裁和惩罚。

③ 规范性。由政府发布,必须以规范的文件形式公布和下达。

主要内容是:

① 发布环境标准,包括污染物排放标准、水环境质量标准、相关技术标准。

② 行政审批或许可,对新增生产项目污染治理的审批和核准。

③ 环境监测。控制监测系统质量,保存记录,了解环境状况,从而采取对策。

④ 环境影响评价及审批。

其他还包括污染损害赔偿责任处罚、收取执行保证金等。

5. 经济手段

经济手段是通过价格、税收、补贴、补偿等货币或金融手段,引导公司组织等机构进行和采用有利于环境保护的措施。经济手段已成为西方发达国家治理环境污染的重要手段。主要手段包括:

① 明确产权或使用权,例如土地所有权、开发权、水资源使用权等;

② 建立市场,例如可交易的排污许可证、水资源配额;

③ 税收手段,例如水污染税或者说水污染治理费、减免税等;

④ 收费手段,例如排污费,资源、生态和环境补偿费或使用费等;

⑤ 财政手段,例如财政补贴、优惠贷款和环境基金等;

⑥ 责任制定,例如规定环境资源损害赔偿责任,保障赔偿的执行;

⑦ 发行债券,例如政府和企业债券。

使用经济手段,可以发挥流域内相关组织的作用,使污染者采用最佳方法,使污染治理费用降低,还会促进技术进步,从而不断改进污染治理效率,为管理者和污染者提高管理上和技术上的灵活性。在水华治理方面,我们可以尝试将流域部分关键污染治理工作交给企业,同时给企业某些土地某种形式的开发权,使企业治理污染工作成绩与收益关连,推动水污染治理。例如,给企业在湖滨风景区建宾馆和度假村,同时要求企业建设和运行上游关键点源污染处理厂。

人类生存和发展,需要的是物质财富。物质资料本身是不灭的,人类需要将其转化为需要的形式。因此,人类不需要担心物质资源枯竭问题。在保障人的基本需求条件下,具体来说,就是在粮食、衣服和房屋的供应系统得到很好维护的条件下,人们应使用货币手段促进环境改善。我们无需担心出现通货膨胀,虽然从事满足自身基本需求的人员比例已经很少了,但是我们的粮食、衣服和房屋供应,人均已经超过日本等发达国家。但是普通劳动者收入过低,导致消费需求增加缓慢、产品积压,提高普通劳动者收入,不会导致这些必需品供应的短缺,只会增加非必需品,如家用电器的消费量。我国长期以来,外贸顺差,生产过剩,积累大量美元无法使用,因为使用美元增加进口商品量,国内无法销售,增加生产线,所生产的商品同样积压,国内的低价商品都大量积压,更不用说进口的高价商品。而美元每年贬值8%,每8年贬值一半。我国有大量失业人员,他们的劳动能力白白浪费,同时国内环境能源等方面有大量事情,需要人们去做。国家增发货币,从事环境能源等方面工作,将改善中国人民的福利,同时增加了国民消费能力,减少当前不断增加的失业人员和不断倒闭的工厂。

5. 宣传教育手段

广告可以引导消费者的消费习惯,环境宣传和教育可以提高人们保护环境的意识。应当通过环境教育,引导每一个公民关心环保,自觉执行有利于环境改善的法律法规。由于水华发生与面源污染密切相关,与人们的生活习惯密切相关,所以治理水华需要每一个公民参与。如果每个人都能够从我做起,在个人生活和工作中自觉执行国家相关法律法规,注意减少污染,形成自觉的环境保护道德规范,那么水华治理将是一件非常容易的事。

通过环境教育和宣传,提高公众的环境保护意识,有助于增加企业和公众参与环境管理和治理的能力。西方国家民众参与环境管理已经十分普遍,例如,许多国家规定公众必须参与环境影响评价的形式和程序。我国目前还没有实行,与我国公众的环境意识和科学知识缺乏有关。

主要内容包括:向人们提供可持续发展所需的环境并宣传伦理意识、价值观、态度、技能和行为;需要向人们解释自然规律与生态环境之间的关系、环境与经济发展社会发展之间的关系。

6. 科学技术手段

科学技术为人类社会发展提供了强大的动力。现代社会强大的生产能力,归功于科学技术的进步,但是,同时也带来了环境污染和环境恶化。治理环境,需要科学技术。美国经过近40年的努力,在污水除磷方面取得了巨大进步,就是一个实例。今后,在科学技术方面,提高水华控制效率,降低水华治理费用,仍然有很多工作可做。主要包括:发展新技术、新工艺、新材料,减少污染源,例如绿色化学技术;改进污染治理技术,生态恢复技术等,减少污染,提高环境容量。

7. 环境信息公开

环境信息公开就是政府、企业和个人主动公开自身或自身掌握的环境信息,从而及时更新和反映环境状况,为环境管理决策提供信息,也有赖于公众的参与和努力。

(1) 政府环境信息公开

政府职能之一是环境信息的收集和处理。政府拥有完善的收集手段,保障了政府环境信息收集的准确性、完备性和权威性。

从法律上讲,环境信息公开制度是一种承认让公民对国家拥有的环境信息享有知情权,国家有义务公开环境信息的制定。从政府自身建设上讲,环境信息公开是政府基本义务之一,是政府转变职能、建立高效政府的重要举措。我国在环境信息公开方面还很落后,存在着公开范围有限、不及时等许多问题。

(2) 企业环境信息公开

企业是市场经济的主体,是环境污染的主要来源之一,掌握了大量环境信息。企业环境信息公开是政府法律和行政手段的压力,也是内在要求。现代企业为自身发展,应承担一定的社会责任,在环境污染治理方面,及时向大众通报信息,让大众了解企业的努力,有利于树立自身的良好企业形象,有利于保障环境污染工作的执行。

8. 环境绩效管理

环境绩效是流域内环境保护方面取得成绩的描述或表征。环境绩效管理是以改善和提高各种环境组织为完成目标而采用的环境管理方法。

环境绩效管理对已经公开的环境信息进行评价,从而让人们了解环境治理工作的成绩和问题,提高公众参与积极性。

(1) 企业环境绩效管理

ISO14000 标准下的企业自主管理,以改善企业内部的环境污染治理。

(2) 政府对企业环境绩效的管理

政府制定专门的企业环境绩效管理计划和措施,通过税收和奖励等方式鼓励企业参与环境绩效管理。

(3) 政府环境绩效管理

中央政府和地方政府对下级政府的环境绩效进行管理和考核,提高地方政府在环境治理方面的投入,改善环境。

(4) 环境绩效评估方法

可以采用基于 ISO14031 标准,评估环境绩效;世界企业可持续发展委员会在1992 年提出采用生态效益来评估:生态效益＝产品与服务的价值/环境影响。

9. 国外在与水华有关的水污染治理方面的重要管理措施

① 美国要求地方政府维护现有下水道,对维护工作中的疏忽负责,并对由此带来的损害负责,对采取行动导致天然排水系统污染所造成的个人和组织的财富损害负责。

② 土地开发商应为土地利用带来的环境污染负责,包括雨水径流污染的增加和洪峰的增加所带来的损害。

③ 建立排水控制权。由地方政府建立排水计划,由立法机构根据排水计划制定税收制度,从而制定合理的利润空间,执行排水计划。美国中央政府在环境污染治理方面安排资金推进计划的执行。

10. 应用污染物浓度控制法治理水华的管理措施

美国一些湖泊治理,也在流域采用浓度控制法,例如纽约州 Onondaga 湖治理,就要求污水处理厂等控制营养盐磷浓度达到湖泊治理要求。采用污染物浓度控制法,可以减少很多管理工作。其主要管理工作包括:

① 对主要排放口的管理和监测,确保点源污染达标;

② 对下水道的维护和管理,确保城市面源污染治理达标;

③ 对流域水土流失的控制管理。

采用浓度控制法不需要分配排污容量,也不需要调整环境容量,环境质量不受降雨变化的影响。我国不同年份及不同季节降雨量变化大,采用负荷控制法,湖泊水质也深受影响。但是,采用浓度控制法,湖泊水质不会受太多流域雨量的影响。

参 考 文 献

[1] 科比特 R A.环境工程标准手册[M].郑正,等,译.北京:科学出版社,2003.

[2] Biswas A K. 水资源环境管理与规划[M].陈伟,等,译.郑州:黄河水利出版社,2001.

[3] 朱庚申.环境管理学[M].北京:中国环境科学出版社,2002.

[4] 叶文虎.环境管理学[M].北京:高等教育出版社,2006.

[5] Friedman F B.环境管理实用指南[M].陈志斌,马静,等,译.广州:广东科学技术出版社,1999.

附录:美国 Onondaga 湖治理协议概要:控制湖水总磷浓度实例

(译自 http://www.ongov.net/lake/ol14.htm)

摘要 Onondaga 湖是美国水华最严重的湖,一度被认为难以治理。本治理概要是由当地县环保部门提供的,简要阐述了 1999 年 8 月确定的 Onondaga 湖治理方案及 2006 年修改提案。此湖流域面积小,污染主要来自城市,主要治理手段是提高城市下水道污水收集率,提高污水处理厂除磷(到 2012 年 <0.02 mg/L)和除氨。此湖治理对我国很多湖泊水华治理有较高参考价值。

1999 年由 Onondaga 县和纽约州及大西洋州法律基金会等根据州和联邦水污染控制法共同协商确定的法律协议。协议要求 Onondaga 县执行一系列科学和工程研究,评价流域内城市污水处理厂和合流排水收集系统改进方案。根据研究结果,通过与美国环保局和州环保局协商,该县制定了升级污水处理厂和合流排水系统的计划。1996 年 1 月 11 日提交了该城市发展计划到州和大西洋州法律基金会。通过多次讨论和协商,所有参与各方(纽约州环保局,司法部长,大西洋州法律基金会,Onondaga 县)于 1998 年 1 月共同签署了该协议。该协议解决了 1989 年通过法规的很多矛盾。

该协议在很大程度上反映了县立法机构在 1995 年通过的用以指导谈判各方

建立城市发展计划的政策所建立的目标,主要包括升级现有污水处理厂和合流排水系统,监测水质改善情况。

1. 关键规定

协议要求改善 Onondaga 湖水质,使其到 2012 年 12 月 1 日达到州和联邦水质协议要求(包括 TP<0.02 mg/L 等)。协议包括了今后 15 年必须执行的 30 多项工程,虽然所有工程最后完成日期是 2012 年,但很多必须在 2009 年前完成。

协议阐述了每项工程的目的和计划的时间安排,包括了工程完成后对环境的影响、开工时间及运行开始时间。这些工程可分为 3 个方面:

① 改进和升级现有污水处理厂;

② 消除和削减湖泊及其流域合流下水道排水污染;

③ 湖泊和流域监测计划,用于评价各项工程对湖泊和流域水质改进的效果。

2. 城市排水系统升级

升级的焦点是减少排入 Onondaga 湖的氨氮和磷。虽然目前污水处理和合流排水系统达到了很高水平,但为了满足协议中更加严格的要求,必须进行升级。Onondaga 县计划建设两种新的过滤设施,分别解决除氨和磷的木材。为了满足 2012 年 12 月 1 日协议规定的要求,还需要建设过滤设施或其他类似方法。

协议规定了排水中氨和磷在不同时间的要求:

(1) 第一阶段要求

到 2004 年 5 月 1 日及 2006 年 4 月 1 日,分别达到氨和磷排放不增加。

(2) 第二阶段要求

自 2004 年 5 月 1 日开始,要求 30 天测量平均值,排水中氨浓度在夏天不大于 2 mg/L,冬天不大于 4 mg/L,为了满足该要求,将建设一个投资 1.3 亿美元的过滤设施。

自 2006 年 4 月 1 日开始,要求排水中磷的浓度低于 0.12 mg/L,这是 12 个月测量结果的平均值。为了满足该要求,将建设一个投资 7 000 万美元的过滤设施。

(3) 第三阶段要求

纽约州环保局通过使用 Upstate 淡水研究所发展的水质模型和现有水质数据计算了湖泊污染允许负荷,结果表明第二阶段不能达到目前法律对水质的要求,因此,需要进行第三阶段建设。在第三阶段建设计划开始前,纽约州环保局必须根据第二阶段执行效果对湖泊的污染允许负荷进行校正计算,完成时间是 2009 年 2 月 1 日之前。此后,还要对将来氨的标准进行修正。现有氨标准是根据美国环保局 1984 年的标准文件。1992 年和 1995 年,美国环保局两次修正了氨标准,目前正在进行第 3 次修正。纽约州环保局正在等待美国环保局的修正结果。

纽约州环保局还在 2009 年 2 月 1 日之前确定了合适的磷指导值。

第三阶段主要要求包括:

2012 年 12 月 1 日之前,根据 30 天测量平均值,要求排水中氨浓度在夏天不大于 1.2 mg/L,冬天不大于 2.4 mg/L。

2006 年 4 月 1 日之前,要求排水中磷的浓度低于 0.02 mg/L。

为了达到第三阶段要求,需要增加一个过滤设施或建设一个将城市排水改到 Seneca 河的管道,预计投资 6 500 万美元。在确定是否需要建设管道前,纽约州环保局需计算允许负荷,确定排水要求达到湖的水质标准。

第二阶段建设的过滤系统是第三阶段所必需的组成部分。

3. 合流下水道升级

目前有 66 个溢流排放点向湖泊排放了污染物,因此,需要建设多项工程,减少合流污水排放对湖泊水质的影响。所有工程均位于 Syracuse 市内 Onondaga 溪、Harbor 溪和 Ley 溪上,主要目标包括:

① 根据一年降雨带来的雨水径流,消除合流排水系统收集的排水污染的 85%。

② 消除排水中的飘浮物质。

③ 排水中微生物浓度达到 B 级标准,约相当于北 Onondaga 湖标准,纽约州环保局确认湖的用途应达到游泳要求。

根据协议规划,合流下水道治理需要使用多种技术,主要包括 4 类,即飘浮物除去设施、分散治理设施、污水分离设施及增加下水道储存和输送能力。

总共完成 15 项工程,Syracuse 市还建设了 13 项污水分离设施。总投资约 1.44 亿美元,如果达不到预定目标或纽约州不同意 Harbor 溪永久性治理设施,需要增加项目。

4. 环境监测项目

协议要求 Onondaga 县监测湖泊及其流域和 Seneca 河,评价治理工程对水质改善的效果。1970 年以来,Onondaga 县已经开展了湖水水质监测。协议要求更加详细的监测,以达到评价工作的要求。并要求 1998 年 8 月 1 日前完成建设。协议阐述了项目目标、监测类型和建设时间安排。

主要要求包括:

① 收集满足水质标准评价的时间和空间资料;

② 评价河流栖息地、湖泊生态区及生态响应的数据;

③ 监测和评价其他化学污染等;

④ 生态敏感期内浓度数据收集;

⑤ 优先满足水环境保护局的要求；

⑥ 增加外部技术专家的参与；

⑦ 按照质量控制和保证程序进行；

⑧ 将数据以电子文档的形式进行保存。

5. 其他规定

① 充氧测试：要求 Onondaga 县安排一个大型充氧试验工程测试人工充氧，提高湖泊底部水溶解氧技术的可行性。将根据水质模型确定充氧需要。纽约州将提供工作计划。

② 纽约环保局监测：由 Onondaga 县资助，纽约环保局进行，用于工程评价。

③ 允许使用成本低，又能达到同样目的的其他技术。

6. 处罚

1989 年协议规定，如果该县不能达到协议要求，将处罚 875 000 美元，罚金归纽约州财政局。纽约州环保局确定 1996 年 1 月 11 日前没有完成符合要求的城市建设计划，罚款为 50 000 美元。协议要求县提供 387 500 美元用于进行环境收益计划，该计划包括非点源项目，如农业面源、管理策略、促进营养盐管理，还包括湖和流域不受非点源污染。协议要求县支付大西洋州法律基金会在法律活动方面的合法费用不超过 200 000 美元，在每项活动之后立即支付。

7. 财政计划

整个计划投资 3.8 亿美元（1999 年货币），持续时间 15 年。此外，到 2010 年，还将确定是否需要增加建设除磷过滤设施或管道系统，费用将增加到 6.5 亿美元。

经费来源于州和联邦政府支持，纽约环保设施公司提供低息贷款并向区域内业主收费。州和联邦政府拨款约为 2.6 亿美元，包括已列入计划的州环保基金 7 500 万美元，联邦资助 3 600 万美元。

假定 3% 通货膨胀和以上资助情况，到 2000 年，需要增加排放收费每单位 25 美元，到 2005 年为 91 美元，2010 年为 142 美元，2015 年为 156 美元。

8. 2006 年协议修改

由各方协商，纽约州司法部长于 2006 年 12 月 13 日同美国联邦地方法院共同签署了修正案。它反映了自 1998 年以来的变化。

主要变化与建设和工程设计相关，主要包括：

① 合并氨和磷除去设施；

② 在 Harbor 溪使用除沫船代替浮木档栅除油；

③ 在 Harbor 溪使用传输代替减少合流排水污染；

④ 充氧试验推迟。

第 3 部分

水华治理国际实践与
我国的水华治理建议

第 15 章　采用控磷法治理湖泊水华的国际实践

15.1　北美五大湖富营养化治理进展

分布在美加两国边界附近的北美五大湖,是世界上最大的湖泊群。20 世纪 60 年代五大湖部分湖区污染严重,水华泛滥。1972 年两国签署协议,治理五大湖,主要措施是减少排入五大湖流域的总磷量,以控制湖水总磷浓度来治理水华。到 80 年代,湖水总磷浓度下降到预定的目标,水华得到较好控制。然而,最近十年,总磷又在局部湖区严重超标,导致水华重新泛滥。

15.1.1　五大湖介绍

五大湖位于北美大陆中部,是 5 个彼此相连、相互沟通的湖泊的总称,它们自西向东依次是:苏必利尔湖、密执安湖、休伦湖、伊利湖和安大略湖。五大湖在美国和加拿大之间,除密执安湖属于美国外,其余 4 个湖泊均为美加两国共有。

五大湖总面积为 245 000 km²,是世界上最大的淡水湖群。最西边的苏必利尔湖是世界上最大的淡水湖,面积在世界湖泊中仅次于里海而占世界第二位。五大湖湖水的平均深度近 100 m,最深达 406 m。总蓄水量达 24 458 km²,占全世界淡水总量的 1/5。流域总面积为 753 950 km²。

五大湖汇合了附近的一些河流和小湖,构成北美一个独特的水系网。注入的河流很少,湖水主要靠雨雪补给,水位稳定,水位年变幅仅 30~60 cm,水位升降受雪、雨支配,冬季水位最低,1月湖滨及河流开始封冻,3月末4月初解冻,6~7月份水位最高,但在各湖中高差变化仅在 0.5 m 左右。五大湖每年更新的水量不到总水量的1%,故一旦湖水受到污染,在短期内很难消除。

20 世纪 60 年代,美国五大湖临近工业区和人口密集地区频繁发生水华,在伊利湖中部和西部等湖区,大量藻类分解导致水底缺氧,藻类大量堆积在湖边。蓝藻导致自来水臭味问题。60 年代末,五大湖国际联合委员会确认富营养化是由过量营养盐导致的,后来很快识别磷是关键营养盐,必须控制磷才能治理富营养化。[1-2]磷的主要来源包括城市和工业废水、城市和农村雨水径流。1972 年美加两国签署五大湖水质协议,控制排入湖中磷。[3]1978 年更新协议,1987 年签署修正协议,加强治理项目,安排治理时间表。

15.1.2　五大湖总磷负荷削减历史

到 1978 年,加拿大 89%、美国 64%城市污水处理厂达到排放规定。到 1985年,美国 85%城市污水处理厂达到总磷低于 1 mg/L 的规定[4],通过农业面源污染治理项目每年消除磷 1 100 t。通常在早春,营养盐浓度最大,决定了夏季藻类生长情况。自 1985 年以后,苏必利尔湖、密执安湖、休伦的总磷浓度均已达到规定,安大略湖也基本达到规定,仅在局部近岸湖区发现水质中总磷超标。但是伊利湖西部湖区 1983~1985 年总磷浓度为 20~25 μg/L,最好的水质是 1990 年和 1992 年的,分别为 12.2 μg/L 和 10.9 μg/L,1991 年仍然高达 27.5 μg/L。[4]最近十年总磷浓度持续超标,并有不太明显的增加趋势(图 15.1)。在总磷浓度较高的西部湖区,常出现严重的水华(图 15.2)。一般认为,主要原因包括最近十年排入伊利湖的河水磷总量增加;此外,外来贝类大量生长,其活动使近岸湖底磷循环加快,进入水中,增加了水中磷浓度。[5]

15.1.3　控磷方案总结

美加两国协议治理五大湖富营养化,仅仅控制营养盐中磷排入五大湖水体。其中四湖总磷控制较好,湖水总磷浓度达到预定目标,从而控制了湖中水华。伊利湖的总磷控制不够理想,仅在 80 年代和 90 年代初有较好效果,当时湖内缺氧区不断缩小,曾达到 50 年代初水平,显示控磷方案很成功。[1]但是,最近十年,排入伊利湖的总磷量增加,湖内总磷浓度增加,水华又开始在某些局部湖区泛滥。[5]美国一方面加大研究力度,寻找更好的控磷措施,同时加大雨水径流和河流污水治理力度,以减少磷排放。我国湖泊水华治理采用同时控氮和控磷,一方面控磷不彻底,

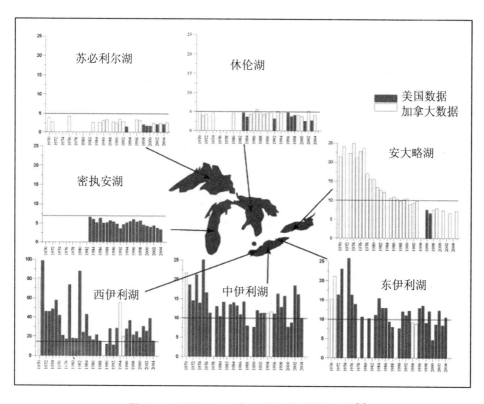

图 15.1　1970～2004 年五大湖总磷浓度变化[1]

效果很差,例如,最近发布的太湖治理规划[6],提出太湖湖水总磷浓度控制目标是
0.05 mg/L,太湖治理方案中所制定的总磷治理目标浓度(0.05 mg/L)大于国际公
认的控制湖泊水华的总磷浓度要求(小于 0.01～0.02 mg/L),这将不可能达到水
华治理目的。另一方面,将人力资源和物质财富错误地投入到脱氮上,由于蓝藻等
能将空气中氮转化为氨态氮,用于藻类生长,人类无法控制这种生物固氮过程,从
而难以控制湖水中氮的来源,因此,控制外源氮是没有任何作用的浪费。

图 15.2　伊利湖 Provincial 湖区积累的刚毛藻[5]

15.2　伊利湖水华治理进展

　　过去 10 年,伊利湖内总磷浓度上升,缺氧区增大,缺氧持续时间延长。流域水中总磷和溶解磷上升。湖内局部区域蓝藻微囊藻(*Microcystis*)和绿藻刚毛藻(*Cladophora*)超过了 70 年代。2006 年蓝藻 Lyngbya Wollei 在 Maumee 湖湾大量生长,形成了厚厚的藻毯,在湖滩形成了大量污垢,直到冬天还大量存在。美国政府部门对上游监测表明,进入伊利湖河水的溶解磷浓度增加,它们对藻类大量生长有直接影响,研究认为,斑马贝(*Zebra*)和条纹贝(*Quagga mussels*)改变了食物链,改变了磷进入湖泊的形态,可能是湖泊水华问题的主要原因之一。如何治理这个问题,两国管理者通过广泛研究一致认为,控制营养盐特别是磷,仍然是湖泊治理的主要目标。未来将重点关注湖边和湖心营养盐状况,发展湖泊治理策略。增加的主要措施是控制合流污水直接排放,减少营养盐磷等污染。本节根据美国环保局报告编译。[5]

15.2.1　伊利湖水华治理历史简要介绍

伊利湖是北美五大湖中最浅的湖,春天和夏天温度上升很快,秋天冷却也很快,冬天大部分湖面结冰。伊利湖是五大湖最高的湖泊,分为西部、中部和东部3个部分,平均深度分别为7.4 m、18 m和24 m,最大深度64 m。中部和东部每年热分层,但是西部分层时间很短。主要风向是西南风和东北风,产生很大波浪,在西部,波浪常常涌上湖岸。80%水来自Detroit河,11%来自降雨。流域人口约1 160万,包括17个人口多于5万人的城市。流域农业发达,侵蚀严重,带来了大量沉淀物。西部湖区浑浊,很多沉淀物逐渐都转移进入中部和东部湖区。沉淀物本身也是一种污染,由于伊利湖浅,湖底覆盖的细小颗粒,容易被风浪搅动而上浮。

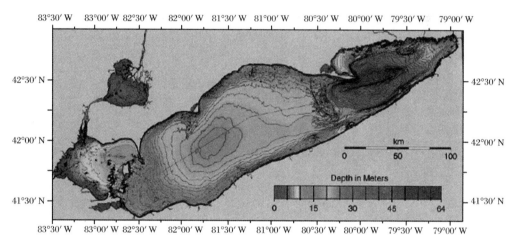

图15.3　伊利湖湖底地形[5]

20世纪50年代,伊利湖营养盐负荷增加,磷浓度大幅度增加,导致严重的富营养化,藻类水华频繁发生,水面充斥蓝藻河绿藻,浊度增加,长而绿色的刚毛藻覆盖湖滩。藻类死亡沉入水底,又引起湖底缺氧。中部湖底夏季分层,含氧低,容易缺氧。当溶解氧低于1 mg/L时,缺氧环境改变了水底化学过程,磷容易从沉淀物中释放出来,在水中循环。富营养化在50~70年代加速,中部湖区很多地方缺氧。磷过多是主要原因。美加两国协议减少污水处理厂出水磷含量,减少洗涤剂中磷含量,治理农业面源污染中的磷。此外,20世纪80年代末外来斑马贝明显改变了湖内生态系统。斑马贝是滤食动物,大量生长,估计(1995年)滤食了26%的藻类,使水体透光深度增加77%。从80年代中期,延续到90年代,伊利湖基本达到了美加两国协议制定的控磷消除富营养化目标,溶解氧浓度一度达到50年代初水平。但是最近10年,湖内总磷浓度增加。虽然统计资料没有显示明显的增加趋势,但是,它颠覆了湖泊治理成功的方案。大多数研究认为,过去几年发生的几次强降雨,增加了流域雨水径流中磷,斑马贝和条纹贝改变了近岸区营养盐动力学。通常磷沉降到湖底,使水中磷减小,但湖底沉淀物中磷增加。贝类活动使近岸湖底磷悬浮,增加了表层水中的磷浓度。过去十年,排入伊利湖西部主要河流污染物浓度的监测结果显示,溶解磷浓度明显增加。

15.2.2 排入伊利湖中西部主要河流磷监测结果

监测河流和自动取样站点位置设置见表15.1,站点设在美国地质调查局流量监测站内,通常每天取3次样,大流量时分析3个样,正常流量时分析1个样,每年每个站点约分析样品400~450个,主要分析悬浮物、营养盐、金属离子和杀虫剂等。根据监测流量和监测浓度换算得到污染物负荷。

表15.1 伊利湖西部流域监测点位置[5]

站名和美国地质调查局编号	地址	流域面积(平方英里)	开始年份	样本总数
Raisin 04176500	Above Monroe, MI	1 042	1 982	7 051
Maumee	Waterville, OH	6 330	1 975	12 965
Sandusky 0419800	Above Fremont, OH	1 253	1 969	13 863
Cuyahoga 04208000	Independence, OH	708	1 981	10 331
Grand 0412100	Painesville, OH	686	1 988	6 686

1. 流量监测结果

污染物负荷是污染物浓度和流量的乘积,负荷趋势可能是流量引起的,也可能是浓度引起的,还可能是两者共同引起的。浓度上升会被流量下降所掩盖。提供流量趋势变化可以用来解释负荷趋势。自2000年以后,所有河流,除Maumee河上,均大幅度增加了流量,它们都导致了负荷的增加。Maumee河流量变化较小。

伊利湖主要来水是上游其他湖泊流出的低含磷水。如图 15.4 所示。

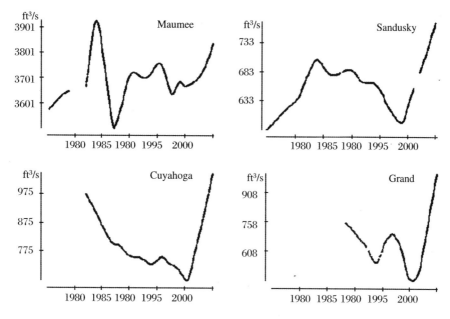

图 15.4　伊利湖西部流域流量变化[5]

2. 悬浮固体监测结果

悬浮固体本身是湖泊、港口和海湾的主要污染物之一,许多污染物吸附在悬浮固体上,特别是磷和某些状态的氮。因此,根据悬浮固体变化趋势,可以识别其他污染物浓度改变的原因。主要河流 Maumee 显示强烈下降趋势,如图 15.5 所示。

3. 总磷 TP 监测结果

总磷 TP 是指示伊利湖修复效果的参数,表征了湖泊的营养状态,对湖泊管理非常重要。大多数情况下 TP 与悬浮固体相关,但是这种相关比例随河流和季节发生变化。TP 负荷与悬浮负荷基本一致,尤其对 Sandusky 和 Grand 河。除 Maumee 河的 TP(计算浓度约 66 ppt)负荷上升趋势不明显外,其他河流都明显增加,如图15.6所示。

4. 溶解性磷监测结果

溶解性磷容易被生物吸收利用,是富营养化管理中非常重要的参数。溶解性磷增加对伊利湖生态系统影响很大。最近十年,溶解性磷负荷持续增加,虽然它们与流量增加相关,但是也存在浓度明显增加,表明流域内存在某种变化,如图15.7所示。

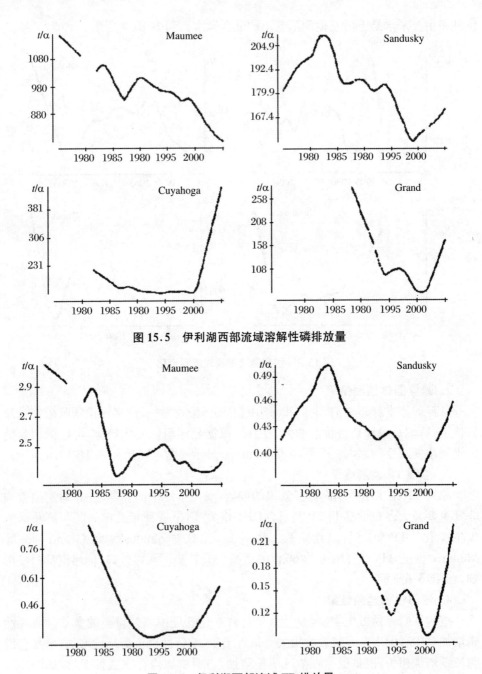

图 15.5　伊利湖西部流域溶解性磷排放量

图 15.6　伊利湖西部流域 TP 排放量

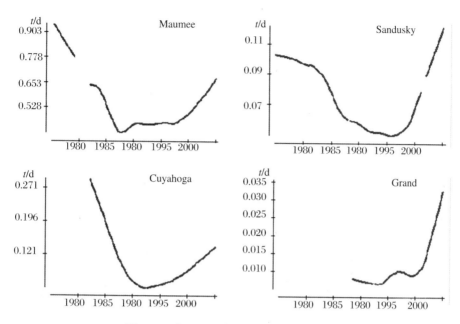

图 15.7 伊利湖西部流域溶解磷排放量[5]

5. 趋势分析

根据 ANCOVA 法分析,1995 年前后负荷变化趋势见表 15.2。1995 年之前显示改善的总体趋势(污染负荷减少),1995 年以后,则是负荷增加,环境变差。采用其他方法分析,同样得到这种变化趋势,变化达到每十年超过 10%。最明显的是溶解性磷,到 2004 年,出现了超过开始记录的最高水平。其他 3 种水质参数,1995年之前 12 个趋势中 11 个是下降,而 1995 年之后有 11 个增加。虽然流量增加是负荷增加的重要原因,但是浓度也显示增加趋势。可能原因包括人口变化、大量增加的牲畜饲养量、减少使用传统耕作方法、地表营养盐浓度增加等。识别这些原因需要大量数据,同时需要发展高度复杂的模型,包括将流域、湖泊和生物过程相互连接起来。

表 15.2 主要污染物日排放负荷变化(1995 前后)

参数	Maumee		Sandusky		Cuyahoga		Grand	
	前	后	前	后	前	后	前	后
流量	13	36	8	56	−17	41	−8	19
悬浮固体	8	−5	−6	34	−32	202	−93	5
总磷	−11	29	−20	79	−69	61	−76	32
溶解磷	−50	199	−55	341	−88	212	−59	226

15.2.3 水华与营养盐现状

1. 营养盐和食物链,伊利湖营养状态研究

美国环保局资料显示,从 1983~2000 年,伊利湖营养指数不断下降,每年总磷浓度约下降 0.2 μg/L。但是,最近十年,最早在 1995 年春季,营养盐反而呈现上升趋势。这个变化与最近几年进入湖泊磷的数量增长有关,其原因可能是暴雨增加带来的洪水和侵蚀。数据显示,最近几年,从伊利湖下游 Niagara 河出水中带走的磷比上游河流进入伊利湖的磷多。

在很长时间内就能观察到,水的浊度在春季会发生变化。浮游植物细胞比 20 世纪 80 年代的小,但数量增多。浮游动物不如以前丰富。1991~2000 年期间,伊利湖中部水底 BOD 几乎全年保持不变,但沉积物 BOD 在夏季增加。

水的澄清度增加,夏季的光线能进入水下深处,藻类现在在西部和中部湖区水下深处生长。刚毛藻,一种丝状绿藻,在多岩石的湖岸底部生长。水下深处细菌活性大,但近岸浅水处藻类很少,而贝类数量很大。斑马贝已从东部和中部湖底消失,但条纹贝大量繁殖。贝类总密度比前几年略有减少,也许是虾虎鱼数量增多的缘故。自从 70 年代调查以来,无脊椎动物,特别是浮游和石蚕等在湖岸波浪大的区域,数量和类别大大减少。

虾虎鱼数量比两年前略有减少,但仍然很多。它们大都在湖底靠近岸边的石头和砂石地区生活。它们似乎已成为大眼狮鲌的主要食物。证据表明,贝类活动导致营养盐内部循环更充分,促进了湖内磷的利用,导致中部湖区缺氧区范围和频率增加。春季浊度增加,原因包括秋季和冬季暴雨带来的更多颗粒物,超过夏季沉降数量,春季和冬季水温低,颗粒物沉降速度慢。2002 年和 2003 年的水温是历史上的最低记录。

2. 蓝藻

近年来,蓝藻水华在伊利湖局部和某些季节又产生显著的污染事件。某些藻会产生有毒有害物质,其他一些藻会产生感观危害,改变水的气味,从而影响生活。

20 世纪六七十年代,蓝藻在伊利湖爆发很常见。在温暖的 8 月和 9 月,岸边常堆积藻华,湖心也充满大量蓝藻。随着五大湖水质协议的执行,在八九十年代,磷浓度不断下降,接近预定目标。

令人难以想到的,蓝藻水华突然又在 1995 年出现在西部湖区,主要是不能固氮的、能够产生肝毒素的微囊藻。过去水华主要是能固氮的项圈藻和束丝藻及其分泌的毒素。重新爆发水华的主要原因可能是磷的上升,导致贝类带来的生态系统变化和氮磷比改变。

微囊藻在1996年和1997年没有爆发,但到1998年又出现,直到2001年每年都出现,2003年又严重爆发,不仅在西部湖区,而且延伸到中部湖区。东部湖区的蓝藻数量也增加了。藻华数量近年来发生变化,湖心水华面积不断增大,缺氧区在中部湖区增加,显示伊利湖营养状态增加。伴随微囊藻分泌的肝毒素增加,其他有毒化合物数量也不断增加。蓝藻带来的、气味和生物量问题同时发生。

2006年和2007年,水底生长的蓝藻 *Lyngbya wollei* 在 Maumee 湖湾大量爆发,这种藻以前在伊利湖很少,显示伊利湖生态系统剧烈变化。这种藻被冲上湖岸后,导致植被被覆盖,在累积的湖滩上,产生恶劣的气味。

3. 刚毛藻

刚毛藻是一种丝状绿藻,主要生长在岩石上。图15.8是2003年7月拍摄的伊利湖水刚毛藻的生长情况。[5]最早在1848年,在西伊利湖发现。刚毛藻在五大湖无处不在,历史上刚毛藻藻害与磷过多密切相关。刚毛藻大量生长,会产生毯状物漂浮在水中。它们会缠结在渔网上,导致渔网捕鱼效率下降,清理污染物时间增多,还会危害游泳者安全,阻塞污水处理格栅,增加维护费用,严重时导致设备关闭。湖岸积累的刚毛藻腐烂,释放大量有毒气味,减小湖岸价值,使旅客数量减少。Byappanahalli 等研究还认为,刚毛藻内大肠杆菌存活时间长,浓度大,表明利用大肠杆菌作为致病菌的指示物已经不恰当。

图15.8　伊利湖底刚毛藻生长照片

刚毛藻需要生长在岩石等坚硬湖底。它主要出现在东部湖区,中部南岸湖区和西部小岛周围。Howell 和 Higgins 等系统调查了刚毛藻(1995~2002 年),主要出现在东部湖区。在东部湖区的北岸,96%的岩石上都生长刚毛藻,不仅仅出现在营养盐排放区域,例如河口或污水排放点,估计重量约 11 000 t。七八月份常在湖岸积累大量刚毛藻,产生严重气味,当地居民常常抱怨。东部湖区南部也有严重泛滥的报道。

在中部湖区,发现刚毛藻的报道包括安大略的 Rondeau 湖湾、Cleveland、宾州湖岸。西部湖区,主要生长在小岛周围的岩石湖底。分布深度与光的穿透深度有关,在东部湖区可达 15 m,当前刚毛藻在 5 m 深以内的分布量接近 60 年代和 70 年代的($176\ g\ 干/m^2$)水平。深处数量更大,与大量贝类滤食作用提高水的清澈度有关。Canale 等提出刚毛藻生长模型,在伊利湖东部进行了标定。模型预测,刚毛藻生长速度与溶解性磷密切相关,减少磷浓度会降低刚毛藻问题。模型结果与实测初夏刚毛藻组织内磷浓度迅速降低到临界水平是一致的。使用琼脂缓慢释放营养盐证明刚毛藻生长速率受磷限制。Lowe 和 Pillsbury 等研究显示贝类活动增加了刚毛藻数量。目前,正在通过模型估计斑马贝和条纹贝对东部湖区刚毛藻生长的影响。

15.2.4　重视溶解性磷的增长趋势

在 20 世纪 80 年代,人们将湖内水质与排入伊利湖外来磷负荷的关系定义为总磷负荷。虽然点源排放的磷可以被生物直接利用,然而,非点源污染中磷很大部分不能被生物直接利用。因此,总磷不是控制湖泊营养盐负荷最好的参数。面源污染中磷大都存在于悬浮固体中,仅有 25%~30%磷能被藻类利用。这部分磷被生物利用后,通过死亡沉降到湖底,而溶解性磷能够完全被藻类利用,能够被传输到湖内。

最近对 Ohio 流域内排入伊利湖的磷负荷显示,溶解性磷的负荷特点与颗粒态磷负荷特点显著不同。面源治理通过控制侵蚀、使用缓冲带沉降等方式,着重减少颗粒态磷,它们在减少颗粒态磷方面效果较好。溶解性磷在 90 年代中期之前也得到较好控制。但那以后,溶解性磷迅速增加,达到 70 年代末 80 年代初的水平。而伊利湖内藻类生长趋势与溶解性磷增长趋势非常一致,胜于与总磷或颗粒态磷的关系。2007 年 3 月 Ohio 州建立伊利湖磷任务组,研究和识别潜在磷来源,推荐政策或管理措施,以有效地减少排入伊利湖的溶解性磷。

由于农业是 Ohio 州的主要土地用途,任务组首先研究农业来源的影响,包括磷如何从土壤进入天然水体。讨论结果显示,需要大量数据来解释农业雨水径流如何释放土壤中磷。目前缺少很多资料,如肥料加到土壤中营养盐变化、土壤本地资料、地下分层资料、雨水径流化学成分资料等。

五大湖保护基金资助 Heidelberg 学院水质研究中心研究农业面源溶解性磷增加的原因,减少径流中溶解性磷从 Sundusky 河流域进入伊利湖。在农业面源污染治理、减少颗粒态磷的同时,溶解性磷却增加。雨水中增加溶解性磷的原因之一是未耕种和部分耕种的庄稼地减少了颗粒磷,增加了溶解性磷。在没有耕种期间,土壤表面积累了磷。这些磷部分积累来源于施用的肥料,部分来源于作物茎叶的分解。研究初步结果表明,磷主要累积在地表 2 英寸土壤内。

15.3 美国 Onondaga 湖治理过程的启示

美国 Onondaga 湖处于人口密集的城市下游,与我国很多湖泊类似,曾经污染严重,被称为"美国富营养化最严重的湖泊"[7],人们一度认为治理前景黯淡。1998年启动的污染治理行动,以提升污水处理厂除磷水平(要求出水总磷浓度从平均0.6 mg/L 降低到 0.02 mg/L 以下)和提高合流制下水道溢流处理能力为主要手段,Onondaga 湖水质和富营养化水平有了明显改善。我国某些湖泊,如滇池,即使城市污水全部治理达标排入滇池,也将使滇池总磷达到 0.25 mg/L,远远超过了富营养化危险浓度。从 Onondaga 湖治理方案可以看出,我国的污水处理厂应根据排放水体的治理要求,制定合适的污水处理要求,这是我国很多湖泊富营养化治理的必要措施之一。

15.3.1 Onondaga 湖泊简介

Onondaga 湖面积 12 平方公里,水量 1.3 亿方,平均深度为 11 m,流域面积642 平方公里(图 15.9),位于纽约州 Syracuse 市北,流域人口 45 万[8],污染主要来自 Syracuse 市区 40 条合流污水管道排水,及城市污水处理厂出水(图 15.10)。该湖每年换水 4 次。其中来自污水处理厂水量相当于 Onondaga 湖总进水量的20%,所携带的营养盐占排入 Onondaga 湖中总磷的 60%,总氮的 90%。[9]Onondaga 湖曾处于严重的富营养化状态,被称为"美国富营养化最严重的湖泊"[10],总磷浓度超过州立标准 20 μg/L(图 15.11),造成 Onondaga 湖底处于缺氧状态,影响到表层水溶解氧含量(图 15.12)和鱼类等生长。[9]该湖处于人口密集地区,与我国很多湖泊类似,其治理过程对我国的湖泊治理有很好的借鉴作用。

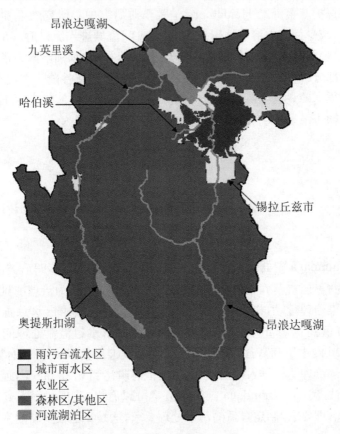

图 15.9　Onondaga 湖流域情况

　　在欧洲移民定居之前,Onondaga 湖处于贫营养化状态。19 世纪,随着流域盐业和 Onondaga 湖中渔业的发展,人口急剧增加,生活污染对 Onondaga 湖泊水质和生态产生了严重影响。1890 年冷水鱼消失;1901 年因湖水污染,禁止 Onondaga 湖水制冰;1940 年禁止在 Onondaga 湖中游泳;1970 年由于汞污染,禁止钓鱼。[9]

15.3.2　主要污染来源

　　Onondaga 湖中主要污染物来自城市污水处理厂的,包括排入 Onondaga 湖中

65%的磷(图 15.13)和 90%的氮。[9]其他主要污染源包括城市合流制下水道在雨季的溢流。过去工业企业排放废水在 Onondaga 湖中沉降了大量汞,估计受污染的底泥约 600 万方,还使 Onondaga 湖水盐度比周围湖泊高 10 倍。其他污染来源于城市和乡村雨水径流。此外 Tully Valley 排放的泥浆在雨季带来了大量泥土。

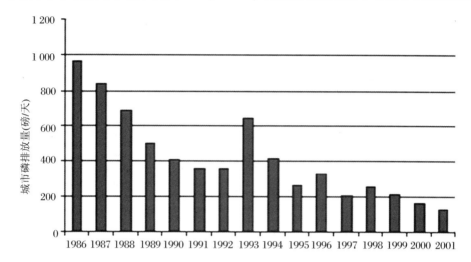

图 15.10　排入 Onondaga 湖中污水处理厂出水携带总磷量(Michalenko,2001)

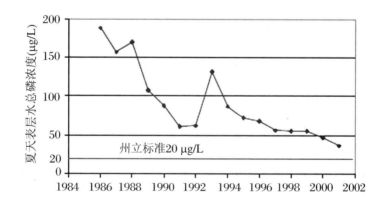

图 15.11　Onondaga 湖水夏天总磷浓度变化(Michalenko,2001)

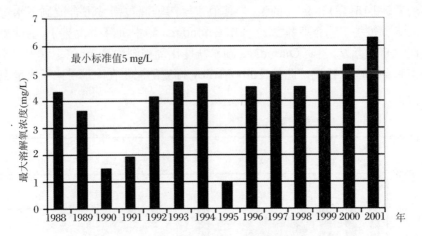

图 15.12　Onondaga 湖水秋季混合期最大溶解氧浓度（Michalenko，2001）

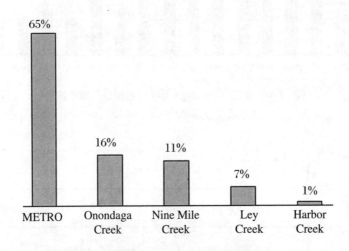

图 15.13　治理计划开始前，Onondaga 湖总磷来源（Michalenko，2001）
METRO 表示污水处理厂

15.3.3　治理过程

1972 年美国通过《水清洁法》，要求所有天然水体必须能够游泳，并适合鱼类和其他水生生物繁殖。人们研究了 Onondaga 湖周围工业废物、合流排水和污水处理厂处理后出水等对 Onondaga 湖泊水质影响，提出了治理措施。通过禁止洗涤剂中使用磷，处理后污水中磷从 1970 年的 11.5 mg/L 下降至 1975 年的

2.3 mg/L;1979 年升级城市一级污水处理厂至二级,污水中磷下降至 1.5 mg/L;1982 年新增通过 Ca^{2+} 沉淀磷的三级处理工艺,至 1987 年,后改为使用铁盐,总磷浓度降至 0.6 mg/L(1993 年)。期间立法禁止工业企业倾倒含汞废物;关闭卤代苯和氯碱工厂;所有工业污水进行预处理,使湖水盐度下降到 0.03%。修复 Onondaga 湖泊水生生态系统,治理 Tully Valley 泥浆等,使泥沙排放量从每天30 t 下降到 0.5 t。[11]

尽管经污水处理厂处理后,磷的浓度最终下降了 95%,但是 Onondaga 湖仍处于严重的富营养化状态。主要原因是污水占了该 Onondaga 湖进水的 20%,带来的磷仍然使其超标。夏威夷大学 Laws 教授认为唯一能够根除 Onondaga 湖富营养化问题的方法是将当地污水处理厂出水排往别处,如建议污水灌溉,但是,在 Onondaga 湖泊周围没有所需要的 38 平方公里农田。[8]

1990 年,美国国会授权成立了由当地州和联邦政府代表组成的 Onondaga 湖管理委员会,强制执行该委员会于 1993 年提出的 Onondaga 湖治理行动计划。[12] 1998 年,由联邦区域法庭签署通过了治理 Onondaga 湖的法规,强制执行新的治理计划。[13]新的治理计划中,主要包括以下几个方面:

① 城市污水处理方面,分 3 个阶段:

阶段一,控制氨氮及磷的排放水平不超过 1997 年水平。

阶段二,到 2004 年 5 月,限制污水处理厂排水氨氮浓度,在夏天低于 2 mg/L,冬天低于 4 mg/L。到 2006 年 4 月,污水处理厂排水总磷浓度必须低于 0.12 mg/L。在合流制下水道安装漩流沉淀池和杀菌设施,除去溢流废水中固体和细菌。

阶段三,到 2012 年 12 月,将污水处理厂现有日处理 8 000 万加仑扩大到 12 000万加仑;改进污水处理厂,使氨氮浓度在夏天低于 1.2 mg/L,冬天低于 2.4 mg/L,总磷低于 0.02 mg/L。完成合流制下水道更新计划,主要包括:增加管道直径,使下水道能够储存区域半年雨水,为下水道安装除浮渣装置,改建分流制下水道,改建合流制下水道溢流堰,增加入污水处理厂水量等,预计下水道更新总费用为 1.44 亿美元。到 2008 年已完成阶段三的 2/3 项目,污水处理厂出水总磷达到了 0.12 mg/L,2005 年夏湖水总磷浓度为 0.034 mg/L。

② 工业污染物清理:主要包括 Onondaga 湖底过去被含汞废水污染的底泥,厚约 4 英尺,总量为 600 万方,还有过去其他危险废弃物储存地点的治理。

③ 加大城市和乡村面源污染治理力度。

④ 污染底泥清理与 Onondaga 湖生态系统恢复。

⑤ 监测 Onondaga 湖水和流域水质变化,了解治理水平和治理效果。

治理 Onondaga 湖所有工程费用约 3.8 亿美元,1998 年启动,2012 年完成,来自联邦政府约 2.6 亿美元,其他由本地政府筹集。

15.3.4 讨论

针对主要营养盐来源,Onondaga 湖通过污水处理厂和污水收集系统进行治理,成效非常显著。主要关键措施包括不断提高污水处理出水含磷标准至 0.02 mg/L,增加污水处理能力和合流雨水处理能力,减少雨水径流污染进入流域,对总氮没有提出任何要求,这与世界经济合作组织(OECD)推荐的通过除磷治理淡水水华方案[14]一致。我国目前执行的污水处理厂出水含磷<0.5~1 mg/L 标准,在很多湖泊,如昆明滇池,由于进入滇池的水主要来自昆明市污水和合流制雨水,污水即使全部处理达标,其所携带的磷也将使湖中营养盐总磷浓度增加 0.25 mg/L 以上,远超富营养化水平。目前昆明市污水收集处理率达到了 60% 以上,滇池草海总磷含量约 1 mg/L,富营养化情况非常严重。[15]另一方面,国内强调控制总氮,这与美国 Onondaga 湖治理方案不同。我国淡水湖泊常发生蓝藻水华,然而,目前已发现有 150 多种蓝藻能利用空气中氮气转化为氨供藻类生长需要[16],包括淡水水华蓝藻常见优势种之一——鱼腥藻,这说明控制水中总氮不能达到蓝藻水华控制的目的。

美国环保局虽然制定了类似我国的污水处理厂的出水标准,但具体到某个污水处理厂则必须根据排放水体的治理要求,重新制定污水处理出水要求。[17]从 Onondaga 湖治理情况来看,总磷主要来源于污水处理厂排水,因此,制定严格的排水标准,减少污水处理厂出水中磷的含量是 Onondaga 湖治理的必要手段。在我国的湖泊治理中,如滇池[18],目前也存在污水处理厂处理后出水达标,排入滇池后所带来总磷超标的情况。因此,根据湖泊实际环境容量,修改周围污水处理厂污水处理要求,同样是必须采取的措施。提高污水处理厂标准,将增加投资和处理成本。是否提高标准,应从提高标准后环境改善所带来的效益出发,综合考虑。[19]

参 考 文 献

[1] USEPA,Canada. State of the Great Lakes 2007.

[2] NAE. Clean Coastal Waters: Understanding and Reducing the Effects of Nutrient Pollution[R]. National Academy of Engineering, 2000.

[3] USA, Canada. The Great Lakes Water Quality Agreement, 2007.

[4] USEPA. Nutrients: Trends and System Response[R]. EPA 905 - R - 95 - 015, 1994.

[5] USEPA. Lake Erie Lakewide Management Plan 2008.

［6］　国家发改委.太湖流域水环境综合治理总体方案,2008.

［7］　Laws E A. 水污染导论［M］.余刚,张祖麟,译.北京:科学出版社,2004.

［8］　Laws E A. Aquatic Pollution［M］.3rd ed.John Wiley & Sons, Inc. , 2000.

［9］　Michalenko E M. The state of Onondaga Lake［R］. Syracuse NY:Onondaga Lake Management Conference , 2001:28.

［10］　Effler S W,Henningan R D. Onondaga Lake,New York:Legacy of Pollution［J］. Lake and Reserv. Manage,1996, 12:1－13.

［11］　屠清瑛. 巢湖富营养化研究［M］.合肥:中国科学技术大学出版社,1990:226.

［12］　Onondaga Lake:A Plan for Action［R］.Syracuse NY:Onondaga Lake Management Conference,1993.

［13］　Field R,Heaney J P, Pitt R E. Innovative Urban Wet Weather Flow Management Systems［M］. Technomic Publishing Co. ,2000.

［14］　OECD. Eutrophication of Watets Monitoring, Assessment and Control［M］. Paris: OECD,1982.

［15］　马巍,李锦秀,田向荣,等. 滇池水污染治理及防治对策研究［J］. 中国水利水电科学研究院学报,2007, 5(1): 8－14.

［16］　黄有馨 ,刘志礼.固氮蓝藻［M］.北京:农业出版社, 1984.

［17］　Ragsdale D. Advanced Wastewater Treatment of Achieve Low Concentration of Phospharus［M］. EPA, 2007.

［18］　国家环境保护总局.三河三湖水污染防止计划及规划简本［M］. 北京:中国环境科学出版社, 2000:381.

［19］　林晓明. 城市污水处理厂建设规模与处理标准问题浅析［J］.给水排水技术动态,1998(1): 95－99.

第16章 我国湖泊水华治理存在的问题与治理建议

16.1 引　言

湖泊治理的难点之一是水华控制。近年来,虽然我国在湖泊水污染治理方面投入巨大,仅三湖(巢湖、太湖、滇池)治理投入就超过百亿元,城市污水处理率不断增加,但是,三湖蓝藻水华却依然频繁爆发,呈现愈演愈烈的趋势,严重影响饮用水安全,威胁人体健康。2007年5月,无锡太湖蓝藻爆发引起的危机对当地社会生活和经济发展造成了极大的影响。

根据Leibig最小限制因子定律,生物的生长取决于必需营养物中相对生长需求来说供应量最小的营养物。由于很多蓝藻能够将空气中氮气转化为藻类可利用的氨,控制天然水体的总氮含量对藻类生长的长期影响是可以忽略的;如果不控制总磷含量,就不能确保水体蓝藻水华得到较好控制。目前很多国家控制天然水体水华的主要措施是降低水体中营养盐,特别是总磷浓度[1-2],使其低于产生水华危险的阈值浓度。通常需要将水中总磷浓度降低到0.01～0.02 mg/L以下[2-3],才能保证水华得到控制。例如,日本的琵琶湖[4]、美国的五大湖[1]等均制定了控制湖水总磷低于0.01～0.015 mg/L的治理目标。

通常河流湖泊对污染物有一定的自净能力。对总磷的自净能力主要包括湖泊生态系统对磷的吸收利用和磷呈固体状态沉积在水底。我国很多湖泊[5]和城市河流生态系统[6]都遭到严重破坏,造成河流和湖泊生态系统对磷的自净能力已经很小了。例如,20 世纪 50 年代占巢湖面积 20%的湖滩地生长了大量高等水生植物,它们对湖水中营养盐有很好的吸收除去作用,目前仅剩 0.4%。[7]由于多年来污染物的沉积,很多河流湖泊底部累积了大量固体污染物。我国的湖泊多属浅水湖泊,在风浪作用下,藻类容易悬浮,成为污染来源[8],从而抵消了污染物沉积带来的自净作用。因此,在治理湖泊水华时,应慎重计算河流和湖泊对磷的自净作用。美国很多区域进行水体治理规划时,并不考虑河流和湖泊对污染物的物理或生物净化作用。[9]

排放到天然水体中的磷来自各种不同的途径,主要包括生活污水、工业废水、城市和农村雨水径流污染,以及天然水体底泥释放等。目前国内外已发展了针对这些污染源的各种除磷技术,能够很好地处理不同来源的污染,成功地治理了很多天然湖泊的水华问题。能否应用这些技术治理我国的天然水体水华,其关键是这些技术是否适合我国国情,特别是在经济上,我国是否能够承受。很多人担心我国国力不足,难以投入足够的资金进行治理。例如,我国城市污水处理对除磷的要求,在 2002 年以后执行的标准反而有所降低,目的是减少城市污水处理费用。

本文建议以湖水总磷控制为核心目标的治理方案,剖析我国当前湖泊水华治理方面存在的问题,着重分析国内外针对主要污染源发展的除磷方法在我国应用的技术和经济可行性。

16.2　我国水华治理存在的问题

湖泊治理规划是随着社会发展而不断进步的,随着技术的进步和经济实力的增长,我们越来越有能力提高治理的标准,向着更好的治理目标进发。但是,目前我国湖泊治理规划和实践中还存在很多问题。

1. 目前规划治理指标达不到治理目的

我国制定的三湖治理目标与湖泊水华治理的关键指标总磷($<0.01\sim0.02$ mg/L)相差较大。例如,滇池治理目标是 TP$<0.1\sim0.2$ mg/L,巢湖是 $0.05\sim0.1$ mg/L,太湖是 $0.025\sim0.05$ mg/L。依据这些治理目标制定的方案,仅是阶段性治理方案,即使完成相应的治理工作达到上述治理指标,也只能减轻湖泊的水华程度,不能达到彻底治理湖泊水华的目的。因此,将来达到阶段性目标以后,为了达到水华治理的目标,还必须重新修订治理规划和治理方案。这意味着需要改造一大批已建成的治理设施,这将导致经济上的额外支出和浪费。国外发达国家在多

年以前,开展湖泊治理时,由于当时水华治理在认识上和技术手段方面的限制,治理规划和治理方案需要不断修正。目前水华治理技术已逐渐成熟,国家应制定能够达到水华治理目的的治理指标和长远治理规划。

2. 对流入湖泊的河流治理要求偏低

目前,河流和湖泊执行的国家地表水环境质量标准(GB 3838—2002)中总磷浓度相差很大,如表 16.1 所示。同样水质类别,河流总磷浓度标准比湖泊大 2~4 倍。现阶段主要湖泊治理的目标是Ⅲ类,从表中可以看出,除河流Ⅰ类水质优于湖泊治理的Ⅲ类目标外,其他类别的河流水质比湖泊治理目标水质差。目前对河流治理要求以河流Ⅲ类水质标准为主,因此,流入三湖的河流水质普遍低于或接近河流Ⅱ级水质标准,来自这些河流的河水含磷量高于湖泊治理目标,污染了需要治理的下游湖泊,也使下游湖泊不可能达到治理水华的目的。因此,有必要修改需要治理湖泊的上游河流的标准。

表 16.1　国家地表水环境质量标准——总磷(以 P 计)≤(mg/L)

水质类别	Ⅰ	Ⅱ	Ⅲ	Ⅳ	Ⅴ
河流	0.02	0.1	0.2	0.3	0.4
湖、库	0.01	0.025	0.05	0.1	0.2

3. 湖泊允许负荷计算存在偏差,导致治理方案不符合实际情况

我国湖泊治理的规划设计是根据污染总量控制法进行的。污染总量控制法是控制排入湖泊的污染物总量,使其小于湖泊允许负荷量。湖泊允许负荷量受很多因素影响,变化巨大。通常湖泊允许负荷量与湖泊水质标准、湖泊自净能力及水量相关,其中与水量成正比。我国很多湖泊水量变化较大,枯水年和丰水年往往相差数十倍,如巢湖丰水年出流量为 108.1 亿方(1991 年),枯水年为 0.79 亿方(1978 年)。[10]这使得湖泊纳污容量在不同年份相差极大。我国很多湖泊,包括三湖的允许负荷是根据多年平均水量为基础制定的,由于主要污染源城市污水处理厂出水所携带的营养盐排放量变化较小,在温暖季节的枯水时期,氮磷营养盐会严重超标,容易导致水华泛滥,如 2007 年无锡蓝藻爆发。巢湖在 2004 年夏天,由于雨量少,水华也比较严重。此外,三湖是浅水湖泊,底部沉水植物基本消失[11],通过植物吸收营养盐产生的自净作用很小;而且多年来污染物沉积,在浅水湖泊中,沉积物受风浪作用产生的悬浮和污染释放现象[8],使沉降作用对总磷的除去作用已变得越来越小了,这与"九五"期间对三湖的允许负荷的计算时情况有了很大改变,目前三湖允许负荷量已大大降低。因此,目前正在执行的实现三湖达标的治理规划和治理方案已不符合目前的实际情况,难以达到所设计的治理目标,更不能达到水华治理的目的,需要重新审视。

排水进入湖泊的城市污水处理厂执行的出水标准,应根据湖泊治理要求制定。我国城市污水处理厂目前普遍执行《城镇污水处理厂污染物排放标准(GB 18918—2002)》,这使很多湖泊,如巢湖、太湖和滇池,难以达到治理水华的目标。该标准中最严格的要求是总磷低于 0.5 mg/L。进入湖泊的污染物在不均匀时空分布时,某些局部污染物浓度会超过均匀时空分布下的平均浓度。在均匀时空分布并忽略湖泊自净能力下,假设污水处理后排放时平均浓度为 0.5 mg/L,根据湖泊年平均水量、城镇污水排水量可以估算污水处理后排放带来的湖泊平均总磷浓度的贡献量:

$$\text{达标排放污水对湖泊总磷浓度贡献量} = 0.5 \times \frac{\text{年入湖污水量}}{\text{年入湖水量}} \ (\text{mg/L})$$

表 16.2 是三湖计算结果,从计算结果可以看出,即使 3 个流域的城市污水全部处理达标排放,不计其他营养盐来源,三湖总磷平均浓度也均超过了水华治理阈值浓度。其中滇池总磷平均浓度超过公认产生水华的阈值浓度水平 10 倍以上。由于城市人口还在持续增加,城市污水排放带来的污染在未来将更加严重。我国城市污水处理厂应根据下游湖泊治理的实际要求,制定合适的城市污水处理要求,只有这样才有可能达到根治湖泊水华的目标。国外发达国家在处理城市废水时,虽然制定统一的排放标准,但一个城市污水处理厂的出水标准是根据其排放的受纳水体实际情况制定的,在人口密集地区,常常比国家标准严格得多,可低到 0.01 mg/L。[15]

表 16.2 城市废水处理达标排放使湖水总磷浓度增加值

湖泊	太湖	巢湖	滇池
年入湖平均水量(亿方)	136.7[12]	34.9[13]	6.65[14]
年入湖污水量(亿方)	15.0①	2.8②	3.4[14]
达标污水使湖水 TP 浓度增加量(mg/L)	0.055	0.040	0.256

注:① 来自《太湖水污染防治十五计划》2000 年数据。
　　② 根据合肥、巢湖等市目前供水量估算。

4. 主要污染源治理工作严重滞后

目前我国的水污染治理工作集中在城市工业废水和生活污水方面,忽视了其他污染源。

(1) 忽视了大气降尘等带来的污染

美国研究表明,大气降尘带来的总磷沉积量为 0.1~4.1 公斤/(公顷·年)[16],

近年来国内也逐渐认识到湖面大气降尘是重要污染来源。有关研究表明,云南星云湖总磷污染负荷一半以上来源于湖面大气降尘,占入湖总磷一半,是星云湖水华泛滥的主要原因之一。[17]呼伦湖大气沉降带来的总磷为 86.2 公斤/(平方公里·年)[18],长春南湖 1993 年降尘量为 216 吨/(平方公里·年),折合总磷为 100～200 公斤/(平方公里·年)[19];呼伦湖和长春南湖的降尘污染均对水体总磷浓度有明显影响。目前巢湖湖面降尘污染还研究得较少,根据这些研究结果估算,巢湖湖面降尘带来的总磷污染将使平水年湖水总磷浓度增加 0.03～0.06 mg/L 以上,这已经超过了公认的可产生水华的危险阈值水平,是治理巢湖水华需要削减的主要营养盐来源之一。

(2) 没有重视农村点源和农业面源污染治理工作

目前,我国农业上可溶性磷肥如钙镁磷肥生产量和使用量逐年下降,2002 年仅生产 66 万吨[20],占总量不足 8%,而磷、氨等速效水溶性磷肥产量逐年增加,已占据 90%以上,它们容易淋溶,进入天然水体,成为营养盐的重要来源之一,而且有效利用率低。由于大量使用化肥,农田雨水径流中营养盐总磷含量常常大于 0.1 mg/L[21],远远超过产生水华的阈值浓度,引起农村饮用水水源污染和水体水华,成为巢湖水体营养盐的重要来源和水华产生的重要原因之一。此外,农村生活污水、垃圾、人畜粪便和农业废弃物,以及渔业养殖废水等没有得到处理,它们随雨水进入河流,导致三湖流域绝大部分河流水质超过湖泊治理目标或水华水平,成为湖泊的主要污染源之一。

(3) 城市面源污染治理重视不够

根据美国研究,城市雨水径流中总磷浓度平均达 0.6 mg/L[16],是湖泊主要营养盐来源之一,合流制雨水溢流浓度更高。美国环保局将合流溢流当作点源污染进行治理。[22]我国在北京市、上海市等城市的研究结果相近,见表 16.3。目前国内城市才刚刚启动城市面源污染治理工作。由于我国很多城市的老城区主要采用合流制,其污染物浓度接近城市生活污水水质,是必须处理的主要污染源之一。

表 16.3　雨水径流总磷污染情况　　　　　　　　(单位:mg/L)

污染物	美国城市[16]	美国农村[23]	美城市降雨[24]	美合流溢流[25]	北京市屋面[26]	上海市莱地[21]	上海市城区[27]
悬浮固体	630			68～1 100	>457		251
总磷	0.6	0.02～1.7	>0.1	1.0～11.6	0.43	0.07～0.15	0.57

(4) 下水道覆盖率偏低,排水系统渗漏严重,污染物大量进入地下水,最终进入湖泊

美国环保局报告表明,管道渗入水量可达到污水流量的 32%。[9]我国有关单位测试结果表明,流入南方某污水处理厂的污水中有 20%～25%是渗入的地下水。[28]我国南方地下水位高,雨水大量渗入下水道,污染物扩散进入地下水,污水浓度降低,导致污水处理厂有机物含量严重不足。北方地下水位低,污水大量漏出,污染地下水,成为地下水和土壤污染的重要来源,危害极大。进入地下水的营养盐最终进入湖泊,成为湖泊营养盐的重要来源,例如,1987 年通过地下水进入巢湖的营养盐总磷达到 23.3 t,总氮达到 1 119 t。[13]此外,我国分流制排水系统还存在大量雨污水管道混接现象,如上海市 2003 年已建成 67 个分流制系统中有 39 个存在严重混接现象。[29]我国目前城市下水道覆盖率也仅在 30%～50%,雨污水收集率低,大量污染物直接进入天然水体,是湖泊主要污染源之一。

(5) 湖泊底泥污染释放问题严重

多年来,三湖沉积了大量污染物,一些区域沉积污染底泥深度超过 1 m,底泥中营养盐丰富,在厌氧状态或水力冲刷下,容易泛起和释放,成为湖泊重要污染来源。根据实测结果估算,1987 年巢湖底泥释放总磷量可达到 229 t[13],在平水年将使巢湖总磷浓度增加 0.066 mg/L,该浓度将使巢湖容易发生水华;2004 年太湖总磷释放量估计达到 987 t[8],是太湖主要营养盐来源之一。

(6) 湖泊生态系统衰退严重

自 20 世纪 80 年代以来,三湖水下沉水植物等普遍消失[11],不仅降低了湖泊自净能力,而且使沉积底泥在风浪作用下容易泛起,加剧营养盐释放,成为湖泊主要污染来源之一。

16.3　严格控磷法治理方案分析

我国湖泊水华治理应采取根本措施,以降低湖泊总磷浓度,使其低于水华危险浓度为目标。由于很多湖泊的主要入湖河流的营养盐浓度高于湖泊产生水华的危险浓度,目前已没有优质低含磷天然水来稀释城市污水处理厂处理后的污水;另一方面,流域农业面源污染治理工作才刚刚开始,工作量巨大,目前还难以预测治理投入资金和治理时间,主要入湖河流水质短期内难以改善。因此,对很多来水受到

严重污染的湖泊,我们还应对所有排水,包括城市污水、城市雨水、农田雨水等所含关键污染物,如总磷,进行浓度控制。本文建议排入流域水体的所有排水的总磷控制目标浓度应等于湖泊发生水华的阈值浓度减去湖面蒸发、底泥释放及大气降尘和地下水等带来的污染物使湖水增加的浓度。该目标浓度应低于产生湖泊富营养化危险的阈值浓度(0.01~0.02 mg/L)。

在污染物总量控制基础上,增加浓度控制,使所有污染排放源的污染物浓度低于湖泊控制浓度,今后即使增加新的污染源,由于其浓度低于排放水体污染物控制浓度,虽然增加了污染物排放量,但同时增加了水量,提高了纳污容量,并不增加湖泊的污染物浓度,从而能很好地控制湖泊的水质。在不改变湖泊水质标准的前提下,污染治理要求不会发生变化,即使人口增加,经济发展,废水排放量随之增加,也不需要提高已建污染治理设施的治理效果,这样就很好地维持了建成设施的运行稳定性。这大大简化了流域污染控制的建设和管理工作,降低了湖泊水华控制和治理成本。完成上述治理要求需要针对每一种污染源设计配套技术成熟,经济上能够承受的治理方案。下面以巢湖流域为例,针对总磷污染的主要来源,通过总结国内外的成功经验,建议和分析我国在湖泊富营养化治理方面可能采用的技术及其经济和技术可行性。

(1) 城市污水和工业废水治理[30]

根据以上分析,为了达到三湖水华治理目标,建议三湖流域城市污水处理出水总磷标准提高一个数量级以上,达到 0.01~0.02 mg/L。美国很多城市污水处理厂执行类似标准,通常在生物除磷基础上,采用絮凝沉淀-沙滤工艺。美国环保局最近统计的 20 个采用深度处理的污水处理厂,18 个采用该技术[15],出水总磷浓度稳定达到了 0.01~0.02 mg/L。从技术原理上看,生物除磷工艺是我国最近几年主要采用的工艺,絮凝沉淀过滤工艺在我国给水处理和中水处理中广泛使用,我们已经能够应用该项技术,其投资和处理费用仅比单纯生物脱氮除磷工艺增加 20%左右[30-31],在经济上也是可以承受的。因此,在现有生物脱氮除磷污水处理厂内,增加絮凝沉淀-过滤工艺,可达到本文提出的新的治理要求。对于直接排放流域天然水体的工业污水处理,现有出水标准与城市污水处理相同,在现有工业污水处理设施上增加絮凝沉淀-过滤工艺,同样能够达到 0.01~0.02 mg/L 标准。所增加费用类似城市污水处理厂,企业是完全能够承担的。

(2) 城市雨水径流污染治理[32]

雨水径流污染物主要以悬浮固体存在,采用沉淀和渗滤技术可以除去大部分污染物,包括总磷。[16]例如,美国环保局同意合流排水区 85%以上的溢流废水经一级沉淀处理,就达到国家清洁水法的要求。[33]由于雨水径流水质水量时空变化较大,通常需要因地制宜建设雨水储存设施。在治理技术上,主要采用各种因地制宜的雨水沉淀和渗透技术。发达国家在城市雨水径流污染治理方面,积累了丰富的治理经验和技术设备,为各项技术和设备制定了设计手册和应用范围。[34] 为了比较由多个因地制宜建设的沉淀池和储存池为主组成的各种治理方案,通常建立雨水径流水质、水量预测仿真模型和调度管理系统,利用仿真模型优化雨水径流治理规划;调度管理系统同时用于城市雨水径流设施的管理和调度。我国应建立城市雨水径流污染预测模型和调度管理系统,完成流域内所有城镇雨水径流治理规划。老城区人口密集,难以使用占地面积大的各种储水沉淀池来沉淀污染物,应根据实际情况,建地下水池或扩大下水道直径,削减洪峰,沉淀污染物;或在下水道上增加漩流沉淀池,分流制初期雨水截留到污水处理厂等因地制宜的综合措施。新建城区应预留土地,采用各种因地制宜的沉淀和渗透技术处理雨水径流,并考虑就地回用;垃圾应及时清理和处置,以减小雨水径流污染。城市雨水径流污染的处理相当于城市污水一级处理,其费用支出相对较小。

(3) 加强农村污染治理[35]

巢湖流域13 350平方公里,农村居住区面积近2 000平方公里,是城市面积的5倍以上,农田面积约为6 500平方公里[13],农村居民区和农田雨水径流污染带来的营养盐是重要来源之一。采用有机肥、缓释磷肥和枸溶性磷肥替代水溶性磷肥,不仅可以降低磷的流失,减小农田雨水径流污染;而且提高了磷肥利用率,减少化肥使用量。[36] 将化肥通过包裹等措施制成缓释肥料,是一项成熟技术,国内外已成功应用多年。国家应制定长期规划,将目前的水溶性磷肥逐渐转化为缓释磷肥,提高磷肥吸收利用率,降低用量,从而逐渐降低农田雨水总磷浓度,最终达到低于富营养化危险浓度。在农村污染治理方面,近年来,德国农村建设高效厌氧消化设施[37],集中处理多个农场生活垃圾、人畜粪便及农业废弃物秸秆等,减少雨水径流污染,生产沼气发电,同时生产有机肥料。随着化石燃料价格的飚升和温室效应的加剧,各国都非常重视利用农业有机废弃物生产可再生能源。德国通过优惠电价等政策,提高农业废弃物厌氧消化沼气发电系统的经济效益,使农村有机废弃物治理成为能源投资热点。在我国农村,结合水生植物塘技术处理污水,建设集中高效厌氧消化为中心的农村有机废弃物处理中心,不仅能够改善农村环境,而且还能减少水污染,生产有机肥料和绿色能源,建议将其列入新农村建设的主要工作,通过政策引导,建立一个可持续发展的农村污染治理产业和生物质能源产业。此外,应大量建设雨水沉淀池,美国Okeechobee湖流域已建设了200多平方公里的包括湿地在内的沉淀池,沉淀地表雨水径流,使进入Okeechobee湖流域总磷浓度下降到0.012 mg/L,未来还将建设更多沉淀池以提高地表雨水除磷效果,达到0.01

mg/L 目标。[38]恢复和建设良好的流域生态系统；提倡自然放养鱼类，禁止网箱养鱼废水不经处理达标便进入流域水体；加强绿化，减少水土流失；定期清理流域内池塘淤积底泥等。

（4）加强大气降尘治理

逐步提高流域植被覆盖率，消灭裸露地面，减少水土流失和大气扬尘，同时改善城乡环境卫生，控制扬尘，改善空气质量，使城乡空气质量逐步达到Ⅰ级标准，从而减少湖面大气降尘和地面雨水径流污染。

（5）底泥疏浚或钝化处理与流域水体自净能力建设

底泥营养盐释放是湖泊主要污染来源之一。建议在污染物源头治理达到预定目标以后，清除或钝化流域内主要河流和巢湖湖内污染严重的底泥。清除后的底泥，应根据污染情况，就近还田或采用其他处置措施。恢复河流和湖泊水生植物特别是沉水植物生态系统，不仅能够提高天然水体自净能力，而且还能减少底泥释放。

（6）控制管道渗漏，加强下水道建设

我国的下水道主要采用钢筋混凝土管和硬连接，管道连接处容易产生渗漏。国外发达国家主要采用铸铁管和柔性连接，降低了下水道污水渗漏率。国家应更改技术规范，提高下水道渗漏要求，减少污水渗漏现象[39]，以避免渗漏污水进入湖泊。此外，应大力建设下水道，提高雨水和污水收集率，防止污染物直接进入天然水体，同时完善下水道建设，有效控制雨污分流系统雨污管道混接问题。

（7）采取临时措施控制蓝藻大规模爆发[40]

我国三湖富营养化水平高，水华治理工作是一项长期艰巨的任务，在 20 年内三湖水体营养盐总磷浓度难以达到低于 0.01～0.02 mg/L 的目标，仍然存在蓝藻大面积爆发的危险。现阶段采用临时措施保证水源地免受水华污染是非常必要的。云南玉溪市早在 2004 年，在星云湖圈养了 300 亩水生漂浮植物（水葫芦）[41]防止水华污染下游扶仙湖；近期无锡市在太湖圈养了 5 000 亩水生漂浮植物（水葫芦），控制蓝藻生长。云南昆明市在滇池内进行了圈养水生漂浮植物（水葫芦）和厌氧消化利用的工程示范，显示了水生漂浮植物控制蓝藻爆发的良好效果和能源利用价值。[42]我们正在发展高效水葫芦厌氧消化反应器，中试实验表明能量转化率达到 60%。在严重富营养化区域，大面积圈养水生漂浮植物，不仅可以控制水华，还能够削减营养盐。采用厌氧消化技术大规模处理利用水生漂浮植物，生产能源和有机肥料，有效降低了天然水体水华治理费用，是现阶段控制水华、保证水资源的良好临时措施。

16.4　关于我国水华水环境治理的投资和运行费用匡算

治理水环境的难点在于水华的治理。治理水华需要控制各种渠道来源的磷，使湖水含磷低于 10~20 ppt。前文中介绍了国外的治理方法[43]，下面对治理投资和运行费用进行简要匡算。本匡算包括了水华治理和其他水污染治理费用。

（1）工业废水和生活污水收集处理

通常工业废水应通过预处理，达到三级排放，进入城市污水处理厂，进行进一步处理。工业预处理应是企业的责任，此估算不计算在内。根据国家环境保护部公布的环境公报[44]，2007 年，全国废水排放总量为 556.7 亿吨，其中工业废水 246.5 亿吨，生活污水排放量 310.2 亿吨，约等于 1.5 亿吨/天排放量。通常进行生物脱氮除磷的城市污水处理厂投资费用约 1 500 元/(吨·天)[45]，增加絮凝沉淀过滤深度除磷，达到 0.01 mg/L 标准，根据美国研究资料，约增加投资 15% 和运行成本20%[43,46]，现按 2 000 元/(吨·天)计算，共需投资 3 000 亿元。管道按同样投资计算。总投资约 6 000 亿。吨水收集处理成本按 2 元计算[45]，每年共需约 1 000亿元。

（2）雨水收集处理

雨水收集管道按与污水收集管道相同，约 3 000 亿，主要利用天然池塘等储存沉淀处理，投资按污水处理一半计算，约 1 500 亿，运行管理成本按污水一半计算，约 500 亿元/年。

（3）湖内污染淤泥清理和生态系统建设

全国湖泊面积约 80 000 平方公里，沉积淤泥面积按 20 000 平方公里计算，平均淤泥深度按 0.5 m 计算，清理成本按 30 元/方计算[47]，共需成本约 3 000 亿元。生态系统建设按 1 500 亿元计算（部分建设，部分靠植物自动生长）。

（4）其他费用

主要是陆地生态系统建设、城市清洁等方面，应放在国土建设和城市管理等方面。

匡算总投资约 1.5 万亿（2000 年人民币计算），每年处理成本约 1 500 亿元，目前已投资部分设施。根据 2007 年国家环境公报，污水处理率为 60%，考虑它们需要升级改造，实际需要投资约 10 000 亿元。未来城市人口增加到 90% 以上，需再增加约 1.5 万亿投资和 1 500 亿运行费用。

2002 年英国环保局估算了英格兰和威尔士淡水富营养化损失是 0.75～1.14 亿英镑,而以污水除磷为主的治理方案所需费用 0.548 亿英镑。[48] 我国应加强相关研究。到 2014 年,国家有 4 万亿美元外汇储备[49],所以并不缺少治理经费。治理污染需要的是人力和物力,而不是所谓经费,用人民币代表的经费是银行印制出来的。我们有 3.6 万亿美元所对应的物资,有大量失业人员,说明我们不缺少人力和物力。

16.5 总　结

目前治理湖泊水华的有效方法是控制湖泊总磷浓度,使其低于产生水华危险的阈值浓度,这是西方国家使用的主要方法。由于人们认为我国经济发展比较落后,过于担心水华治理的投入,导致我国治理工作存在很大问题,集中体现在治理指标偏低,达不到水华治理目的;湖泊上游河流治理要求和城市污水处理标准偏低;主要污染源城市污水治理不彻底,达不到很多湖泊的水华治理要求;其他污染源治理工作迟缓,严重影响湖泊水华治理进程。本文建议制定合理的治理指标,提出了以主要污染源总磷治理为核心的治理方案,分析了方案的技术和经济可行性。分析表明,在我国对主要污染源进行彻底治理,在技术上是完全可行的。从经济上看,即使是治理费用最大的城市污水,除去微量磷,使污水处理后达到贫营养化水平,与现有设施相比,投入仅增加 15%～20%。在我国,通过长期努力,也是有能力做到的。具体到一个湖泊,是否值得投资治理,和这个湖泊的功能和作用有关。通过治理,如果能够获得比治理投入更大的环境和社会效益,则应当尽早进行治理。因此,为推进我国的湖泊污染治理和水华控制工作,建议国家湖泊治理方面的科研活动应当围绕 3 个方面来开展:第一,从治理效益和治理投入方面分析,确定每一个湖泊的治理目标;第二,完成湖泊治理目标的技术方案和经济性分析;第三,改进和发展与湖泊污染治理相关的技术。

当前我国水环境治理基础设施建设,特别是城市下水道建设还很落后,历史欠账较多。从发达国家历史来看,城市下水道建设是一个长期过程,例如,美国芝加哥市 1975 年开始的合流制下水道改造建设,直到 2003 年,一期建设计划 24 亿美元投资还没有完工,二期约 7 亿美元投资计划还未动工。[50] 此外,治理湖泊还需要控制很多其他污染物。因此,我国的湖泊治理工作是一项长期而艰巨的任务,不可能在短期内达到湖泊水华完全控制的目的。但是,借鉴国外成功经验,遵循科学原理和方法,通过长期努力,不断削减排放到湖泊中的营养盐,改善和实现我国湖泊水华控制的目标是一定能够实现的。

参 考 文 献

[1] Laws E A. Aquatic Pollution[M].3rd ed. John Wiley & Sons,Inc.,2000.

[2] 国家环境保护局,中国环境科学研究院.总量控制技术手册[M].北京:中国环境科学出版社,1990.

[3] 金相灿.湖泊富营养化控制和管理技术[M].北京:化学工业出版社,2001.

[4] 郭培章,宋群.中外水体富营养化治理案例研究/可持续发展案例研究[M].北京:中国计划出版社,2003.

[5] 金相灿,胡小贞.中国湖泊富营养化控制技术[M].北京:中国环境科学出版社,2001.

[6] 金相灿.城市河流水污染控制及生态修复基础与技术[R].合肥:中国水利学会,2006.

[7] 金相灿.中国湖泊环境:第一册[M].北京:海洋出版社,1995.

[8] 朱广伟,秦伯强,高光.风浪扰动引起大型浅水湖泊内源磷暴发性释放的直接证据[J].科学通报,2005,50(1):66-71.

[9] Field R,Heaney J P,Pitt R E. Innovative Urban Wet Weather Flow Management Systems[M]. Technomic Publishing Co.,2000.

[10] 国家环境保护总局.三河三湖水污染防治计划及规划简本[M].北京:中国环境科学出版社,2000:381.

[11] 金相灿.中国湖泊富营养化[M].北京:中国环境科学出版社,1990:614.

[12] 黄宣伟.太湖流域规划与综合治理[M].北京:中国水利水电出版社,2002:241.

[13] 屠清瑛.巢湖富营养化研究[M].合肥:中国科学技术大学出版社,1990:226.

[14] 郭有安.滇池流域水资源演变情势分析[J].云南地理环境研究,2005,17(2):28-33.

[15] Ragsdale D. Advanced Wastewater Treatment of Achieve Low Concentration of Phospharus[M]. EPA,2007.

[16] Corbitt R A. Stardard Handbook of Environmental Engineering[M].2nd ed. McGraw-Hill,Inc.,1999.

[17] 王建云.星云湖入湖污染负荷研究[J].云南环境科学,2001,20(1):28-31.

[18] 韩向红,杨持.呼伦湖自净功能及其在区域环境保护中的作用分析[J].自然资源学报,2002,17(6):684-690.

[19] 王国平,邓伟,田卫,等.长春市南湖大气降尘长期演变规律[J].城市环境与城市生态,1997,10(1):34-36.

[20] 许秀成.钙镁磷肥发展前景综述[J].磷肥与复肥,2006,21(3):17-22.

[21] 胡志平,郑祥民.上海地区不同施肥方式氮磷随地表径流流失研究[J].土壤通报,2007,38(2):310-313.

[22] Combined Sewer Overflows, Guidance For Long-Term Control Plan EPA 832-B-95-002. Washington DC:USEPA,1995.

[23] Novotny W, Chesters G. Handbook of Nonpoint Pollution[M]. New York:Van Nostrand Reinhold,1981.

[24] Wanielista M P. Stormwater Management in Urbanizing Areas[M]. Prentice-Hall,1983.

[25] Lager J A, Smith W U. Urban Stormwater Management and Technolgy:An Assessment,1974.

[26] 车伍,欧岚.北京城区雨水径流水质及其主要影响因素[J].环境污染治理技术与设备,2002,3(1):34-38.

[27] 李田,林莉峰.上海市城区径流污染及控制对策[J].环境污染与防治,2006,28(11):868-871.

[28] 邵林广.南方城市污水处理厂实际运行水质远小于设计值的原因及其对策[J].给水排水,1999,25(2):15.

[29] 朱石清,唐建国.上海城市污水治理的回顾及展望[J].上海城市发展,2004(5):30-32.

[30] 黄卫东,夏维东,冯生华.除去微量磷的低成本污水处理技术[EB/OL]. http://www.paper.edu.cn.

[31] Jiang F, Beck M B, Cummings R G, et al. Estimation of Costs of Phosphorus Removal in Wastewater Treatment Facilities[R]. Atlanta:Georgia State University.

[32] 黄卫东,吴春笃.美国城市雨污合流溢流污染控制措施和方法[EB/OL]. http://www.paper.edu.cn.

[33] Combined Sewer Overflows Guidance for Nine Minimum Controls Plan EPA 832-B-95-003,1995.

[34] Michael L, et al. Stormwater Best Management Practice Design Guide 2004.

[35] 黄卫东,夏维东.湖泊富营养化治理与我国可持续发展的农村污染治理方案[EB/OL]. http://www.paper.edu.cn.

[36] Wiedenfeld R P. Rate, Timing and Slow-release Nitrogen Fertilizers on Cabbage and Onions[J]. HortScience,1986,21:236-238.

[37] Lehtomaki A. Biogas Production from Energy Crops and Crop Residues[R]. University of Jyvaskyla:Pekka Olsbo, Marja-Leena Tynkkynen,2006.

[38] 美国 Okeechobee 湖 Everglades 流域治理目标和措施[EB/OL]. http://www.dep.state.fl.us/evergladesforever/restoration/quality.htm.

［39］　王明杰,于媛.污水排放与水源污染的探讨[J].市政技术,2003,21(6):361‐363.

［40］　黄卫东,夏维东.将天然水体污染转化为清洁能源的经济方法用于巢湖塘西湖区治理方案分析[R].上海:全国水体污染控制治理技术高级研讨会,2006.

［41］　李荫玺,李文朝,杨逢乐,等.星云湖隔河湖湾飘浮植物除藻技术研究[J].云南环境科学,2006,25(3):42‐44.

［42］　孙佩石,雷晓明,钱彪,等.滇池污染治理中"污染物资源化利用"新模式的工程试验[R].昆明:中国滇池水污染控制与技术专题研讨会,2007.

［43］　http://www.sciencenet.cn/blog/user_content.aspx? id=32143.

［44］　http://www.zhb.gov.cn/plan/zkgb/.

［45］　http://news.h2o‐china.com/market/watermarket/282671086743340_1.shtml.

［46］　Jiang F, Beck M B. Cummings R G,et al. Estimation of Costs of Phosphorus Removal in Wastewater Treatment Facilities[R].Atlanta:Georgia State University,2004.

［47］　http://www.tjaudit.gov.cn/n1564c145.aspx.

［48］　Pretty J N, et al. A Preliminary Assessment of the Environmental Costs of the Eutrophication of Fresh Waters in England and Wales［D］. University of Essex:Colchester UK,2002.

［49］　http://www.pbc.gov.cn/publish/html/kuangjia.htm? id=2014s09.htm.

［50］　USEPA. Report to Congress Implementation and Enforcement of the Combined Sewer Overflow Control Policy[R]. Washington DC,2003.